"十三五"职业教育国家规划教材

Software 国家职业教育软件技术专业教学资源库配套教材

icve 智慧职教 高等职业教育计算机类课程新形态一体化教材

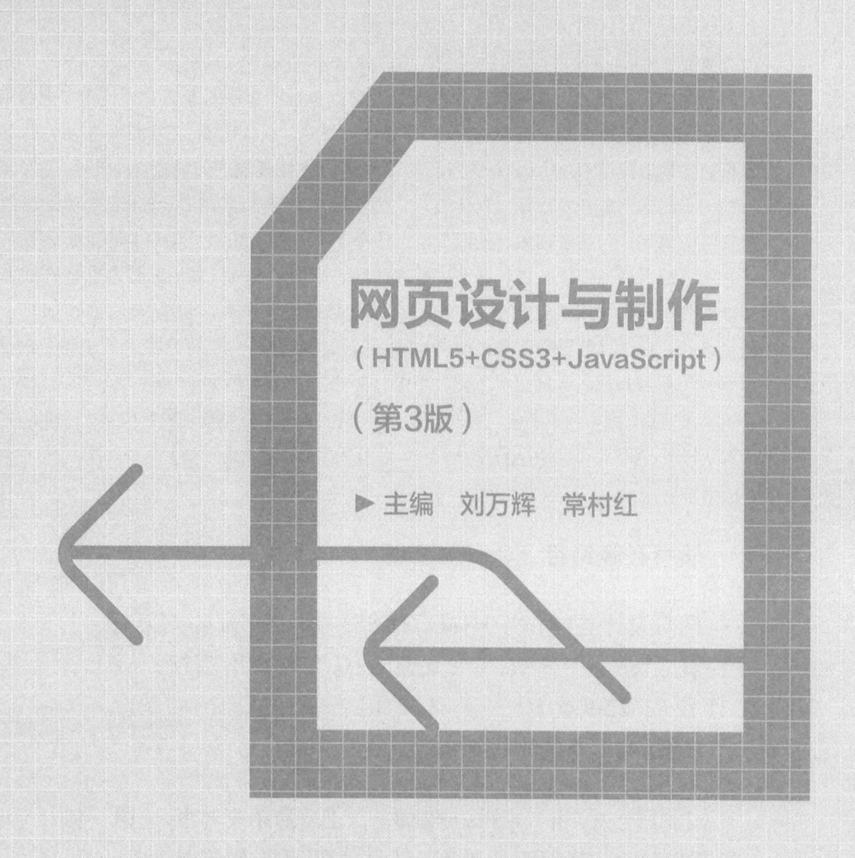

网页设计与制作

（HTML5+CSS3+JavaScript）

（第3版）

▶主编　刘万辉　常村红

高等教育出版社·北京

内容简介

本书为"十三五"职业教育国家规划教材，也是国家职业教育软件技术专业教学资源库配套教材。

本书采用模块化的编写思路，将 HTML5、CSS3、JavaScript 三方面内容分为网页策划起步，网页的基本页面实现，运用 HTML5 的新标签，构建网站层叠样式表，设置文本、背景与列表样式，运用盒子模型布局网页，运用影音多媒体，设计表单，运用特殊效果和运用 JavaScript 实现网页的交互等教学任务。每个任务的编写分为任务描述、知识准备、任务实施、任务拓展、项目实训 5 个环节。

本书配有微课视频、课程标准、授课计划、授课用 PPT、案例素材等丰富的数字化学习资源。与本书配套的数字课程"网页设计与制作"已在"智慧职教"平台（www. icve. com. cn）上线，学习者可以登录平台进行在线学习及资源下载，授课教师可以调用本课程构建符合自身教学特色的 SPOC 课程，详见"智慧职教"服务指南。教师也可发邮件至编辑邮箱 1548103297@ qq. com 获取相关资源。

本书结构合理，内容丰富，实用性强，可以作为高等职业院校计算机类专业、商务类专业、艺术设计类专业的教学用书，还可以作为相关专业从业人员的自学用书。

图书在版编目（CIP）数据

网页设计与制作 ：HTML5+CSS3+JavaScript / 刘万辉，常村红主编．-- 3 版．-- 北京 ：高等教育出版社，2021.12（2022.9重印）

ISBN 978-7-04-056294-1

Ⅰ．①网… Ⅱ．①刘… ②常… Ⅲ．①超文本标记语言-程序设计-高等职业教育-教材②网页制作工具-高等职业教育-教材③JAVA 语言-程序设计-高等职业教育-教材 Ⅳ．①TP312. 8②TP393. 092. 2

中国版本图书馆 CIP 数据核字(2021)第 122323 号

Wangye Sheji yu Zhizuo(HTML5 +CSS3 +JavaScript)

策划编辑 傅 波　责任编辑 傅 波　封面设计 李树龙　版式设计 杜微言
插图绘制 黄云燕　责任校对 刁丽丽　责任印制 存 怡

出版发行	高等教育出版社	网 址	http://www. hep. edu. cn
社 址	北京市西城区德外大街 4 号		http://www. hep. com. cn
邮政编码	100120	网上订购	http://www. hepmall. com. cn
印 刷	北京市大天乐投资管理有限公司		http://www. hepmall. com
开 本	787mm×1092mm 1/16		http://www. hepmall. cn
印 张	22. 25	版 次	2013 年 4 月第 1 版
字 数	350 千字		2021 年 12 月第 3 版
购书热线	010-58581118	印 次	2022 年 9 月第 2 次印刷
咨询电话	400-810-0598	定 价	55. 00 元

物 料 号 56294-00

“智慧职教”服务指南

“智慧职教”是由高等教育出版社建设和运营的职业教育数字教学资源共建共享平台和在线课程教学服务平台，包括职业教育数字化学习中心平台（www.icve.com.cn）、职教云平台（zjy2.icve.com.cn）和云课堂智慧职教App。用户在以下任一平台注册账号，均可登录并使用各个平台。

● 职业教育数字化学习中心平台（www.icve.com.cn）：为学习者提供本教材配套课程及资源的浏览服务。

登录中心平台，在首页搜索框中搜索“网页设计与制作”，找到对应作者主持的课程，加入课程参加学习，即可浏览课程资源。

● 职教云（zjy2.icve.com.cn）：帮助任课教师对本教材配套课程进行引用、修改，再发布为个性化课程（SPOC）。

1. 登录职教云，在首页单击“申请教材配套课程服务”按钮，在弹出的申请页面填写相关真实信息，申请开通教材配套课程的调用权限。

2. 开通权限后，单击“新增课程”按钮，根据提示设置要构建的个性化课程的基本信息。

3. 进入个性化课程编辑页面，在“课程设计”中“导入”教材配套课程，并根据教学需要进行修改，再发布为个性化课程。

● 云课堂智慧职教App：帮助任课教师和学生基于新构建的个性化课程开展线上线下混合式、智能化教与学。

1. 在安卓或苹果应用市场，搜索“云课堂智慧职教”App，下载安装。

2. 登录App，任课教师指导学生加入个性化课程，并利用App提供的各类功能，开展课前、课中、课后的教学互动，构建智慧课堂。

“智慧职教”使用帮助及常见问题解答请访问help.icve.com.cn。

编写委员会

总　序

国家职业教育专业教学资源库建设项目是教育部、财政部为深化高职院校教育教学改革，加强专业与课程建设，推动优质教学资源共建共享，提高人才培养质量而启动的国家级建设项目。2011年，软件技术专业被教育部、财政部确定为高等职业教育专业教学资源库立项建设专业，由常州信息职业技术学院主持建设软件技术专业教学资源库。

按照教育部提出的建设要求，建设项目组聘请了中国科学技术大学陈国良院士担任资源库建设总顾问，确定了常州信息职业技术学院、深圳职业技术学院、青岛职业技术学院、湖南铁道职业技术学院、长春职业技术学院、山东商业职业技术学院、重庆电子工程职业学院、南京工业职业技术学院、威海职业学院、淄博职业学院、北京信息职业技术学院、武汉软件工程职业学院、深圳信息职业技术学院、杭州职业技术学院、淮安信息职业技术学院、无锡商业职业技术学院、陕西工业职业技术学院17所院校和微软（中国）有限公司、国际商用机器（中国）有限公司（IBM）、思科系统（中国）网络技术有限公司、英特尔（中国）有限公司等20余家企业作为联合建设单位，形成了一支学校、企业、行业紧密结合的建设团队。依据软件技术专业“职业情境、项目主导”人才培养规律，按照“学中做、做中学”教学思路，较好地完成了软件技术专业资源库建设任务。

本套教材是“国家职业教育软件技术专业教学资源库”建设项目的重要成果之一，也是资源库课程开发成果和资源整合应用实践的重要载体。教材体例新颖，具有以下鲜明特色。

第一，根据学生就业面向与就业岗位，构建基于软件技术职业岗位任务的课程体系与教材体系。项目组在对软件企业职业岗位调研分析的基础上，对岗位典型工作任务进行归纳与分析，开发了“Java程序设计”“软件开发与项目管理”等14门基于软件企业职业岗位的课程教学资源及配套教材。

第二，立足“教、学、做”一体化特色，设计三位一体的教材。从“教什么，怎么教”“学什么，怎么学”“做什么，怎么做”三个问题出发，每门课程均配套课程标准、学习指南、教学设计、电子课件、微课视频、课程案例、习题试题、经验技巧、常见问题及解答等在内的丰富的教学资源，同时与企业开发了大量的企业真实案例和培训资源包。

第三，有效整合教材内容与教学资源，打造立体化、自主学习式的新形态一体化教材。教材创新采用辅学资源标注，通过图标形象地提示读者本教学内容所配备的资源类型、内容和用途，从而将教材内容和教学资源有机整合，浑然一体。通过对“知识点”提供与之对应的微课视频二维码，让读者以纸质教材为核心，通过互联网尤其是移动互联网，将多媒体的教学资源与纸质教材有机融合，实现“线上线下互动，新旧媒体融合”，成为“互联网+”时代教材功能升级和形式创新的成果。

第四，遵循工作过程系统化课程开发理论，打破“章、节”编写模式，建立了“以项目为导向，用任务进行驱动，融知识学习与技能训练于一体”的教材体系，体现高职教育职业化、实践化特色。

第五，本套教材装帧精美，采用双色印刷，并以新颖的版式设计，突出重点概念与技能，仿真再现软件技术相关资料。通过视觉效果搭建知识技能结构，给人耳目一新的感觉。

本套教材是在第一版基础上，几经修改，既具积累之深厚，又具改革之创新，是全国20余所院校和20多家企业的110余名教师、企业工程师的心血与智慧的结晶，也是软件技术专业教学资源库多年建设成果的又一次集中体现。我们相信，随着软件技术专业教学资源库的应用与推广，本套教材将会成为软件技术专业学生、教师、企业员工立体化学习平台中的重要支撑。

国家职业教育软件技术专业教学资源库项目组

第3版前言

一、缘起

Internet 的魅力主要在于可以缩小地域之间和人与人之间的距离，而让 Internet 具有这种神奇功能的元素就是网站。网站可以被看成信息交流的载体，而网页则是人与人交流的主要窗口。因此，作为计算机相关专业的学生，无论是专业的网站设计人员，还是网站爱好者，都应该掌握一定的网站建设与制作技术。

如今，Internet 上的各种新技术与术语层出不穷，使主动学习者应接不暇，被动学习者不知所措。为了能使初学者少走弯路，找到学习的方向，把握前进的动力，故编写本书，帮助读者系统学习，提高效率。

俯瞰 Web 技术，它可以分为前端与后端两类，如图 1 所示，这些技术内部又包含众多小的技术或者二次开发的技术。

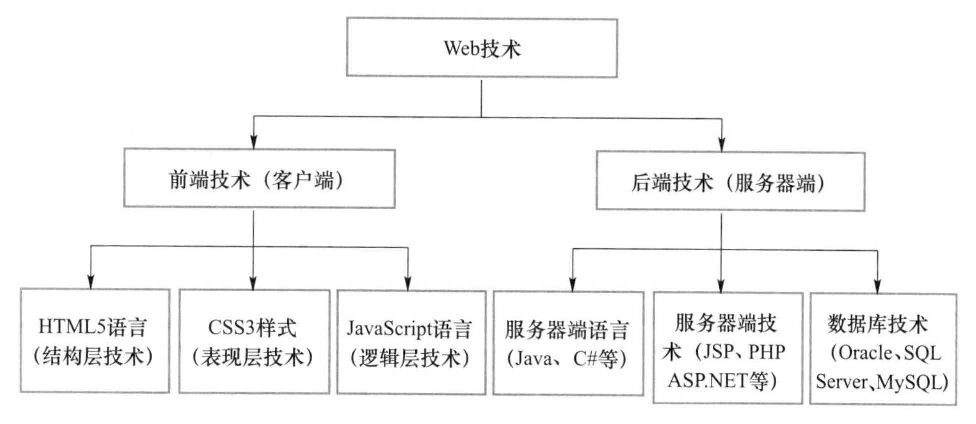

图 1　Web 技术结构图

在了解了 Web 技术的大致轮廓之后，就要以够用为原则进行学习，抓重点而不面面俱到，从而精通一技之长。基于这种思路，本书针对前端的结构层技术（HTML5 语言）、表现层技术（CSS3 样式）和逻辑层技术（JavaScript 语言）进行详细的讲解。

二、结构

本书从前端技术人员的角度进行选材，重点阐述 HTML5 语言、CSS3 样式、JavaScript 语言三方面的知识，编写过程基于模块化思路，以软件技术专业大一学生小王在企业实习的全过程将教学内容分为 HTML5、CSS3、JavaScript 三个教学模块，从学生认知规律的角度，又将教学内容分为了 10 个教学任务，见表 1。

表 1 教学任务结构

任 务	知识模块
任务 1 网页策划起步	HTML5 基础应用
任务 2 网页的基本页面实现	
任务 3 运用 HTML5 的新标签	
任务 4 构建网站层叠样式表	CSS3 基础应用
任务 5 设置文本、背景与列表样式	
任务 6 运用盒子模型布局网页	
任务 7 运用影音多媒体	HTML5 与 CSS3 高级应用
任务 8 设计表单	
任务 9 运用特殊效果	
任务 10 运用 JavaScript 实现网页的交互	HTML5、CSS3、JavaScript 的应用

任务 1 网页策划起步是个引子，主要讲解网页与网站的相关概念、网页设计的流程、HTML5 的发展、学习 HTML5 的原因、编写 HTML5 页面的工具等，希望学习者能够快速找到学习的兴趣和动手的感觉。

任务 2 网页的基本页面实现是 HTML5 的基础部分，主要从 HTML5 的基本结构与语法入手，由易到难，进而讲解 HTML5 的文字与段落标签、图像与超链接标签、表格与列表，通过几个实例逐步培养学习者的信心与学习能力。

任务 3 运用 HTML5 的新标签主要讲解 HTML5 中的结构性标签、分组标签、页面交互标签、行内语义性标签，以及 HTML5 的全局属性等，使初学者深入理解 HTML5 新标签的语义与使用方法。

任务 4 构建网站层叠样式表讲述网页中的表现层技术，主要讲解 CSS 样式设置规则、CSS 样式的调用方法、CSS 基础选择器、CSS3 选择器、CSS 的继承与层叠等，使初学者了解 CSS 样式表的作用并初步掌握其使用方法。

任务 5 设置文本、背景与列表样式主要讲解网页设计中最基本的文本样式设置、基本的背景设置、CSS3 中新增的背景属性和渐变属性、列表样式设置等，使初学者更进一步掌握针对 HTML 元素的样式设计。

任务 6 运用盒子模型布局网页主要讲解盒子模型的基本概念、盒子模型的边框与边距属性设置、浮动布局、定位布局以及兼容的处理等，通过几个实例使学习者掌握页面布局的核心与技巧。

任务 7 运用影音多媒体主要讲解多媒体对象基本知识、如何在网页中插入各类多媒体对象等，通过本任务使学习者掌握影音多媒体元素在网页中的使用。

任务 8 设计表单主要讲解表单的基本概念、新增的 input 输入类型、form 新增属性、新增的 input 属性、新增的表单元素等，通过本任务使学习者掌握表单元素、表单域元素及其属性的使用，从而能根据需要设计所需表单。

任务 9 运用特殊效果主要讲解 CSS3 高级应用，具体包括多列布局、CSS3 转换、transitions 过渡、animation 动画等，通过本任务使学习者掌握 CSS3 多列布局的方法，熟练实现 HTML5 元素的 2D、3D 变换和过渡动画，掌握关键帧的定义与动画的设置，从而表达用户所需的效果。

任务 10 运用 JavaScript 实现网页的交互是 Web 技术逻辑层，也是交互处理，重点讲解 JavaScript 技术的核心知识和 DOM 技术的一般应用，借助下拉菜单的设计、表格的美化设计、表单的验证等实例的学习使初学者掌握JavaScript的交互应用。

每个任务的编写分为任务描述、知识准备、任务实施、任务拓展、项目实训5个环节。

任务描述：简述任务目标，展示任务实施效果，提高学生的学习兴趣。

知识准备：详细讲解知识点，通过系列实例实践，引导学生边学边做。

任务实施：通过任务综合应用所学知识，提高学生系统运用知识的能力。

任务拓展：讲解一些扩展知识，使学生巩固所学知识与提高运用技巧。

项目实训：在项目实施的基础上通过“学、仿、做”达到理论与实践统一、知识的内化与应用的教学目的。

三、特点

1. 针对性、适用性强，教学内容安排遵循学生职业能力培养基本规律

本书以社会调查、企业调查和对高职生源的充分了解为基础，从前端技术人员的角度进行选材，重点阐述HTML5、CSS3、JavaScript三方面知识，设计了10个教学任务。

编写中本着“学生能学，教师好用，企业需要”的原则，注意理论与实践一体化，并注重实效性。在应用案例的编写中尽可能地使用企业真实案例，将知识理解与实际应用有机地融为一体。

2. 精心设计，将教学内容与资源库有机整合

本书根据HTML5、CSS3、JavaScript三方面知识，将教学内容分为10个教学任务，每个教学任务配套系列微课。以教学内容为主线，将资源库中的文本资源、图片资源、源代码资源、网页特效资源进行有机整合。立体化的数字教学资源包括3个方面的内容，第一，课程本身的基本信息，包括课程简介、学习指南、课程标准、整体设计、单元设计、考核方式等；第二，教学内容的微课视频，既方便课内教学，又方便学生课外预习与学习；第三，课程拓展资源，包含课程的重难点剖析、循序渐进的综合项目开发、案例、素材资源等。

本版教材在第2版的基础上更新了部分应用案例，优化了部分拓展微课视频等数字化教学资源。与本书配套的数字课程“网页设计与制作”已在“智慧职教”平台（www.icve.com.cn）上线，学习者可以登录平台进行在线学习及资源下载，授课教师可以调用本课程构建符合自身教学特色的SPOC课程，详见“智慧职教”服务指南。教师也可发邮件至编辑邮箱1548103297@qq.com获取相关资源。

四、致谢

本书由刘万辉、常村红任主编，负责教材总体设计及统稿。管曙亮、韩锐、郑丽萍、章早立等也为本书编写作出了贡献。

本书的结构是一种新的尝试，能否得到同行的认可，能否给教学带来新的感受，都要经过实践的检验。由于作者的水平有限，错误之处在所难免，恳请读者给予指正。

编　者

2021年10月

目　录

任务1　网页策划起步 …… 1

任务描述：网站主页的策划与设计 … 2

知识准备 …… 2

1.1　网页设计的概念与术语 …… 2

1.1.1　网页与网站的相关概念 …… 2

1.1.2　网页设计相关的程序设计语言 …… 4

1.2　网页设计流程 …… 5

1.2.1　前期策划 …… 5

1.2.2　网页制作 …… 10

1.2.3　网页测试 …… 10

1.3　HTML5概述 …… 11

1.3.1　HTML5的发展历史 … 11

1.3.2　使用HTML5的5大原因 …… 11

1.3.3　浏览器以及浏览器内核 …… 12

1.4　编写第一个HTML5页面 …… 13

1.4.1　HTML5文件的编写工具 …… 13

1.4.2　HTML5文档的基本格式 …… 14

1.4.3　使用HTML5编写简单的Web页面 …… 15

1.5　综合实例：体验HTML5的页面特征 …… 17

任务实施：网站主页的策划与设计 … 21

1. 资料收集 …… 21

2. 页面规划 …… 21

3. 绘制页面草图 …… 21

任务拓展 …… 22

1. 认识Dreamweaver CC …… 22

2. HBuilder的快速开发技巧 … 22

项目实训：智慧校园登录与教师应用门户策划 …… 23

任务2　网页的基本页面实现 …… 25

任务描述：运用HTML编写Web页面 …… 26

知识准备 …… 26

2.1　HTML5基础 …… 26

2.1.1　HTML5基本语法 …… 26

2.1.2　HTML5标签及属性 … 28

2.1.3　HTML5文档头部<head>标签 …… 29

2.2　文字与段落标签 …… 30

2.2.1　标题与段落标签 …… 30

2.2.2　文本的格式化标签 …… 32

2.2.3　特殊字符标签 …… 33

2.3　图像与超链接标签 …… 33

2.3.1　图像标签<img> …… 33

2.3.2　超链接标签<a> …… 35

2.4　表格与列表 …… 40

2.4.1　表格标签 …… 40

2.4.2　列表标签 …… 44

2.5　综合实例：书法家庄辉个人介绍 …… 46

任务实施：运用HTML编写主页的基本结构 …… 48

1. 制作页面基本结构 …… 48

2. 制作网站头部 …… 49

3. 制作网站banner区域 …… 49

4. 制作网站内容区域 ………… 50
5. 制作网站版权信息 ………… 51
任务拓展 ………………………… 51
1. <ruby>标签 ……………… 51
2. <mark>标签 ……………… 52
3. <cite>标签 ……………… 52
项目实训：企业招聘页面结构实现 … 53
任务3 运用HTML5的新标签 …… 55
任务描述：使用HTML5新标签优化网页 …………………… 56
知识准备 ………………………… 56
3.1 结构性标签 ……………… 56
3.1.1 认知结构性标签 ……… 56
3.1.2 <section>标签 ………… 58
3.1.3 <article>标签 ………… 58
3.1.4 <nav>标签 …………… 59
3.1.5 <aside>标签 ………… 59
3.1.6 <header>标签 ………… 60
3.1.7 <footer>标签 ………… 60
3.2 分组标签 ………………… 60
3.2.1 <figure>标签和<figcaption>标签 ……… 60
3.2.2 <hgroup>标签 ………… 61
3.2.3 <dialog>标签 ………… 62
3.3 页面交互标签 …………… 62
3.3.1 <details>标签和<summary>标签 ……… 62
3.3.2 <menu>标签与<command>标签 ……… 64
3.4 行内语义性标签 ………… 64
3.4.1 <progress>标签 ……… 64
3.4.2 <meter>标签 ………… 65
3.4.3 <time>标签 …………… 66
3.4.4 <video>标签和<audio>标签 ………………… 66
3.5 HTML5的全局属性 ……… 67
3.5.1 contenteditable属性 …… 67
3.5.2 hidden属性 …………… 68
3.5.3 spellcheck属性 ……… 68
3.5.4 draggable属性 ……… 69
3.6 综合实例：个人博客页面结构设计 ………………… 69
任务实施：使用HTML5新标签优化网页 …………………… 72
1. 网页结构性元素分析 ……… 72
2. 应用结构性元素完善页面 … 72
任务拓展 ………………………… 74
1. <div>标签和<span>标签 …… 75
2. <div>、<section>和<article>的区别与使用 ……………… 75
项目实训：网站页面的分析与编写 … 75
任务4 构建网站层叠样式表 ……… 77
任务描述：使用CSS实现门户网站导航 …………………… 78
知识准备 ………………………… 78
4.1 初识CSS3 ………………… 78
4.1.1 CSS3简介 …………… 78
4.1.2 主流浏览器对CSS3的支持情况 ……………… 78
4.2 CSS的使用 ……………… 79
4.2.1 CSS样式设置规则 …… 79
4.2.2 CSS样式的调用 ……… 80
4.2.3 CSS基础选择器 ……… 84
4.3 CSS3选择器 ……………… 89
4.3.1 属性选择器 …………… 89
4.3.2 关系选择器 …………… 91
4.3.3 链接伪类选择器 ……… 92
4.3.4 结构伪类选择器 ……… 93
4.3.5 伪元素选择器 ………… 99
4.3.6 UI元素状态伪类选择器 ……………… 100
4.4 CSS的继承与层叠 ……… 102
4.4.1 CSS的继承性 ………… 102
4.4.2 CSS的层叠性 ………… 103

4.5 综合实例：门户网站导航设计…………………… 105
任务实施：使用 CSS 实现门户网站导航 ……………… 107
1. 任务分析…………………… 107
2. 编写页面通用样式 ……… 108
3. 添加<div>标签并编写样式表 …………………… 108
4. 编写 nav 区域与链接样式 …………………… 109
任务拓展 ………………………………… 110
1. 实际元素与伪元素的转化 …………………… 110
2. 主流浏览器的兼容性处理 …………………… 111
项目实训：使用样式表美化网页页面 ………………… 112
任务 5 设置文本、背景与列表样式 …………………… 115
任务描述：美化门户网站导航与 banner 区域 ……………… 116
知识准备 ………………………………… 116
5.1 文本样式设置………………… 116
5.1.1 设置 CSS 的字体属性 ………………… 116
5.1.2 文本属性…………… 118
5.2 背景属性设置……………… 122
5.2.1 基本的背景设置 …… 122
5.2.2 CSS3 中新增的背景属性 ……………… 126
5.2.3 CSS3 中新增的渐变属性 ……………… 132
5.3 列表样式设置……………… 136
5.3.1 定义列表的基本样式 ……………… 136
5.3.2 列表布局实例 ……… 138
5.4 综合实例：电商产品分类列表展示 …………… 140
任务实施：美化门户网站导航与 banner 区域 …………… 141
1. 任务分析…………………… 141
2. 编写页面<header>与<banner>的 HTML 结构 ………… 142
3. 编写页面基本样式与<header>区域样式 ……… 142
4. 编写页面<banner>区域样式 …………………… 143
任务拓展 ……………………………… 144
1. 文本的 word-wrap 属性…… 144
2. @ font-face 属性 ………… 144
项目实训：使用 CSS 制作导航菜单 …………………… 146
任务 6 运用盒子模型布局网页 …… 147
任务描述：使用盒子模型布局网站页面 ……………… 148
知识准备 ……………………………… 148
6.1 盒子模型……………………… 148
6.1.1 初识盒子模型 ……… 148
6.1.2 盒子模型的层次与宽高 ……………… 150
6.2 盒子模型的常用属性…… 151
6.2.1 边框 border 属性 …… 151
6.2.2 边距属性…………… 154
6.2.3 CSS3 新增属性……… 156
6.3 元素的浮动与定位……… 165
6.3.1 元素的类型与转换 … 165
6.3.2 浮动属性（float） … 169
6.3.3 清除浮动属性（clear） …………… 171
6.3.4 元素的定位 ………… 173
6.3.5 overflow 溢出属性 …… 178
6.4 综合实例：数字化教学资源平台网站布局……… 181
任务实施：使用盒子模型布局网站 banner 部分 ……………… 192

1. 任务分析 ………………… 192
2. 编写页面<banner>区域 HTML 代码 ……………… 192
3. 编写<banner>区域样式 … 192
任务拓展 …………………………… 193
1. 页面主体区域的实现 …… 193
2. 页脚区域的实现 ………… 195
项目实训：运用盒子模型与定位布局企业网站 ………… 195
任务7 运用影音多媒体 …………… 197
任务描述：门户网站 banner 中的视频展示 ……………… 198
知识准备 …………………………… 198
7.1 多媒体对象基本知识 …… 198
7.1.1 视频格式 …………… 198
7.1.2 音频格式 …………… 199
7.2 插入多媒体对象 ………… 199
7.2.1 滚动字幕标签 <marquee> ………… 199
7.2.2 插入多媒体文件 <embed>标签 ……… 200
7.2.3 HTML5 插入视频 …… 202
7.2.4 HTML5 插入音频 …… 205
7.3 综合实例：花卉视频介绍 …………………… 206
任务实施：门户网站 banner 中的视频展示 ……………… 209
1. 任务分析 ………………… 210
2. 修改 HTML 结构代码 …… 210
3. 给 video 元素编写 CSS 代码 ……………………… 210
任务拓展 …………………………… 210
1. 通过网络 URL 地址调用网络多媒体文件 …… 210
2. 调用网页多媒体文件 …… 211
项目实训：使用 CSS 设计视频播放界面 ……………… 213
任务8 设计表单 …………………… 215
任务描述：智慧校园信息门户的登录页表单设计 ……… 216
知识准备 …………………………… 216
8.1 表单的基本概念 ………… 216
8.1.1 表单简介 …………… 216
8.1.2 表单的组成 ………… 218
8.2 HTML5 中新增的表单属性与元素 ……………… 222
8.2.1 新增的 input 输入类型 ……………… 222
8.2.2 新增的 form 属性 …… 226
8.2.3 input 新增的属性 …… 227
8.2.4 新增的表单元素 …… 229
8.3 综合实例：用户注册页面的设计 ……………… 231
任务实施：智慧校园信息门户的登录页表单设计 ……… 235
1. 任务分析 ………………… 235
2. 登录表单的 HTML 结构代码 ……………………… 235
3. 给表单设计 CSS 样式 …… 236
任务拓展 …………………………… 237
1. 表单边框的应用 ………… 237
2. 文本域标签<textarea> …… 237
项目实训：表单模仿设计 ………… 238
任务9 运用特殊效果 ……………… 239
任务描述：交通示意图动画效果 … 240
知识准备 …………………………… 240
9.1 CSS3 多列布局 ………… 240
9.1.1 认识 columns 多列布局 ………………… 240
9.1.2 columns 的其他属性 … 242
9.2 CSS3 转换 ……………… 244
9.2.1 transform 简介 ……… 244
9.2.2 常用的 transform 变形方法 ……………… 245

9.2.3 运用3D变形 ········· 251
9.3 transitions过渡 ············ 255
9.3.1 transitions功能介绍 ··· 255
9.3.2 过渡属性的应用 ······ 256
9.4 animation动画 ·············· 261
9.4.1 动画的基本定义与调用 ·················· 261
9.4.2 animation的其他属性 ·················· 264
9.5 综合实例：艺术照片墙 ························ 267
任务实施：交通示意图动画效果 ··· 270
1. 任务分析 ····················· 270
2. 设计HTML结构代码 ······ 271
3. 使用CSS实现动画效果 ······················ 271
任务拓展 ······························ 272
1. CSS3 Animation动画库 ······················ 272
2. Animate跨平台动画库 ······ 273
项目实训：母亲节礼盒 ··············· 273
任务10 运用JavaScript实现网页的交互 ·················· 275
任务描述：下拉菜单的设计与实现 ······················ 276
知识准备 ······························ 276
10.1 JavaScript概述 ············ 276
10.1.1 JavaScript简介 ········· 276
10.1.2 JavaScript的使用方法 ················ 276
10.2 JavaScript数据类型、变量、数组、运算符和表达式 ················ 278
10.2.1 数据类型 ············ 278
10.2.2 变量的命名与定义 ················ 282
10.2.3 变量的作用域········· 283
10.2.4 数组 ················· 283
10.2.5 运算符与表达式 ······ 287
10.3 程序控制结构 ············ 290
10.3.1 分支结构 ············ 290
10.3.2 循环结构 ············ 293
10.4 函数的定义与引用 ······ 295
10.4.1 函数的定义 ········· 295
10.4.2 函数的调用 ········· 295
10.4.3 用户类的定义········· 298
10.5 浏览器窗口对象 ········· 299
10.5.1 浏览器对象模型 ······ 299
10.5.2 window对象 ········· 300
10.5.3 window的其他对象 ················· 302
10.6 页面中元素的访问与属性的设置 ·············· 307
10.6.1 页面元素的引用 ······ 307
10.6.2 读写HTML对象的属性 ·············· 308
10.6.3 表单及其控件的访问 ················· 309
10.6.4 JS设置CSS样式的方式 ·············· 309
10.7 事件的指派与处理函数的编写 ···················· 310
10.7.1 事件的指派 ········· 310
10.7.2 常用事件的类型 ······ 313
10.8 文档对象模型 ············ 316
10.8.1 初识文档对象模型 ··· 316
10.8.2 DOM对象节点的类型 ·············· 317
10.8.3 DOM对象节点的基本操作 ············ 318
10.8.4 DOM对象节点的创建与修改 ········· 319
10.9 DOM节点对象的事件处理 ······················ 323
10.10 综合实例：工资表格

的美化设计 …………… 324

任务实施：下拉菜单的设计与实现 …………………… 328

1. 任务分析与实施思路 …… 328

2. 下拉菜单的 HTML 结构 …………………… 329

3. 样式设计 …………………… 330

4. 编写 JavaScript 脚本 ……… 331

5. 项目应用 …………………… 332

任务拓展 ………………………… 332

1. 表单验证 …………………… 332

2. JSON 自定义对象 ………… 334

项目实训：在线测试系统 ………… 336

参考文献 ………………………………… 337

任务 1

网页策划起步

PPT 任务 1 网页策划起步

学习目标

【知识目标】

- 了解网页设计的概念与术语。
- 掌握网页、网站相关概念。
- 掌握网页设计的流程。
- 了解 HTML5 的发展历史与优势。
- 掌握 HTML5 的编码方式。

【技能目标】

- 能独立查找资料，搜索项目案例资料。
- 能根据项目需求，规划主页草图。
- 能编写最简单的 HTML5 文档。

任务描述：网站主页的策划与设计

软件技术专业实习生小王刚进公司，就跟随UI项目组李经理来完成一个新的任务，即策划一个信息类职业技术学院的校园网网站门户页面。那么，该用户有哪些需求呢？小王跟市场部通过电话沟通，并得到李经理的指导，如图1-1所示。

(a) 李经理指导　　(b) 项目需求

图1-1　项目需求沟通

面对这个任务，小王打算先从门户网站的规划设计入手，客户的具体需求如下。

① 能体现信息类学校的特色，网站界面简洁、大气。

② 网站主页的核心内容包括学校概况、组织机构、招生就业、科学研究、招聘信息等。

③ 主页上要能展现学校的整体风貌，能发布相关招标信息等。

所以，本任务就是依据学校办学特色，完成“校门户网站主页面”的策划与设计。

知识准备

1.1　网页设计的概念与术语

微课1-1：网页与网站的相关概念

1.1.1　网页与网站的相关概念

1. 网页与网站的定义

网页（Web Page）是网站中的一个页面，是Internet“展示信息的一种形式”。其文件扩展名通常为 html 或 htm，此外还有 asp、aspx、php、jsp 等。

网站是万维网上相关网页的集合。

2. 网页的类型

虽然网页的类型看上去多种多样，但在制作网页时可以将其用两种类型来划分。

① 按网页在网站中的位置进行分类，可以分为主页和内页。

主页：用户进入网站时看到的第一个页面就是主页（homepage）。

内页：通过主页中的超链接打开的网页就是内页。

② 按网页的表现形式进行分类，可以分为静态网页和动态网页。

静态网页：是指使用 HTML 语言编写的网页，其制作简单，但缺乏灵活性，在浏览网页时浏览者和服务器不发生交互。

动态网页：是指使用 ASP、PHP、JSP、ASP. NET 等程序生成的网页，可以与浏览者进行交互，也称为交互式网页。

3. 网页的构成

网页是由各个板块构成的，一般情况下一个网页都包括 Logo 图标、导航条、Banner、内容板块、版尾板块等部分。

Logo 图标是企业或者网站的标志等。

导航条是网站的重要组成部分。合理安排导航条可以帮助浏览者快速地查找所需的信息与内容。

Banner 是网页中的广告，直译就是旗帜、横幅的意思，目的是展示网站内容，吸引用户。

内容板块是网站的主体部分，通常内容板块包含文本、图像、超链接、动画等媒体。

版尾板块就是网页最底端的板块，通常设置网站的版权信息。

以“高等教育出版社”网站为例认识一下网页的基本构成，如图 1-2 所示。

图 1-2 网页的基本构成

1.1.2 网页设计相关的程序设计语言

微课 1-2：
网页设计相关的
程序设计语言

事实上 HTML、CSS、Script 是网页设计最核心也是最基础的技术，HTML 的主要功能是定义网页的基本结构，CSS 的主要功能是定义网页的外观，浏览器端 Script 的主要功能是定义网页的行为。

1. HTML

HTML（Hyper Text Markup Language，超文本标记语言）是由 W3C（World Wide Web Consortium，万维网联盟）所提出的，其主要用途是制作网页。HTML 文件由“标签”（tag）和“属性”（attribute）所组成，统称为“元素”（element）。浏览器只要看到 HTML 源代码，就能解析成网页。目前，最新的 HTML 文件是 HTML5。

2. CSS

CSS（Cascading Style Sheets，层叠样式表）也是由 W3C 所提出的，其主要用途是控制网页的外观，也就是定义网页的编排、显示、格式化及特殊效果。W3C 鼓励网页设计人员使用 HTML 来定义网页的结构，而使用 CSS 来控制网页的外观，将两者的功能明确，语义更加清晰。目前，最新的 CSS 版本是 CSS3。

3. 浏览器端 Script

使用 HTML 和 CSS 制作的只是静态的网页，无法实现用户数据的实时更新，而用户提交数据时的信息验证等问题需要通过浏览器端的Script脚本来完成。常用的Script脚本有VBScript和JavaScript，其中JavaScript为主流脚本。JavaScript脚本经常被用于嵌入动态文本、对浏览器事件做出响应、读写HTML元素、在数据被提交到服务器之前验证数据，以及检测访客的浏览器信息等。

1.2 网页设计流程

微课1-3：
网页设计的流程

1.2.1 前期策划

1. 明确目标，规划网站栏目

在制作网页之前，首先要根据项目需求准确地定位，明确这个网页要达到的目标。同时要设定网站需要包含的模块，确定网页的主题和风格，规划好网站栏目并进而确定网站的色彩、网页版面布局。

2. 网页配色

网页的配色要根据项目的主题去确定。要使用好颜色，就要掌握颜色的感情和含义。例如，红色让人联想起玫瑰、喜庆、兴奋等。不同颜色的含义也各不相同，表1-1中列举了一些常用的颜色所表示的不同含义。

表1-1 颜色的含义一览表

颜色	含义	具体表现	抽象表现
红色	一种对视觉器官产生强烈刺激的颜色，在视觉上容易引起注意，在心理上容易引起情绪高昂，能使人产生冲动、愤怒、热情、活力的感觉	火、血、心、苹果、夕阳、婚礼、春节等	热烈、喜庆、危险、革命等
橙色	一种对视觉器官产生强烈刺激的颜色，由红色、褐黄色组成，比红色多些明亮的感觉，容易引起注意	橙子、柿子、橘子、秋叶、砖头、面包等	快乐、温情、积极、活力、欢欣、热烈、温馨、时尚等
黄色	一种对视觉产生明显刺激的颜色，容易引起注意	香蕉、柠檬、黄金、蛋黄、帝王等	光明、快乐、豪华、注意、活力、希望、智慧等
绿色	对视觉器官的刺激较弱，介于冷暖两种色彩的中间，有和睦、宁静、健康、安全的感觉	草、植物、竹子、森林、公园、地球、安全信号	新鲜、春天、有生命力、和平、安全、年轻、清爽、环保等
蓝色	对视觉器官的刺激较弱，在光线不足的情况下不易辨认，具有缓和情绪的作用	水、海洋、天空、游泳池	稳重、理智、高科技、清爽、凉快、自由等
紫色	由蓝色和红色组成，对视觉器官的刺激介于强弱之间，形成中性色彩	葡萄、茄子、紫菜、紫罗兰、紫丁香等	神秘、优雅、女性化、浪漫、忧郁等
褐色	在橙色中加入了一定比例的蓝色或黑色所形成的暗色，对视觉器官刺激较弱	麻布、树干、木材、皮革、咖啡、茶叶等	原始、古老、古典、稳重、男性化等

续表

颜色	含　义	具体表现	抽象表现
白色	自然日光是由多种有色光组成的，白色是光明的颜色	光、白天、白云、雪、兔子、棉花、护士、新娘等	纯洁、干净、善良、空白、光明、寒冷等
黑色	为无色相、无纯度之色，对视觉器官的刺激最弱	夜晚、头发、木炭、墨、煤等	罪恶、污点、黑暗、恐怖、神秘、稳重、科技、高贵、不安全、深沉、悲哀、压抑等
灰色	由白色与黑色组成，对视觉器官刺激微弱	金属、水泥、砂石、阴天、乌云、老鼠等	柔和、科技、年老、沉闷、暗淡、空虚、中性、中庸、平凡、温和、谦让、中立、高雅等

下面提供几种网页配色方法。

（1）需要考虑整体色系

在进行网页配色时，需要考虑网页的整体色调。怎样控制好整体色彩呢？最简单的方法是：先确定占大面积的色彩效果，并根据这种颜色来选择不同的配色方案，如此就可以达到不同效果的整体色调。用暖色系的配色方案，可以让网页呈现出温暖的感觉，如图 1-3 所示；用冷色系的配色方案，就会让网页呈现出清凉、平静的感觉。

图 1-3　使用暖色配色的网站

说明：色彩学中，将色彩按色温分为暖色、冷色和中间色。红色、橙色、黄色、褐色都属于暖色；青色、蓝色、紫色、绿色都属于冷色。

（2）底色与图像要协调

目前，图像在网页中可以说是不可缺少的元素，而图像的色彩也影响着整个网页的色彩效果。特别是网页底色与图像的搭配对网页的效果非常重要。

一般来说会使用图像作为页面的主要元素，所以底色与图像之间必须有明显的对比，这样可以非常鲜明地突出页面内容，将图像的美感快速传递给访问者。如图 1-4 所示，通过底色跟图像的对比既突出了商品的展示效果，也达到了整体的统一协调。

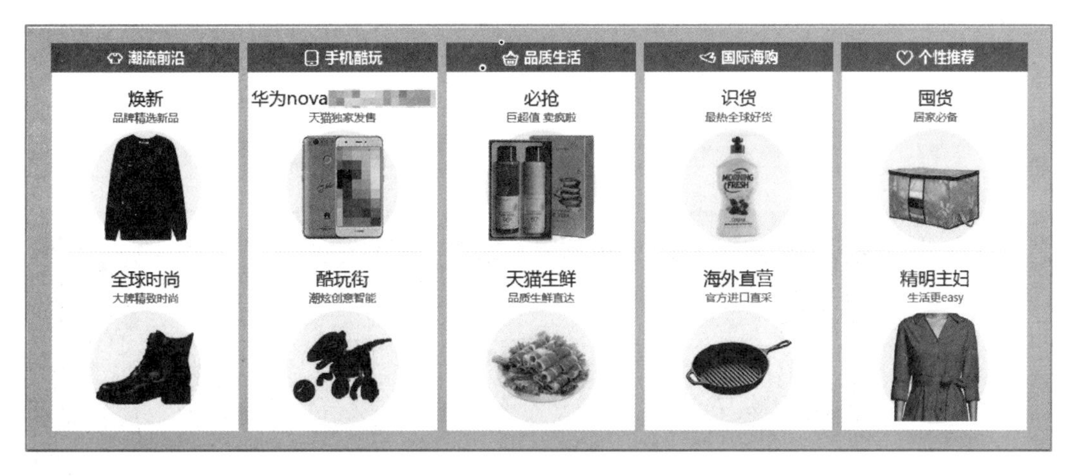

图 1-4　底色与图像协调

（3）善用色彩的调和

在网页配色时，通常会使用多种颜色。当两种或者两种以上的颜色在一起显得不够协调时，就需要在它们中间插入几个近似色，让它们出现阶梯渐变的效果，这就是色彩的调和。采用色彩调和的方法，可以使网页避免色彩杂乱，达到页面和谐统一的效果，如图 1-5 所示。

图 1-5　同系颜色的调和

（4）善用色彩的对比

色彩对比是突出重点、产生强烈视觉效果的一种常用方法。在进行色彩配色时，通过合理进行对比色的搭配使用，就可以轻易突出重点。不过需要注意的是，这种色彩的对比不能过多，范围不能过大，最好以一种颜色为主色调，然后将其对比色作为点缀，即可起到画龙点睛的作用。如图 1–6 所示，使用大块蓝色与红色导航的对比，搭配左侧灰色，既突出了重点，也实现了整体效果的统一协调。

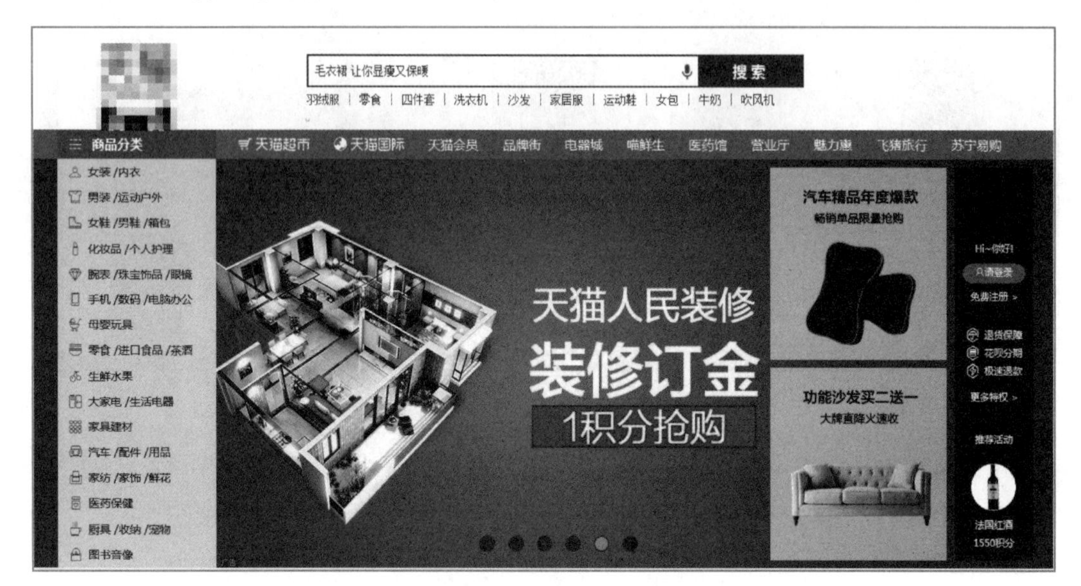

图 1–6　色彩的对比

所谓色彩的近似色，就是在色谱上相邻的颜色，如绿色与蓝色、红色与黄色就互为近似色。

本任务主要使用能体现科技感的蓝色为主色调，采用科技蓝的近似色和灰色为辅色。

3. 网页布局

根据视觉流程的类型及网页版式，可总结出水平布局、垂直布局、水平–垂直交叉布局等布局类型。

（1）水平布局

页面中的内容水平排列，强调了水平线的作用，使页面具有安定、平静的感觉，观众的视线在左右移动中捕捉视觉信息，符合人们的视觉习惯。如图 1–7 所示“清华大学”的网站就是典型的水平布局，这种布局方式最为常见。

（2）垂直布局

页面中的内容垂直排列，强调垂直线的作用，具有坚硬、理智、冷静和秩序的感觉。

（3）水平–垂直交叉布局

将水平布局与垂直布局交叉使用，它们之间容易形成对比关系，较之单向分割更为丰富、实用而灵活多变。如图 1-8 所示，商城的网页就是一个水平垂直交叉布局的案例，这种布局方式的使用也较为广泛。

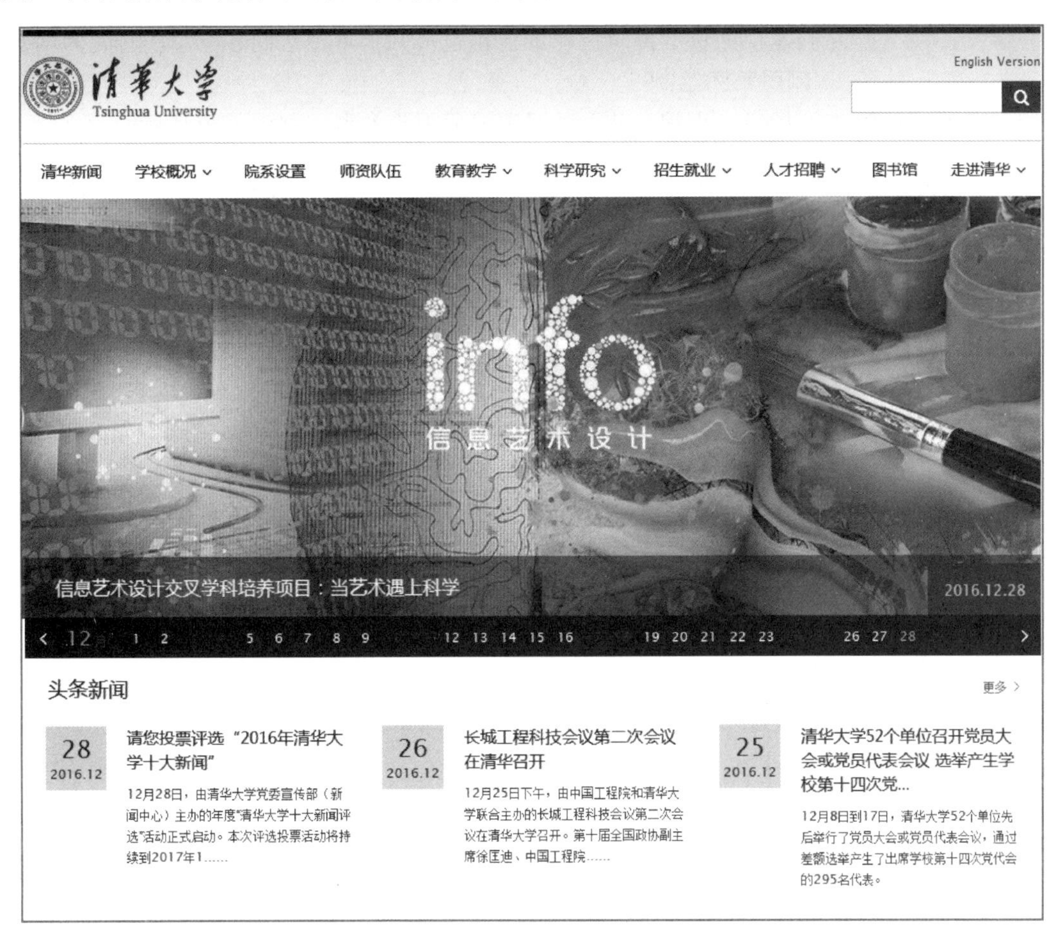

图 1-7　水平布局

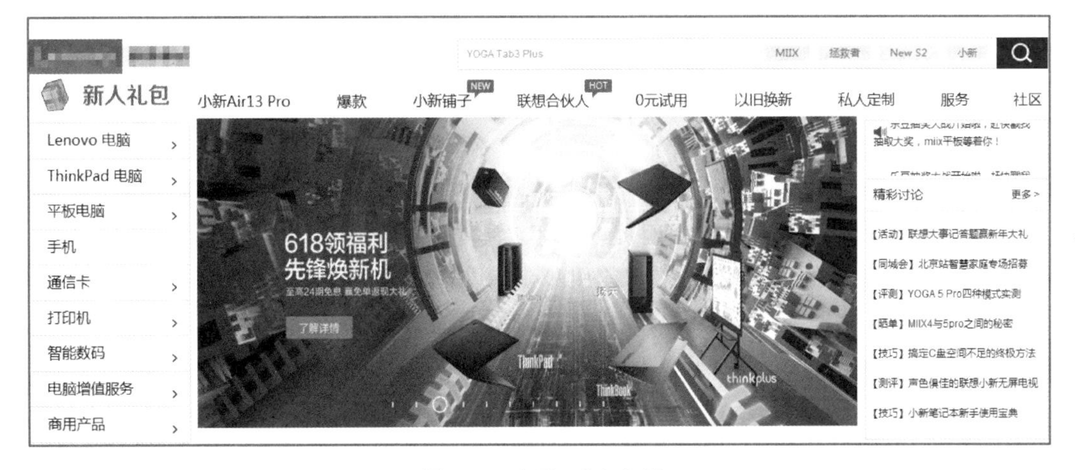

图 1-8　水平-垂直布局

1.2.2 网页制作

从技术层面讲，网页制作的流程包括网页草图绘制和将草图转化为网页。

1. 网页草图绘制

这个阶段可以搜索相关的网页界面作为参考，如图 1-9 所示。

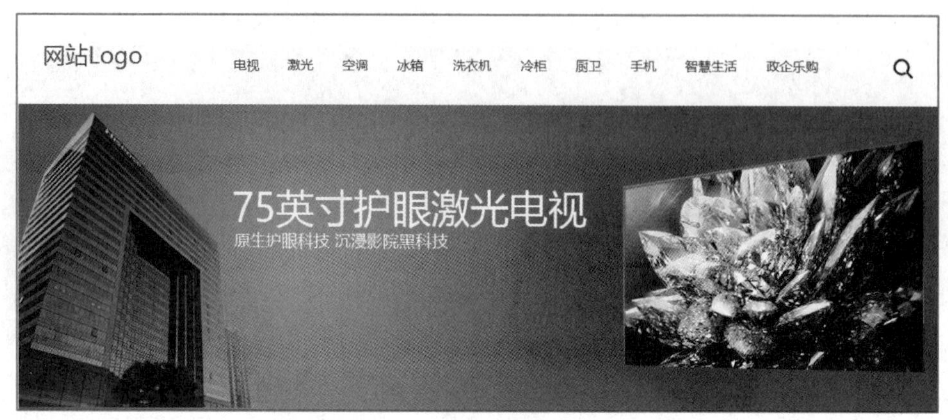

图 1-9 参考页面

可以根据参考页面来绘制网页草图，如图 1-10 所示。

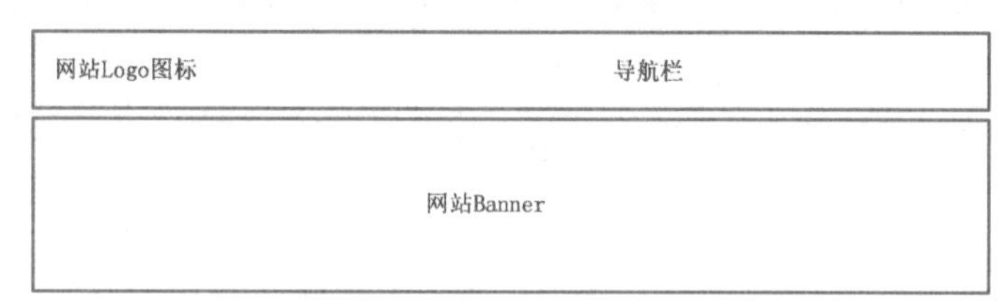

图 1-10 绘制网页草图

2. 将草图转化为网页

这个阶段需要将刚刚规划的草图使用常用的网页编辑软件制作成网页。常用的网页编辑软件主要分为两种类型，一是纯文本编辑工具，如记事本、Notepad++、HBuilder、Eclipse 等；二是所见即所得的网页编辑软件，如 Dreamweaver，同时要结合 Photoshop 图像处理软件来制作网页的背景、标题图片、按钮、动画等。

通常情况下，一些专业设计网页界面的公司会更加注重网页的视觉效果，这些企业会有专业的网页设计师来制作网站的效果图，而网页前端工程师只需要将根据 Photoshop 制作的 PAD 界面通过编码转换为 HTML 页面。对于学习 HTML 的人来说，纯文本编辑软件比较合适，因为它可以让用户专注于 HTML 语法，深入理解网页的结构与原理。

1.2.3 网页测试

制作好网页后，需要对其进行测试。可根据浏览器的种类、客户端的要求以及网站的大小进行站点测试，通常是将站点移到一个模拟调试服务器上进行测试或编辑。在测试站点的过程中应该注意如下问题。

- 检查链接功能是否可用。检查是否存在应该设置的链接没有设置的问题，由于在网页制作过程中会对网页进行反复修改调整，这可能会使某些链接所指向的页面被移动或删除，所以要检查站点中是否有断开的链接，若有，则要修复它们。
- 为了使页面对不支持的标签、样式、插件等在浏览器中能兼容且显示正常，需要进行浏览器兼容性的检查。

如果是软件项目的开发，完成了静态页面后，交付给软件工程师即可。如果采用 CMS（Content Management System，内容管理系统）快速开发网站，则在发布站点之前，需要在 Internet 上申请一个主页空间，以存放网页文档并确定主页在 Internet 上的位置。进行网页发布时通常使用 FTP（File Transfer Protocol，文件传输协议）软件上传网页到服务器中申请的网址目录下，这样速度比较快。

1.3　HTML5 概述

微课 1-4：HTML5 的发展历史

1.3.1　HTML5 的发展历史

HTML1.0：1993 年 6 月作为互联网工程工作小组（IETF）工作草案发布。

HTML 2.0：1995 年 11 月作为 RFC 1866 发布。

HTML 3.2：1997 年 1 月 14 日发布，W3C 推荐标准。

HTML 4.0：1997 年 12 月 18 日发布，W3C 推荐标准。

HTML 5：2014 年 10 月 29 日发布，W3C 推荐标准。

在 HTML5 发展的过程中，2008 年发布了 HTML5 的工作草案。由于 HTML5 能解决实际问题，所以在规范还未定稿的情况下，各大浏览器厂家已经开始对旗下产品进行升级以支持 HTML5 的新功能。这样，得益于浏览器的实验性反馈，HTML 规范也得到了持续地完善，并以这种方式迅速融入了对 Web 平台的实质性改进中。

最终在 2014 年 10 月 29 日，万维网联盟宣布，HTML5 标准规范制定完成，并公开发布，从而 HTML5 取代 HTML4.01、XHTML1.0 标准，实现了桌面系统和移动平台的完美衔接。

1.3.2　使用 HTML5 的 5 大原因

微课 1-5：使用 HTML5 的 5 大原因

HTML5 兼容 HTML 以及 XHTML，并增加了很多非常实用的新功能和新特性，下面具体介绍使用 HTML5 的 5 大原因。

1. 兼容性

在 HTML5 之前，几大主流浏览器厂商为了争夺市场占有率，在各自的浏览器中增加各种各样的功能，没有统一的标准，从而使得使用不同的浏览器时常常会看到不同的页面效果。在HTML5中，纳入了所有合理的扩展功能，具备良好的跨平台性能。针对不支持新标签的老式IE浏览器，只需要简单地添加JavaScript代码就可以使用新的元素标签。

2. 新增了多个新特性

HTML5新增的特性如下。

- 新增加了内容元素，如header、nav、section、article、footer。
- 新增加了表单控件，如calendar、date、time、email、url、search。
- 新增加了用于绘画的canvas元素。
- 新增加了用于媒体播放的video和audio元素。
- 更好地支持了本地离线存储。
- 支持地理位置、拖曳、摄像头等API。

3. 安全机制的设计

为保证安全性，在HTML5的规范中引入了一种新的基于来源的安全模型，该模型简单易用，同时对不同的API（Application Programming Interface，应用程序编程接口）都可通用。使用这个安全模型，不需要借助于任何不安全的hack就能跨域进行安全对话。

4. 内容和表现分离

在清晰分离内容与表现方面，HTML5迈出了很大一步。为了避免可访问性差、代码复杂度高、文件过大等问题，HTML5规范中更细致、清晰地分离了内容和表现。实际上，HTML5规范已经不支持老版本的HTML的大部分表现功能的属性。

5. 简化的优势

HTML5要的就是简单，避免不必要的复杂性。为此，其简化了DOCTYPE，简化了字符声明，提供了简单而强大的HTML5 API，使用浏览器原生能力替代复杂的JavaScript代码。

1.3.3 浏览器以及浏览器内核

微课1-6：浏览器以及浏览器内核

1. 浏览器

浏览器是一种把互联网上的文本文档和其他文件翻译成网页的软件，通过浏览器可以快捷地阅读Internet上的内容。常用的浏览器有IE（Internet Explorer）、火狐（FireFox）、谷歌（Chrome）、Safari和Opera等，这些浏览器都能很好地支持HTML5。

常见浏览器的图标如图1-11所示。

2. 浏览器内核

浏览器最核心的部分是“浏览器内核”。浏览器内核负责对网页语法进行解释并渲染网页。

图 1-11　常见浏览器图标

（1）Trident 内核

Trident 内核的代表产品是 Internet Explorer，又称其为 IE 内核。Trident（又称为 MSHTML）是微软公司开发的一种排版引擎。使用 Trident 渲染引擎的浏览器包括 IE、傲游、世界之窗、Avant、腾讯 TT、Sleipni、GreenBrowser 等。

（2）Webkit 内核

WebKit 是苹果公司开发的内核，WebKit 内核的代表产品 Safari、Chrome-WebKit 是开源项目，包含了来自 KDE（K Desktop Environment，K 桌面环境）项目和苹果公司的一些组件。它的特点在于源码结构清晰、渲染速度极快；缺点是对网页代码的兼容性不高，导致一些编写不标准的网页无法正常显示。

（3）Gecko 内核

Gecko 的特点是代码完全公开，因此其可开发程度很高，全世界的程序员都可以为其编写代码，增加功能，这也是 Gecko 内核虽然年轻但市场占有率能够迅速提高的重要原因。使用它的浏览器有 Firefox、Netscape6～9。

（4）Presto 内核

Presto 内核的代表产品是 Opera。Presto 是由 Opera Software 开发的浏览器排版引擎，供 Opera 7.0 及以上使用。它取代了旧版 Opera 4～6 版本使用的 Elektra 排版引擎，加入了动态功能，如网页或其部分可随着 DOM 及 Script 语法的事件而重新排版。

本书所有应用实例主要执行的浏览器为 Google 的 Chrome 浏览器。如果运行相关实例，请安装 Chrome 浏览器，同时可以安装 IE9 以上版本，或者安装 IETester 来调试在不同 IE 版本下的页面效果。此外，还可以安装 FireFox 浏览器、Opera 浏览器。这样能解决主流浏览器下的页面效果与兼容问题。

1.4　编写第一个 HTML5 页面

1.4.1　HTML5 文件的编写工具

微课 1-7：HTML5 文件的编写工具

HTML5 文件实质就是一个纯文本文件，只是扩展名为 htm 或者 html。能够用来输入文本的编辑工具都可以用来编写 HTML5，常用的工具有 Notepad++、HTML-Kit、UltraEdit、HBuilder 等，也可以使用所见即所得的 Dreamweaver 软件工具。

本书主要使用 HBuilder 开发工具，其软件图标如图 1-12 所示。HBuilder 是 DCloud（数字天堂）推出的一款支持 HTML5 的 Web 集成开发环境（IDE，

Integrated Development Environment）。快，是 HBuilder 的最大优势。通过完整的语法提示和代码输入法、代码块等，HBuilder 大幅提升了 HTML、CSS、JavaScript 的开发效率。当然，广大爱好者也可以使用 Dreamweaver CS6 或者 CC 版本进行开发，其软件图标如图 1-13 所示。

图 1-12　HBuilder 软件图标

图 1-13　Dreamweaver 软件图标

注意：大家可以根据自己的喜好选择安装 HBuilder 或 Dreamweaver，本书的重点是讲授关于 HTML5+CSS3+JavaScript 的程序设计，关于工具的使用方法不做赘述。

微课 1-8：HTML5 文档的基本格式

1.4.2　HTML5 文档的基本格式

学习 HTML5 语言，首先要掌握它的基本格式，接下来将具体讲解 HTML5 文档的基本格式。

使用 HBuilder 新建 HTML5 默认文档时，会自带一些源代码，如下所示。

```
<!DOCTYPE html>
<html>
    <head>
        <meta charset="UTF-8">
        <title></title>
    </head>
    <body>
    </body>
</html>
```

这是 HTML5 文档的基本格式，主要包括<!DOCTYPE>文档类型声明、<html>根标签、<head>头部标签、<body>主体标签，具体介绍如下。

1. <!DOCTYPE>标签

<!DOCTYPE>标签位于文档的最前面，用于向浏览器说明当前文档使用哪种 HTML 标准规范，HTML5 文档中的 DOCTYPE 声明非常简单，体现了 HTML5 的简洁性。

只有开头处使用<!DOCTYPE>声明，浏览器才能将该页面作为有效的 HTML 文档，并按指定的文档类型进行解析。只有使用 HTML5 的 DOCTYPE 声明，才会触发浏览器以标准兼容模式来显示页面信息。

2. <html>标签

<html>标签位于<!DOCTYPE>标签之后，也称为根标签，用于告知浏览器其自身是一个 HTML 文档，<html>文档标志着 HTML 文档的开始，</html>标签标志着 HTML 文档的结束，在它们之间的是文档的头部<head>和主体<body>内容。

3. <head>标签

<head>标签用于定义 HTML 文档的头部信息，也称为头部标签，紧跟在<html>标签之后，主要用来封装其他位于文档头部的标签。<meta>标签中 charset="UTF-8"指定了代码的字符集为 UTF-8。<title>标签可以显示网页的标题信息。

一个 HTML 文档只能含有一对<head>标签，绝大多数文档头部包含的数据都不会真正作为内容显示在页面中。

4. <body>标签

<body>标签用于定义 HTML 文档所要显示的内容，也称为主体标签。浏览器中显示的所有文本、图像、表单与多媒体元素等信息都必须位于<body>标签内，<body>标签中的信息才是最终展示给用户看的。

注意：一个 HTML 文档只能含有一对<body>标签，且<body>标签必须在<html>标签内，位于<head>头部标签之后，与<head>标签是并列关系。

1.4.3　使用 HTML5 编写简单的 Web 页面

微课 1-9：使用 HTML5 编写简单的 Web 页面

使用 HTML5 的基本结构编写一个 HTML 页面，在页面中输出“开启 HTML5 学习之旅!”字样。

【实例 1-1】编写第一个 HTML5 文件，命名为“实例 1.html”，代码如下。

```
<!DOCTYPE html>
<html>
    <head>
        <meta charset="utf-8" />
        <title>第一个 HTML5 页面</title>
    </head>
    <body>
        <p>开启 HTML5 学习之旅！</p>
    </body>
</html>
```

该页面在 Chrome 浏览器中预览的效果如图 1-14 所示。

简单的几行代码就能完成一个页面的开发，其中<title>标签中的“第一个 HTML5 页面”显示在网页标题栏。<meta charset="utf-8" />说明文档的字符编码方式，如果删除<meta charset="utf-8" />，浏览器将无法解析代码中的汉字，浏览后的效果如图 1-15 所示。

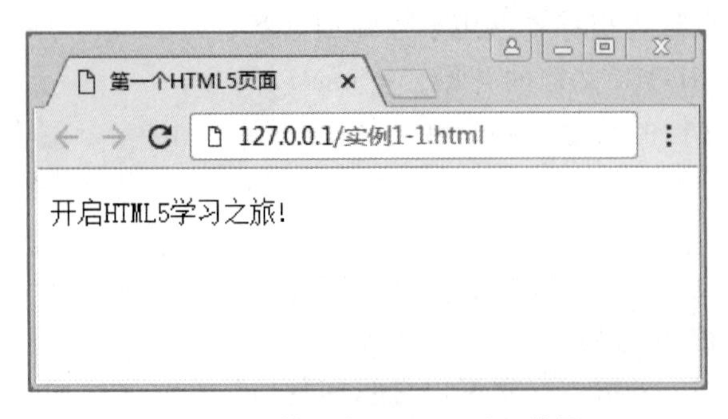

图 1-14　第一个 HTML5 页面效果

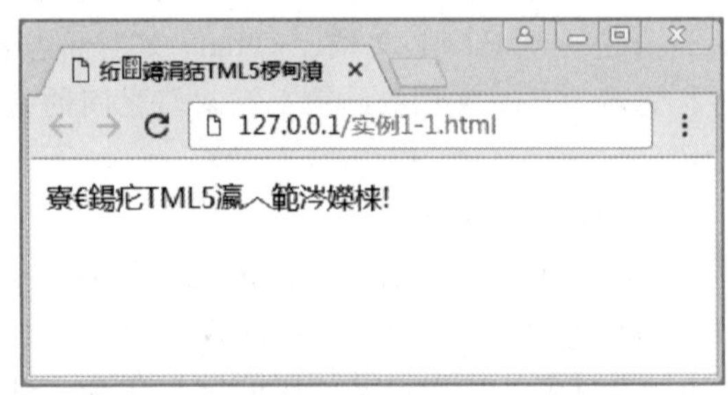

图 1-15　删除<meta>标签后的乱码效果

当然，HTML5 语法很随意，不区分字母大小写，同时允许设置属性时不加引号，即以下 3 行代码是等效的。

```
<meta charset="utf-8" />
<META charset="utf-8" />
<META charset=utf-8/>
```

在主体中，可以省略主体标签，直接编写内容代码：

```
<meta charset="utf-8" />
<title>第一个 HTML5 页面</title>
<p>开启 HTML5 学习之旅！</p>
```

虽然在编码时省略了<html>、<head>、<body>标签，但在浏览器解析时，将会自动进行添加。例如，在预览页面效果时右击，弹出快捷菜单，选择“检查”命令，如图 1-16 所示，便可以浏览到如图 1-17 所示的代码状态。

图 1-16　选择“检查”命令

考虑到代码的可维护性，在编码时应该考虑整体的语义，所以，最好能按照编码习惯与规范，尽量统一代码的大小写，尽量编写<html>、<head>、

<body>标签，从而最大限度地实现页面代码的简洁与完整。

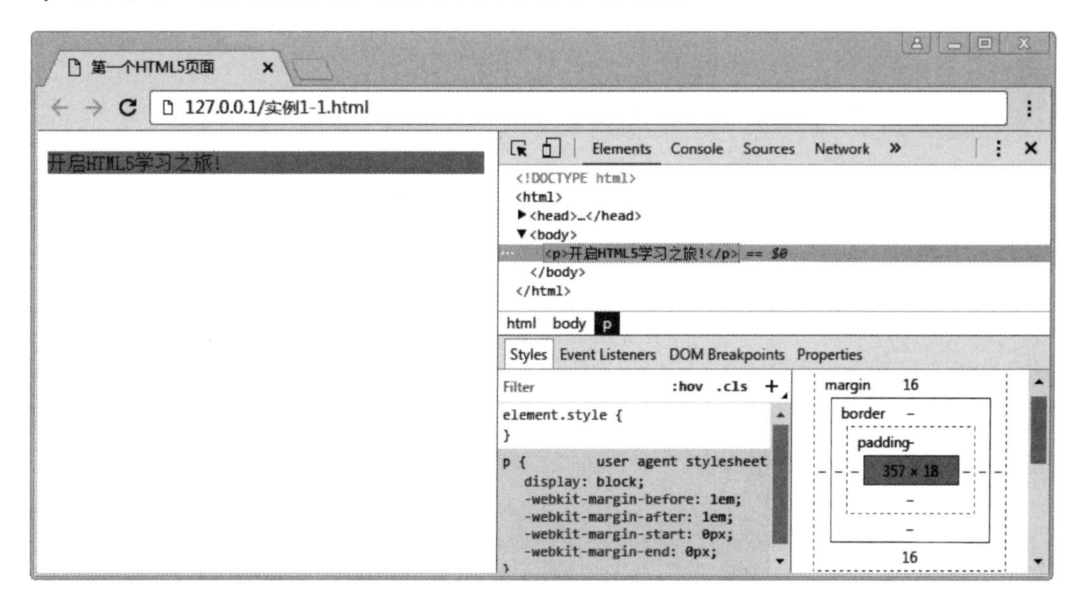

图 1-17　通过“检查”命令浏览到的代码状态

1.5　综合实例：体验 HTML5 的页面特征

微课 1-10：
体验 HTML5 的
页面特征

通过对 Web 页面的研究发现，如果使用一些带有语义性的标签，可以加快浏览器解释页面元素的速度，下面通过实例说明 HTML5 是如何使用这些全新的特征来结构化元素的。

实例目标：通过编码实现上、中、下 3 部分页面，上部用于显示网站 Logo 信息；中部分为两部分，左侧边栏放置导航，右侧放置主体内容信息；下部放置版权信息。

【实例 1-2】编码体验 HTML+CSS 的编码方式，代码如下。

```
<!DOCTYPE html>
<html>
    <head>
        <meta charset="utf-8" />
        <title>体验 HTML 与 CSS</title>
        <style type="text/css">
        #header,#nav,#sideLeft,#sideRight,#footer{
            border:solid 1px #666;
            padding:10px;
            margin:6px;}
        #header { width:600px; }
        #nav { width:600px; }
```

```
            #sideLeft {
                float:left;
                width:66px;
                height:100px;}
            #sideRight {
                float:left;
                width:500px;
                height:100px;}
            #footer {
                clear:both;
                width:600px;}
            </style>
    </head>
    <body>
            <div id="header">页面首部</div>
            <div id="nav">导航信息</div>
            <div id="sideLeft">左边栏</div>
            <div id="sideRight">主体内容</div>
            <div id="footer">版尾模块</div>
    </body>
</html>
```

运行代码，演示页面效果如图 1-18 所示。

图 1-18　HTML+CSS 页面布局效果

这是传统的 HTML+CSS 页面布局效果，浏览器通过 ID 号来定位页面元素，通过 CSS 代码控制<div>的显示样式。因此，不同的开发者定义的 ID 号就不同，这样会造成浏览器不能很好地表明元素在页面中的位置，必然会影响页面解析的速度。

然而，HTML5 新添加了一些元素可以很快地定位某个标签，明确地表示其在页面中的位置。那么，使用 HTML5 支持的页面后，代码如实例 1-3 所示。

【实例 1-3】编码体验 HTML5 结构化元素，代码如下。

```
<!DOCTYPE html>
<html>
    <head>
        <meta charset="utf-8" />
        <title>体验 HTML5 结构化元素</title>
        <style type="text/css">
        header,aside,nav,article,footer{
            border:solid 1px #666;
            padding:10px;
            margin:6px;}
        header { width:500px; }
        nav {
            float:left;
            width:60px;
            height:100px;}
        article {
            float:left;
            width:406px;
            height:100px;}
        footer {
            clear:both;
            width:500px;}
        </style>
    </head>
    <body>
        <header>页面首部</header>
        <nav>导航信息</nav>
        <aside>左边栏</ aside>
        <article>主体内容</article>
        <footer>版尾模块</footer>
    </body>
</html>
```

虽然【实例 1-2】与【实例 1-3】中的代码不一样，但在 Chrome 浏览器下实现的页面效果相同。比较两段代码，使用 HTML5 新增元素创建页面代码更加简单和高效。

实践表明<div id="header">、<div id="nav">、<div id="siderLeft">、

<div id="siderRight">、<div id="footer">这些标签就是一个区域元素，没有太多实际的意义，浏览器只能通过 ID 号属性来判断这个标签的真正含义，如果 ID 变化，寻找元素就比较麻烦。

而 HTML5 中新添加的<header>标签表示是网页的页头，<nav>标签表示网页的导航，<aside>标签表示网页的侧边栏，<article>标签表示页面内容的一部分，<footer>标签表示页脚元素。通过这些标签元素的使用，极大地提高了开发者的工作效率，也方便 SEO（Search Engine Optimization，搜索引擎优化）优化。

需要注意的是，当在 IE6、IE7、IE8 浏览器中浏览页面时，<header>、<nav>、<aside>、<article>、<footer>将无法被识别，页面效果如图 1-19 所示。

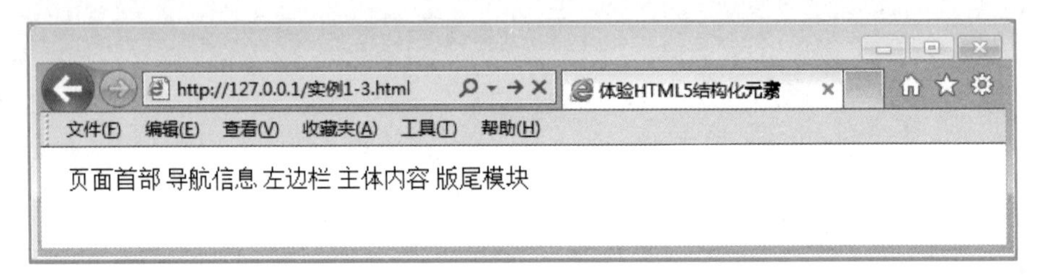

图 1-19 IE8 浏览器显示的 HTML5 结构标签效果

为了方便 IE9 以下的 IE 浏览器兼容 HTML5 结构标签，可以使用 JavaScript 脚本来解决。

如果是 IE9 以下的 IE 浏览器，将创建 HTML5 标签，这样非 IE 浏览器就会忽视这段代码。

```
<!--[if lt IE 9]>
    <script>
        (function(){
        var tags=['header','nav','aside','article','footer'];
        for(var i=tags.length - 1;i>-1;i--){
            document.createElement(tags[i]);
            }
        })();
    </script>
<![endif]-->
```

JavaScript 脚本的主要功能是创建新的 HTML5 元素，这些新的 HTML5 元素在默认情况下表现为内联元素，所以，需要利用 CSS 手工把它们转为块状元素方便布局。也就是，设置<header>、<nav>、<aside>、<article>、<footer>这些标签的类型为 block，代码如下：

```
header,nav,aside,article,footer{display:block;}
```

详细代码请参照【实例 1-4】。

任务实施：网站主页的策划与设计

1. 资料收集

要成为一名优秀的网页前端工程师，需要平时多积累、多思考、多实践。

在日常上网过程中，多搜集一些好的网站为以后网页设计做一些铺垫或准备。同时，平时要多在搜索引擎中搜索一些好的关键词，如“优秀网站界面”“超级设计联盟”“网站界面设计”等，然后就能更进一步地搜到一些优秀的网页素材，并会得到一些优秀网页素材的网站地址。例如，网页设计师联盟就是一个很不错的学习平台。

微课 1-11：网站主页的策划与设计

搜索完成后，要注意对好的界面与素材以及网址进行归类与整理，归类的方法是根据搜集的素材类型创建不同的文件夹，将素材分类进行存放，例如根据图库、模板、图标、矢量、PSD 分层、代码、网页欣赏进行归类整理，如图 1-20 所示。

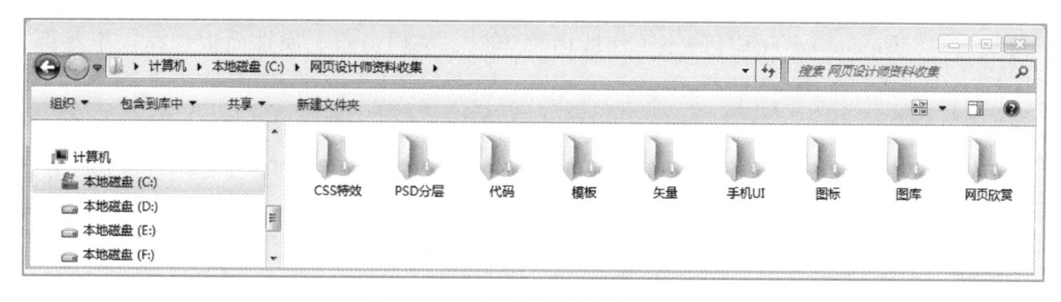

图 1-20　学习资料的分类与积累

此外，推荐一个学习网站，W3School 网，这是完全免费的、非营利性的、一直在升级和更新的大型网站。

2. 页面规划

本任务的目标是制作富有特色、简洁、大气的信息类网站。网站栏目包括学校概况、组织机构、招生就业、科学研究、招聘信息等，要能在主页上展现学校的整体风貌，能公示或发布招标信息等。

从色彩的选择上，本任务主要使用能体现科技感的蓝色为主色调，采用科技蓝的近似色和灰色为辅色。

从布局角度，本任务主要采用水平布局方式，在内容布局上可以采用垂直布局。

3. 绘制页面草图

根据本项目的需求，绘制的网站页面草图如图 1-21 所示。

网站Logo图标	导航栏
网站Banner	
内容区1	内容区2
版尾版权信息	

图 1-21　绘制的网站页面草图

任务拓展

微课 1-12：Dreamweaver CC 的使用

1. 认识 Dreamweaver CC

Dreamweaver 的最新版本是 Adobe Dreamweaver CC。利用 Dreamweaver CC 的可视化编辑功能，用户可以轻松地完成设计、开发和维护网站的全过程。Dreamweaver CC 的主工作区由菜单栏、文档窗口、属性面板、面板组等部分组成，如图 1-22 所示。

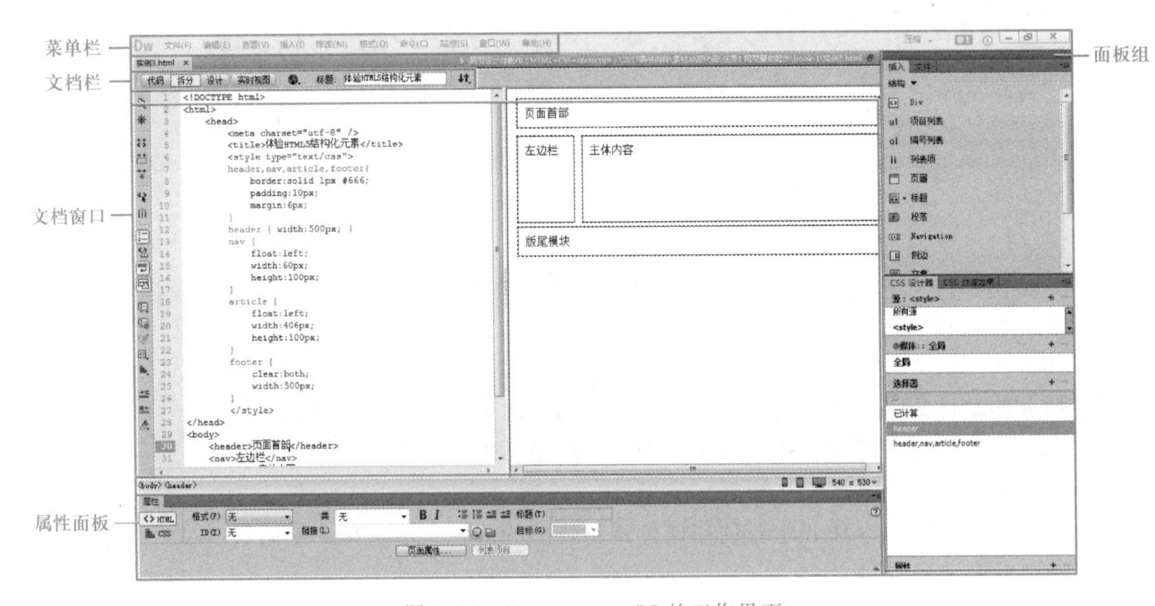

图 1-22　Dreamweaver CC 的工作界面

微课 1-13：HBuilder 的快速开发技巧

2. HBuilder 的快速开发技巧

HBuilder 软件的工作界面如图 1-23 所示。

HBuilder 开发过程中常用的快捷键及其功能见表 1-2。

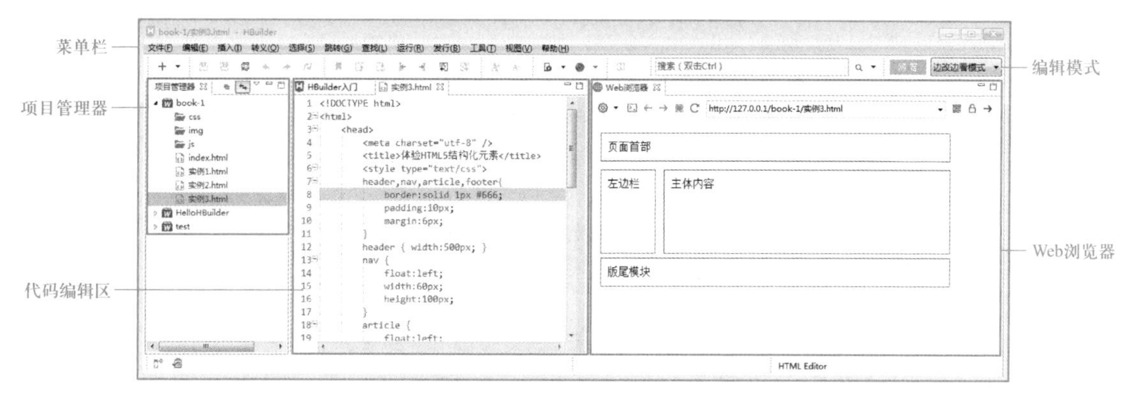

图 1-23　HBuilder 的工作界面

表 1-2　HBuilder 常用的快捷键

快捷键	功　能	快捷键	功　能
Ctrl+R	运行	Ctrl+Shift+A	选择相同词，方便批量修改
Alt+/	激活代码助手	Ctrl+右箭头	后一词
Ctrl+D	删除当前行	Alt+左箭头	后退到历史文件
Ctrl+Backspace	删除前一词	Alt+[	转到匹配的括号
Ctrl+Shift+T	删除当前标签	Ctrl+Alt+-	全部折叠
Ctrl+Shift+F	整理代码格式	Ctrl+Alt++	全部打开
Ctrl+下箭头	向下移行	Ctrl+Shift+L	激活快捷键视图
Ctrl+/	开启关闭注释正行	Ctrl+F	搜索条
Ctrl+Shift+Y	全部小写	Ctrl+H	搜索框

关于 HBuilder 的开发技巧可浏览“HBuilder 编程高效体验 .docx”资源文件。

 项目实训：智慧校园登录与教师应用门户策划

【实训目的】

1. 掌握网站界面收集与归类的方法。
2. 掌握规划与网站草图的绘制方法。

【实训内容】

在策划某职业技术学院校园网网站门户的基础上，继续策划“智慧校园登录界面”与“智慧校园教师应用门户”，绘制页面草图。

实训任务 1.1：智慧校园登录界面设计

1. 校园登录页面要显示对当前在线用户数、累计访问人次的统计。
2. 要包括最新的“通知公告”，即使教师没有登录系统也可以浏览学校的最新公告。

3. 登录信息：用户名、密码。如果密码错误，出现验证码。

实训任务1.2：智慧校园教师应用门户设计

1. 导航要清晰，用户能方便地找到所需的栏目与内容。

2. 每个教师登录系统后，要能够浏览到与自己相关的信息，如一卡通信息、图书馆借书信息、待办事务等。

3. 包括校内新闻与公告通知模块，推送学校相关的信息。

4. 包括应用系统模块，包括办公OA、教务系统、学工系统、科研系统、人事系统、后勤系统等。

5. 包括办事大厅模块，充分体现为教师服务的理念，如个人日程、一卡通余额、图书借书信息、会场申请、起草文件等。

任务 2

网页的基本页面实现

PPT　任务 2 网页的基本页面实现

学习目标

【知识目标】

- 掌握 HTML5 的基本语法。
- 掌握 HTML5 的基本标签。
- 掌握文字与段落标签。
- 掌握图像与超链接标签。
- 掌握表格与列表标签。

【技能目标】

- 能读懂 HTML 基本的文档结构。
- 能根据项目草图，编写基本的 HTML 文档。
- 能通过浏览页面效果，编写对应的 HTML 文档。

任务描述：运用HTML编写Web页面

完成网页的草图绘制后，如何将草图转化为一个完美的网页呢？小王进行了搜索，得知网页前端基本结构一般都是通过HTML5完成的。那么，应该先学习些什么呢？通过再次搜索，小王得到了答案，如图2-1所示。

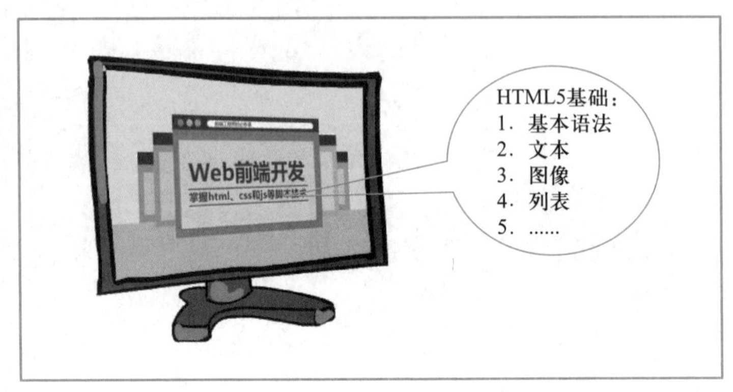

图2-1　HTML5基础篇学习

所以，本任务就要依据草图结构，使用HTML5基本语法，运用文本、图像、链接、表格、列表等标签来实现门户网站的基本页面效果。

知识准备

2.1　HTML5基础

2.1.1　HTML5基本语法

微课2-1：
HTML5基本语法

HTML5以HTML4为基础，对HTML4进行了很大的优化。同时为了兼容各个浏览器，HTML5采用宽松的语法格式，在设计和语法方面具体包括以下变化。

1．文档类型声明

HTML5使用了简化的文档类型声明方式，代码如下。

```
<!DOCTYPE html>
```

2．内容类型

HTML5的文件扩展名仍为html和htm，内容类型仍为text/html。

3．字符编码

在HTML5中，使用<meta>元素直接追加charset属性的方式来指定字符编码，代码如下。

```
<meta charset="UTF-8"/>
```

4. 不区分英文字母的大小写

HTML5 不区分英文字母的大小写，如果要兼顾 XHTML 的兼容性，建议采用小写英文字母。

5. 代码的注释

HTML5 代码注释采用<!--... -->标签，例如：

```
<!--这是一段注释。注释不会在浏览器中显示。-->
<p>这是一段普通的段落。</p>
```

6. 可以省略元素的标签

在 HTML5 中，元素的标签可以省略。具体包括不允许写结束标签、可以省略结束标签、开始与结束标签都可以省略 3 种类型。

① 不允许写结束标签的元素有 area、base、br、col、command、embed、hr、img、input、keygen、link、meta、param、source、track 和 wbr。

② 可以省略结束标签的元素有 li、dt、dd、p、rt、rp、optgroup、option、colgroup、thead、tbody、tfoot、tr、td 和 th。

③ 开始与结束标签都可以省略的元素有 html、head、body、colgroup 和 tbody。

7. 可以省略引号

属性值两边既可以使用双引号，也可以使用单引号，还可以省略引号。例如，下面的 3 行代码都是合法的。

```
<input type="text" />
<input type='text'/>
<input type=text />
```

为了代码的完整性及严谨性，建议采用严谨的代码编写模式，这样更有利于团队合作及后期代码的维护。

8. 具有布尔值的属性

对于具有 boolean 值的属性，如 disabled 与 readonly 等，当只写属性而不指定属性值时，表示属性值为 true；如果想要将属性值设置为 false，可以不使用该属性。另外，要想将属性值设定为 true，也可以将属性名设置为属性值，或将空字符设定为属性值。例如：

```
<!--只写属性,不写属性值,代表属性为 false-->
<input type="checkbox"/>
<!--只写属性,不写属性值,代表属性为 true-->
<input type="checkbox" checked/>
<!--属性值=属性名,代表属性为 true-->
<input type="checkbox" checked="checked"/>
<!--属性值=空字符串,代表属性为 true-->
<input type="checkbox" checked=""/>
```

在 HTML5 中，可以省略属性值的属性有 checked、readonly、ismap、

nohref、noshade、selected、disabled、multiple、noresize、required 等。

2.1.2 HTML5 标签及属性

微课 2-2：HTML5 标签及属性

在 HTML 页面中，标签就是放在“<>”标签符号中表示某个功能的编码命令，也称为 HTML 标签或 HTML 元素。

通常将 HTML 标签分为两大类，分别是“双标签”与“单标签”，同时，需要了解标签属性的相关设置。

1. 双标签

双标签是指由开始和结束两个标签符号组成的标签。

语法：<标签名>内容</标签名>

语法中，“<标签名>”表示标签作用开始，一般称作“开始标签”；“</标签名>”表示标签作用结束，一般称作“结束标签”。两者的区别就是在“结束标签”的前面加了“/”关闭符号。

例如：<h1>学院介绍</h1>

其中，<h1>表示标题标签的开始，而</h1>表示标题标签的结束，它们之间的“学院介绍”为标题内容信息。

2. 单标签

单标签也称空标签，是指用一个标签符号即可完整的描述某个功能的标签。

语法：<标签名 />

例如：

其中，
为单标签，用于实现换行。

3. 标签的属性

使用 HTML 制作网页时，如果想让 HTML 标签提供更多的信息，可以使用 HTML 标签的属性来实现。例如，设置标题文本的文本居中显示，设置段落文本的颜色等。

语法：<标签名 属性 1="属性值 1" 属性 2="属性值 2" … />内容</标签名>

一个标签可以拥有多个属性，必须写在开始标签中，位于标签名后面，属性之间不分先后顺序，标签名与属性、属性与属性之间均以空格分开。任何标签的属性都有默认值，省略该属性则取默认值。

例如，单标签<hr>表示在文档当前位置画一条水平线（horizontal line），一般是从窗口当前行的最左端一直画到最右端。

```
<hr color="#FF0000" size="1" width="80%">
```

其中，color 属性表示水平线的颜色，size 表示水平线的粗细，width 表示宽度。

2.1.3　HTML5 文档头部<head>标签

微课 2-3：
HTML5 文档头部
<head>标签

网页中经常设置页面的基本信息，如页面的标题、作者和其他文档的关系等。为此 HTML 提供了一系列的标签，这些标签通常都写在<head>标签内，因此被称为头部相关标签。

1. 页面标题标签<title>

HTML 页面的<title>标签用于定义 HTML 页面的标题，即给网页取一个名字，它显示在浏览器的标题栏中。标题信息设置在页面的头部，也就是<head>与</head>之间。标题标签以<title>开始，以</title>结束。

语法： <title>网页标题信息</title>

例如： <title>腾讯首页</title>

这是腾讯网（www. qq. com）主页中的标题代码。

2. 元信息标签<meta>

<meta>标签一般用来定义页面信息的名称、关键字、作者等。在 HTML 中，<meta>是一个单标签，在一个尖括号内就是一个 meta 内容，而在一个 HTML 头页面中可以有多个<meta>标签。<meta>标签本身不包含任何内容，通过“名称/值”的形式成对使用其属性可定义页面的相关参数。在<meta>标签中使用 name 和 content 属性可以为搜索引擎提供信息，其中 name 属性提供搜索内容名称，content 属性提供对应的搜索内容值。

① 网页显示字符集。

```
<meta charset="UTF-8"/>
```

UTF-8 是目前最常用的字符集编码方式，常用的字符集编码方式还有 GB2312。

② 网页制作者信息。

```
<meta name="author" content="李四">
```

其中，name 属性的值为 author，用于定义搜索内容名称为网页的作者；content 属性的值用于定义具体的作者信息。

③ 网页描述。

```
<meta name="description" content="腾讯网(www.QQ.com)是中国浏览量最大的中文门户网站,是腾讯公司推出的集新闻信息、互动社区、娱乐产品和基础服务为一体的大型综合门户网站。"/>
```

其中，name 属性的值为 description，用于定义搜索内容名称为网页描述；content 属性的值用于定义描述的具体内容。

④ 搜索关键字。

```
<meta name="keywords" content="资讯,新闻,财经,房产,视频,NBA,科技,腾讯网,腾讯,QQ,Tencent">
```

其中，name 属性的值为 keywords，用于定义搜索内容名称为网页关键字；content 属性的值用于定义关键字的具体内容，多个关键字内容之间可以用逗号“,”分隔。

⑤ 自动跳转。

```
<meta http-equiv="refresh" content="2;url=http://www.baidu.com">
```

其中，http-equiv 属性的值为 refresh；content 属性的值为数值和 url 地址，中间用分号“;”隔开，用于指定在特定的时间后跳转至目标页面，该时间默认以秒为单位。

⑥ 网页的 CSS 规范。

```
<link href=" style.css" rel="stylesheet" type="text/css">
```

⑦ 调用 JavaScript。

```
<scirpt language="javascript" src="menu.js"></scirpt>
```

2.2 文字与段落标签

2.2.1 标题与段落标签

微课 2-4：
标题与段落标签

HTML 网页中一篇文章要结构清晰，就需要有标题和段落。

1. 标题标签<hn>

为了使网页更具有语义化，在页面中经常会用到标题标签，HTML 提供了 6 个等级的标题，即<h1>、<h2>、<h3>、<h4>、<h5>和<h6>，从<h1>到<h6>重要性递减。

语法：<hn align="对齐方式">标题内容</hn>

该语法中 n 的取值为 1～6，align 属性为可选属性（left 为文本左对齐，center 为文本居中对齐，right 为文本右对齐），用于指定标题的对齐方式。

注意：通常一个页面只能使用一个<h1>标签，常常被用在网站名称部分。由于<hn>拥有确切的语义，请慎重选择恰当的标签来构建文档结构。一般不用<hn>标签来设置文字加粗或更改文字的大小。

2. 段落标签<p>

为了排列得整齐、清晰，在文字段落之间常用<p></p>来做标签。文字段落的开始由<p>来标签，段落的结束由</p>来结束标签，</p>是可以省略的，因为下一个<p>的开始就意味着上一个<p>的结束。

语法：<p align="对齐方式">段落文本</p>

该语法中 align 属性为<p>标签的可选属性，和标题标签<h1>～<h6>一样，同样可以使用 align 属性来设置段落文本的对齐方式。

3. 水平分隔线标签<hr>

<hr>标签是水平线标签，用于段落与段落之间的分隔，使文档结构清晰明

了，使文字的编排更整齐。

语法：<hr 属性="属性值" />

<hr>标签是单标签，通过设置<hr>标签的属性值，可以控制水平分隔线的样式。具体属性及其说明见表 2-1。

表 2-1　<hr>标签的属性

属　性	参　数	功　能	单　位	默认值
size		设置水平分隔线的粗细	pixel（像素）	2
align	left、center、right	设置水平分隔线的对齐方式		center
width		设置水平分隔线的宽度	pixel（像素）、%	100%
color		设置水平分隔线的颜色		black
noshade		设置水平分隔线的 3D 阴影		

【实例 2-1】文字与段落标签的使用，代码如下。

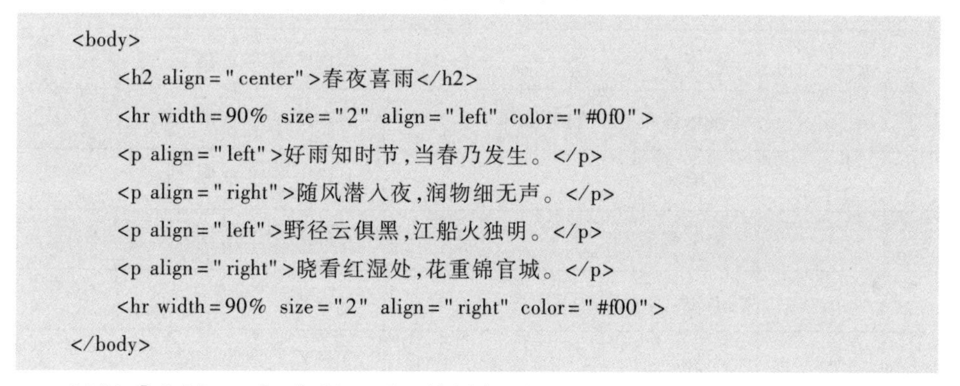

```
<body>
    <h2 align="center">春夜喜雨</h2>
    <hr width=90% size="2" align="left" color="#0f0">
    <p align="left">好雨知时节,当春乃发生。</p>
    <p align="right">随风潜入夜,润物细无声。</p>
    <p align="left">野径云俱黑,江船火独明。</p>
    <p align="right">晓看红湿处,花重锦官城。</p>
    <hr width=90% size="2" align="right" color="#f00">
</body>
```

运行【实例 2-1】代码，页面效果如图 2-2 所示。

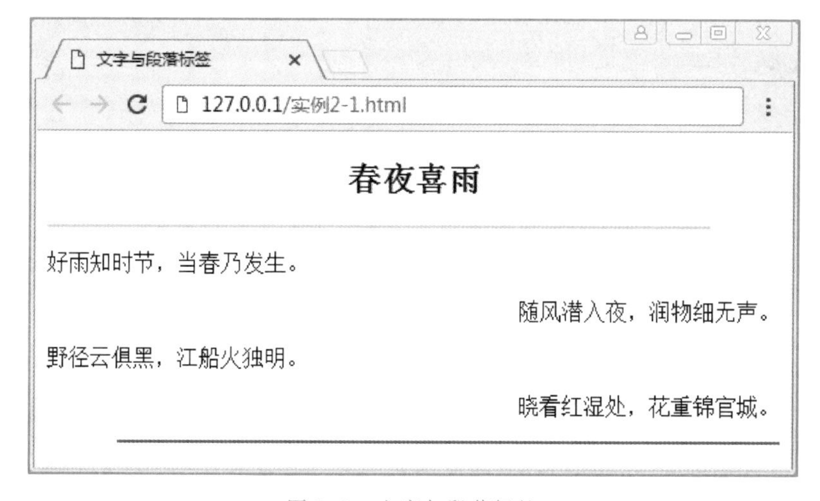

图 2-2　文字与段落标签

4. 换行标签

在 HTML 中，一个段落的文字会从左到右依次排列，直到浏览器窗口的右端，然后自动换行。如果希望某段文本强制换行显示，就需要使用换行标签
。

2.2.2 文本的格式化标签

微课 2-5：
文本的格式化标签

在 HTML 网页中，为了让文字富有变化，或者为了着重强调某一部分，如为文字设置粗体、斜体或下画线效果，HTML 准备了专门的文本格式化标签，见表 2-2。

表 2-2 常用文本格式化标签

标　　签	说　　明	示　　例
<b>…</b>	粗体	**HTML 文本示例**
<strong>…</ strong>	表示强调，一般为粗体	**HTML 文本示例**
<i>…</i>	斜体	*HTML 文本示例*
<em>…</em>	表示强调，一般为斜体	*HTML 文本示例*
<del>…</del>	删除线	~~HTML 文本示例~~
<ins>…</ins>	加下画线	HTML 文本示例
[…]	上标	X^2+Y^2
_…	下标	X_2+Y_2

【实例 2-2】文本格式化标签的使用，代码如下。

```
<body>
    <h2 align="center">文本格式化</h2>
    <p><strong>粗体</strong>的文字效果</p>
    <p><i>这是斜体的文字</i></p>
    <p><del>删除这行文本</del></p>
    勾股定理:<br/>
    3<sup>2</sup>+4<sup>2</sup>=5<sup>2</sup><br/>
    方程式:<br>
    X<sub>1</sub>+X<sub>2</sub>=5<br/>
</body>
```

运行【实例 2-2】代码，页面效果如图 2-3 所示。

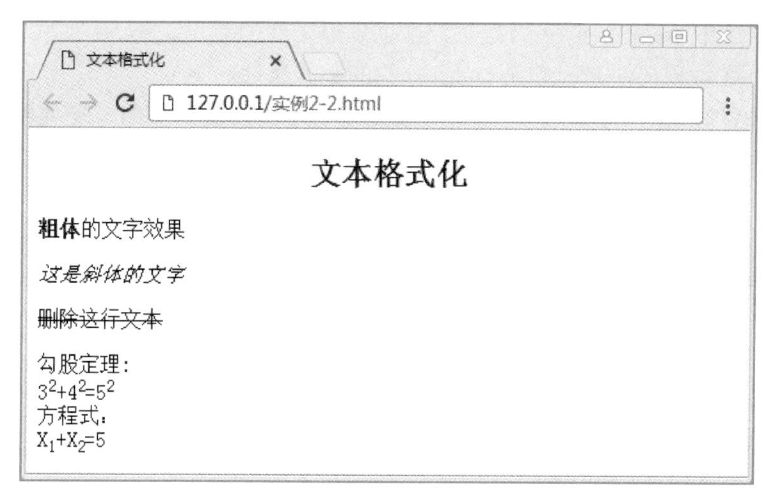

图 2-3　文本格式化

2.2.3　特殊字符标签

微课 2-6：
特殊字符标签

HTML 中有些字符无法直接显示出来，如“©”，使用特殊字符标签就可以将键盘上没有的字符表达出来。有些 HTML 文档的特殊字符（如“<”等）在键盘上虽然有，但浏览器在解析 HTML 文档时会报错，为防止代码混淆，必须用一些代码来表示它们，这时可以用字符代码来表示，也可以用数字代码来表示。HTML 常见特殊字符标签见表 2-3。

表 2-3　HTML 常见特殊字符标签

特殊字符	字符代码	特殊字符	字符代码
空格		“	"
<	<	©	©
>	>	®	®
&	&	×	×

其他的特殊字符标签可以在网络上查找。

2.3　图像与超链接标签

2.3.1　图像标签<img>

微课 2-7：
图像标签<img>

再简单朴素的网页如果只有文字而没有图像的话将失去活力，图像在网页制作中是非常重要的一个方面，HTML 语言也专门提供了<img>标签来处理图像的输出。

语法：<img src = "图像 URL" />

该语法中 src 是 source 的缩写，这里是源文件的意思，src 属性用于指定图像文件的路径和文件名，它是<img>标签的必需属性。

如果要对插入的图片进行修饰，仅用这一个属性是不够的，还要配合其他属性来完成，<img>标签属性见表 2-4。

表 2-4 <img>标签属性

属性	描述
src	图像的 URL 的路径
title	鼠标悬停时显示的内容
alt	提示文字
width	图像的宽度，通常只设为图片的真实大小以免失真
height	图像的高度，通常只设为图片的真实大小以免失真
align	图像和文字之间的对齐方式，值可以是 top、middle、bottom、left、right
border	边框宽度
hspace	水平间距，设置图像左侧和右侧的空白
vspace	垂直间距，设置图像顶部和底部的空白

【实例 2-3】图像标签的使用，代码如下。

```
<body>
    <h2>百度网</h2>
    <hr />
    <img src="img/bd_logo.png" width="270" border="1px" align="right" vspace=
"10px" hspace="20px" alt="百度网 Logo 图片"  title="全球最大的中文搜索引擎、最大的
中文网站" />
    <p>    百度(纳斯达克:BIDU),全球最大的中文搜索引擎、最大的中文网站。
1999 年底,身在美国硅谷的李彦宏看到了中国互联网及中文搜索引擎服务的巨大发展潜
力,抱着技术改变世界的梦想,他毅然辞掉硅谷的高薪工作,携搜索引擎专利技术,于 2000
年 1 月 1 日在中关村创建了百度公司。</p>
</body>
```

运行【实例 2-3】代码，页面效果如图 2-4 所示。

其中，alt 属性主要用于使看不到图像的用户了解图像内容，现在使用较少，alt 属性主要用作百度等搜索引擎在收录页面时分析网页的内容。title 属性与 alt 属性相似，用于设置鼠标悬停时图像的提示文字。如图 2-4 所示，当鼠标放置于图片上方时，图像上的提示文本为“全球最大的中文搜索引擎、最大的中文网站”。

对于图像的 width 和 height 属性，如果没有设置<img>标签的宽度和高度，图片就会按照它的原始尺寸显示，本例中图片原始宽度为 540 像素，高度为 258 像素。实际上只设置其中的一个宽度为 270 像素，另一个会按原图宽高比

例自动缩放显示。如果同时设置两个属性，且其比例和原图大小的比例不一致，显示的图像就会变形或失真。

图 2-4　图像标签的使用

border 属性是为图像添加边框。默认情况下图像是没有边框的，当设置数值时，就会显示图片的边框，但边框颜色的调整仅仅通过 HTML 属性是不能够修改的，需要用 CSS 代码实现。

通过 vspace 和 hspace 属性可以分别调整图像的垂直边距为 10 像素，水平边距为 20 像素。

图文混排是网页中很常见的效果，默认情况下图像的顶部会相对于文本的第一行文字对齐。本例中图像和文字的环绕效果为图像居右，文字环绕，所以设置对齐属性 align 为 right。

2.3.2　超链接标签<a>

微课 2-8：
超链接标签<a>

超链接就是从一个网页转到另一个网页的途径，是网页的重要组成部分。如果说文字、图片是网站的躯体，那么超链接就是整个网站的神经细胞，它把整个网站的信息有机地结合到一起。超链接能使浏览者从一个页面跳转到另一个页面，实现文档互联、网站互联。

超文本链接（Hyper Text Link）通常简称为超链接（Hyper Link），或者简称为链接（Link）。链接是 HTML 最强大和最有价值的一个功能。链接是指文档中的文字或图像与另一个文档、文档的一部分或者一幅图像链接在一起。

1. 创建超链接

超链接主要通过<a></a>标签环绕链接对象创建。

语法： <a href="资源地址" target="窗口名称" title="链接提示文字">链接对象</a>

标签<a>表示超链接的开始，</a>表示超链接的结束。href 属性定义了这个链接所指的目标地址。目标地址是最重要的，一旦地址路径上出现差错，该资源就无法访问。target 属性用于指定打开链接的目标窗口，其取值有_self 和_blank两种，其中_self 为默认值，意为在原窗口中打开，_blank 为在新窗口中打开。

【实例 2-4】超链接的创建，代码如下。

```
<body>
    <a href="http://www.baidu.com/" target="_self">百度一下 1</a>
    使用“_self”方式在原窗口中打开网页<br />
    <a href="http://www.baidu.com/" target="_blank">百度一下 2</a>
    使用“_blank”方式在原窗口中打开网页
</body>
```

运行【实例 2-4】代码，页面效果如图 2-5 所示。

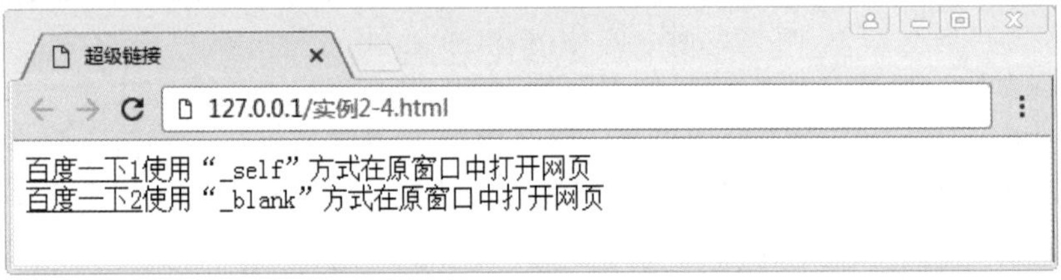

超级链接

127.0.0.1/实例2-4.html

百度一下1使用“_self”方式在原窗口中打开网页
百度一下2使用“_blank”方式在原窗口中打开网页

图 2-5　超链接的创建

本例创建了两个超链接，通过 href 属性将链接目标设置为百度官网。同时，超链接“百度一下 1”的 target 属性使用了“_self”，所以第 1 个链接页面在原窗口打开；“百度一下 2”的 target 属性使用了“_blank”，所以第 2 个链接页面在新窗口打开。单击“百度一下 1”超链接，运行结果如图 2-6 所示；单击“百度一下 2”超链接，运行结果如图 2-7 所示。

图 2-6　链接在原窗口中打开

图 2-7　链接在新窗口中打开

2. 绝对路径和相对路径

（1）绝对路径

绝对路径就是主页上的文件或目录在硬盘上的真正路径。

例如，【实例 2-3】中百度的图片地址可使用绝对路径"C:\素材与源代码\任务 2\img\bd_logo.png"，或者百度 Logo 图片的网络地址"https://www.baidu.com/img/bd_logo1.png"。

虽然使用绝对路径定位链接目标文件比较清晰，但是有两个缺点，一是需要输入更多的内容；二是如果该文件被移动了，就需要重新设置所有的相关链接，例如将 C 盘里的网站文件复制到了 D 盘，所有的链接都需要重新设置。

（2）相对路径

相对路径是以当前文件所在路径为起点，进行相对文件的查找。通常是以 HTML 网页文件为起点，通过层级关系描述目标文件的位置。通常只包含文件夹名和文件名，甚至只有文件名。其用法见表 2-5。

表 2-5　相对路径的用法

相对路径名	含　义
href="index.html"	index.html 是本地当前路径下的文件
href="web/index.html"	index.html 是本地当前路径下称为 web 子目录下的文件
href="../index.html"	index.html 是本地当前目录的上一级子目录下的文件
href="../../index.html"	index.html 是本地当前目录的上两级子目录下的文件

如果链接到同一目录下，则只需要输入要链接文件的名称。

要链接到下级目录中的文件，只需先输入目录名，然后加"/"符号，再输入文件名。

要链接到上一级目录中的文件，则先输入"../"，再输入文件名。

微课 2-9：
锚点链接

3. 锚点链接

锚点可以与链接的文字在同一个页面，也可以在不同的页面，但要实现网页内部的锚点链接，需要先建立锚点。通过建立的锚点才能对页面的内容进行引导和跳转。创建锚点链接分为两步，先定义锚点，再通过 id 名标注跳转到锚点目标的位置。

锚点的定义语法： <a name="锚点名称">文字</a> 或者 <a id="锚点名称">文字</a>

在该语法中，锚点名称就是对后面跳转所创建的锚点，文字则是设置链接后跳转的位置。

锚点链接的语法： <a href="#锚点名称">链接的文字</a>

在该语法中，锚点名称就是刚才定义的锚点名称，也就是 name 的赋值；而#则代表这个锚点的链接地址。

【实例 2-5】锚点链接的创建，代码如下。

```
<body>
    <p>6-12 个月宝宝作息时间表</p>
    <p><a href="#A">1. 6-12 个月宝宝语言激发方案</a></p>
    <p><a href="#B">2. 6-12 个月宝宝感知觉激发方案</a></p>
    <p><a href="#C">3. 6-12 个月宝宝的爬行训练</a></p>
    <p><a href="#D">4. 6-12 个月宝宝的行为与个性</a></p>
    <hr />
    <p><a name="A">6-12 个月宝宝语言激发方案</a></p>
    <p>随着宝宝一天天的成长,家长们都为宝宝每一天的变化感到兴奋和吃惊！在
短短……</p>
    <hr />
    <p><a name="B">6-12 个月宝宝感知觉激发方案</a></p>
    <p>随着宝宝一天天的成长,家长们都为宝宝每一天的变化感到兴奋和吃惊！
……</p>
    <hr />
    <p><a id="C">6-12 个月宝宝的爬行训练</a></p>
    <p>爬行是宝宝运动生涯中的一个重要的里程碑,宝宝的爬行训练对未来的平衡
感的……</p>
    <hr />
    <p><a id="D">6-12 个月宝宝的行为与个性</a></p>
    <p>在出生的头两年,孩子的小手变得越来越灵活,小腿越来越有力。在我们的眼
中……</p>
</body>
```

【实例 2-5】中定义了 4 个锚点（锚点 A 和 B 使用 name 属性定义，锚点 C 和 D 使用 id 属性定义），同时定义了 4 个文本链接，分别链接到锚点 A、B、C 和 D。运行【实例 2-5】代码，页面效果如图 2-8 所示。在页面中单击其中的一个链接文字，页面将会跳转到该链接的锚点所在位置。例如，单击“2. 6-12 个月宝宝感知觉激发方案”超链接，页面跳转到如图 2-9 所示的效果。

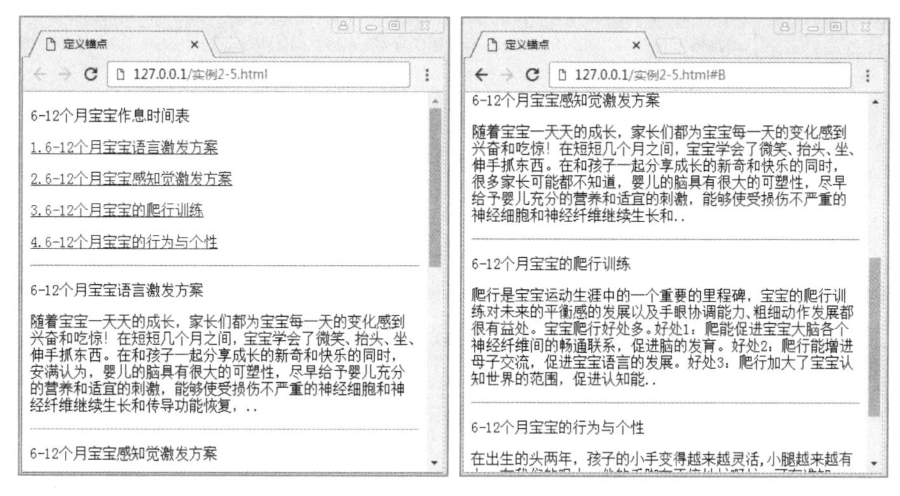

图2-8　创建锚点链接　　　　图2-9　通过锚点定位到相应位置

注意：同样运行【实例2-5】代码后，单击“2.6-12个月宝宝感知觉激发方案”超链接后，地址栏中的地址信息由“实例2-5.html”变为了“实例2-5.html#B”。

4. 影像地图

除了对整个图像进行超链接的设置外，还可以将图像划分成不同的区域进行超链接设置，而包含热区的图像也可以称为影像地图。

微课2-10：影像地图

影像地图的定义与使用方法如下。

首先需要在图像文件中映射图像名，在图像的属性中使用usemap属性添加图像要引用的映射图像的名称，如下：

```
<img src="图像地址"  usemap="#影像地图名称">
```

然后需要定义影像地图以及热区的链接属性，如下：

```
<map name="影像地图名称">
    <area  shape="热区形状"  coords="热区坐标"  href="链接地址">
</map>
```

在该语法中要先定义影像地图的名称，然后再引用这个影像地图。在<area>标签中定义了热区的位置和链接目标，其中shape用来定义热区形状，可以取值circle（圆形）、rect（矩形）、poly（多边形）；coords则用来设置区域坐标，对于不同的形状来说，coords设置的方式也不同。

【实例2-6】影像地图的使用，代码如下。

```
<body>
    <img src="img/map.png" usemap="#Mapzoo">
    <map name="Mapzoo">
        <area shape="circle" coords="182,232,40" href="img/1.jpg">
        <area shape="rect" coords="291,212,394,275" href="img/2.jpg">
```

```
        <area shape="poly" coords="460,146,429,200,489,257,599,223,546,134"
href="img/3.jpg">
        <area shape="default" nohref>
    </map>
</body>
```

【实例2-6】中定义了圆形(犀牛河马馆)、矩形(象馆)和多边形(海洋馆)3种热区,参考示意图如图2-10所示,页面预览效果如图2-11所示,当鼠标放在3个热区上方时能触发超链接,打开相应的链接页面。

图2-10 影像地图热区示意图

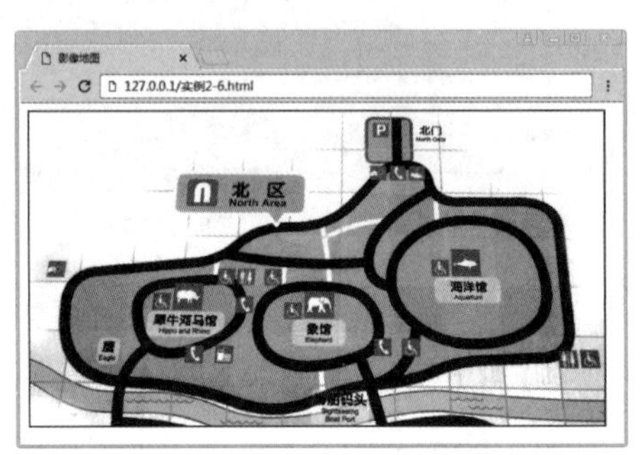

图2-11 影像地图热区预览

本例中,<img>标签中的usemap属性定义为"#Mapzoo",要与<map>标签中的name名称一致,name="Mapzoo"。

<area>标签中定义的热点主要分为圆形、矩形、多边形3种形状。在制作此类图像热点时可以使用所见即所得的软件工具Dreamweaver来制作。

本例的圆形(circle)圆心为(182,232),半径为40像素;矩形(rect)通过左上角坐标与右下角坐标来实现,所以本例的矩形热区左上角坐标为(291,212),右下角坐标为(394,275);多边形(poly)通过顺时针或者逆时针记录经过的相关坐标来记录多边形的形状,本例中的5个坐标点为(460,146)、(429,200)、(489,257)、(599,223)、(546,134)。

除了规定的三类图形区域以外,其他区域默认没有超链接。

2.4 表格与列表

2.4.1 表格标签

1. 表格的定义与属性

微课2-11:
表格标签

HTML表格通过<table>标签来定义。

简单的HTML表格由table元素以及一个或多个tr、th或td元素组成。tr元素定义表格行,th元素定义表头,td元素定义表格单元。

表格标签见表2-6。

表 2-6　表格标签

标　　签	描　　述
<table>…</table>	用于定义一个表格的开始和结束
<tr>…</tr>	定义表格的一行，一组行标签内可以建立多组由<td>或<th>标签所定义的单元格
<th>…</th>	定义表格的表头，一组<th>标签将建立一个表头，<th>标签必须放在<tr>标签内
<td>…</td>	定义表格的单元格，一组<td>标签将建立一个单元格，<td>标签必须放在<tr>标签内

HTML 表格也可能包括 caption、thead、tbody 以及 tfoot 等元素。

<caption>标签定义表格的标题。

<thead>标签定义表格的表头。该标签用于组合 HTML 表格的表头内容。<thead> 元素应该与<tbody>和<tfoot>元素结合起来使用。

<tbody>标签用于对 HTML 表格中的主体内容进行分组。

<tfoot>标签用于对 HTML 表格中的表注（页脚）内容进行分组。

表格标签<table>有很多属性，常用的属性见表 2-7。

表 2-7　<table>标签的常用属性

属　　性	描　　述
width/height	表格的宽度（高度），值可以是数字或百分比，数字表示表格宽度（高度）所占的像素点数，百分比是表格宽度（高度）占浏览器宽度（高度）的百分比
align	表格相对周围元素的对齐方式
background	表格的背景图片
bgcolor	表格的背景颜色，不赞成使用，后期通过样式控制背景颜色
border	表格边框的宽度（以像素为单位）
bordercolor	表格边框的颜色
cellspacing	单元格之间的间距
cellpadding	单元格内容与单元格边界之间空白距离的大小

当为表格设置 border 时，可以设置的边框包括上边框、下边框、左边框、右边框。这 4 个边框都可以设置为显示或隐藏状态，见表 2-8。

表 2-8　表格边框显示状态 frame 值的设定

frame 的值	描　　述	frame 的值	描　　述
box	显示整个表格边框	alove	只显示表格的上边框
void	不显示表格边框	below	只显示表格的下边框
hsides	只显示表格的上下边框	lhs	只显示表格的左边框
vsides	只显示表格的左右边框	rhs	只显示表格的右边框

表格是按行组织的，一个表格由几行组成，就要有几对行标签<tr></tr>，行标签用它的属性值来修饰，属性都是可选的，<tr>标签的属性见表2-9。

表2-9　<tr>标签的属性

属　　性	描　　述
align	行内容的水平对齐方式，可以是left、center、right
valign	行内容的垂直对齐方式，可以是top、middle、bottom
bgcolor	行的背景颜色。不建议使用，后期通过样式控制背景颜色

【实例2-7】表格的使用，代码如下。

```
<table width="400" border="3" frame="hsides" cellpadding="5" cellspacing="2">
    <caption>工资明细表</caption>
    <thead>
        <tr bgcolor="#FC0">
            <th>账号</th>
            <th>姓名</th>
            <th>岗位工资</th>
            <th>薪级工资</th>
            <th>见习期工资</th>
        </tr>
    </thead>
    <tbody>
        <tr>
            <td>100088</td>  <td>张辉</td>  <td>1800</td>  <td>380</td>  <td>
680</td>
        </tr>
        <tr bgcolor="#eee">
            <td>100085</td>  <td>李刚</td>  <td>1800</td>  <td>380</td>  <td>
680</td>
        </tr>
        <tr>
            <td>101338</td>  <td>赵旭</td>  <td>1800</td>  <td>380</td>  <td>
680</td>
        </tr>
    </tbody>
</table>
```

运行【实例2-7】代码，页面效果如图2-12所示。

2. 单元格的设置

<td>是插入单元格的标签，<td>标签必须嵌套在<tr>标签内，需要成对出现。数据标签<td>就是该单元格中的具体数据内容，属性设定见表2-10。

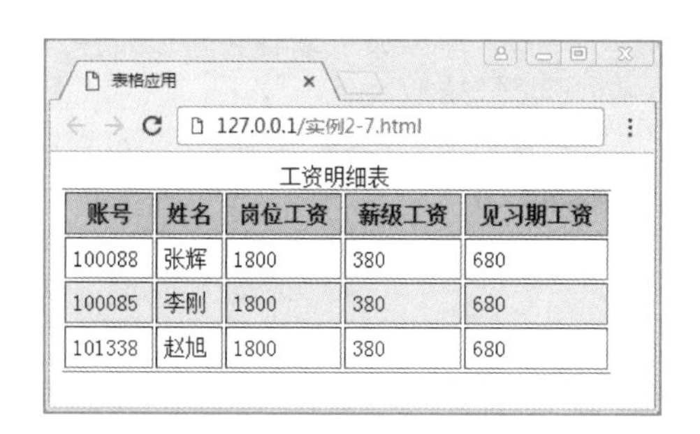

图 2-12　表格的定义

表 2-10　<td>标签的属性

属　　性	描　　述	属　　性	描　　述
width/height	单元格的宽和高，接受绝对值（如80）及相对值（80%）。不建议使用，后期通过样式控制	align	单元格内容的水平对齐方式，可选值为 left、center、right 等
colspan	规定单元格可横跨的列数	valign	单元格内容的垂直对齐方式，可选值为 top、middle、bottom 等
rowspan	规定单元格可横跨的行数	bgcolor	单元格的背景颜色

【实例 2-8】跨行或跨列的表格单元格，代码如下。

```
<body>
    <h4>横跨两列的单元格:</h4>
    <table width="600" border="1" cellpadding="5" cellspacing="2">
        <tr>
            <th width="220">姓名</th>  <th colspan="2">电话</th>
        </tr>
        <tr>
            <td>李刚</td><td width="169">66666666</td><td width="168">
88888888</td>
        <tr>
    </table>
    <h4>横跨两行的单元格:</h4>
    <table width="600" border="1" cellpadding="5" cellspacing="2">
        <tr><th>姓名</th><td>李刚</td></tr>
        <tr><th rowspan="2">电话</th><td>66666666</td></tr>
        <tr><td>88888888</td></tr>
    </table>
</body>
```

运行【实例 2-8】代码，页面效果如图 2-13 所示。

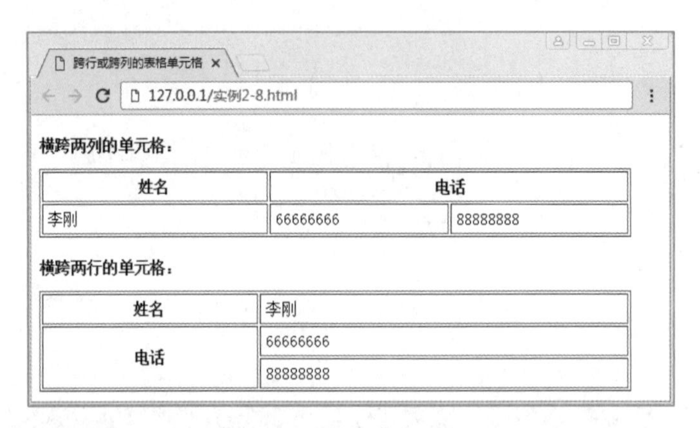

图 2-13　跨行或跨列的单元格

2.4.2　列表标签

1. 无序列表

微课 2-12：列表标签

<ul>标签定义无序列表，无序列表指没有进行编号的列表，每一个列表项前使用<li>。<li>的属性 type 决定列表的图标类型，其中 disc 表示实心圆，circle 表示空心圆，square 表示小方块，默认情况下为实心圆。

语法：

```
<ul type=编号类型>
    <li>第一项</li>
    <li>第二项</li>
    <li>第三项</li>
</ul>
```

2. 有序列表

有序列表和无序列表的使用格式基本相同，它使用标签<ol></ol>，每一个列表项前使用<li>。<ol>列表的结果是带有前后顺序之分的编号。如果插入和删除一个列表项，编号会自动调整。有序列表 type 的属性见表 2-11。

表 2-11　有序列表 type 的属性

type 类型	描　述
type=1	表示列表项目用数字标号（1,2,3,…）
type=A	表示列表项目用大写字母标号（A,B,C,…）
type=a	表示列表项目用小写字母标号（a,b,c,…）
type=Ⅰ	表示列表项目用大写罗马数字标号（Ⅰ,Ⅱ,Ⅲ,…）
type=ⅰ	表示列表项目用小写罗马数字标号（ⅰ,ⅱ,ⅲ,…）

此外，还使用 start 属性表示有序列表的起始值，而 reversed 属性表示顺序为降序。

语法：

```
<ol type=编号类型 start=value >
    <li>第一项</li>
    <li>第二项</li>
    <li>第三项</li>
</ol>
```

3. 嵌套列表

将一个列表嵌入另一个列表中，作为另一个列表的一部分，称为嵌套列表。无论是有序列表的嵌套还是无序列表的嵌套，浏览器都可以自动分层排列。

【实例 2-9】列表的嵌套与使用方法，代码如下。

```
<body>
<h4>嵌套列表</h4>
<ul type="circle">
    <li>北京</li>
    <li>上海</li>
        <ol type="1" start="6" reversed="reversed">
            <li>浦东新区</li>
            <li>徐汇区</li>
            <li>长宁区</li>
            <li>普陀区</li>
        </ol>
    <li>广州</li>
    <li>深圳</li>
</ul>
</body>
```

运行【实例 2-9】代码，页面效果如图 2-14 所示。

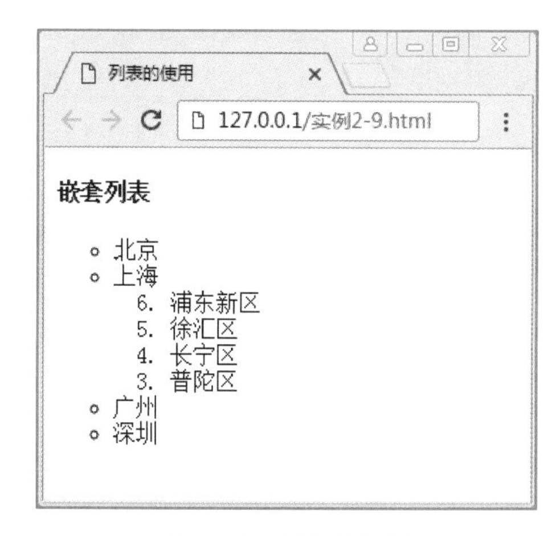

图 2-14　列表的使用

4. 定义列表

使用<dl>标签定义了定义列表（definition list），定义列表多用于对术语或名词的描述，同时，定义列表项前面无任何项目符号。

<dl>标签用于结合 <dt>（定义列表中的项目）和 <dd>（描述列表中的项目）。

语法：

```
<dl>
    <dt>第 1 项</dt><dd>注释 1</dd>
    <dt>第 2 项</dt><dd>注释 2</dd>
    <dt>第 3 项</dt><dd>注释 3</dd>
</dl>
```

【实例 2-10】定义列表的使用，代码如下。

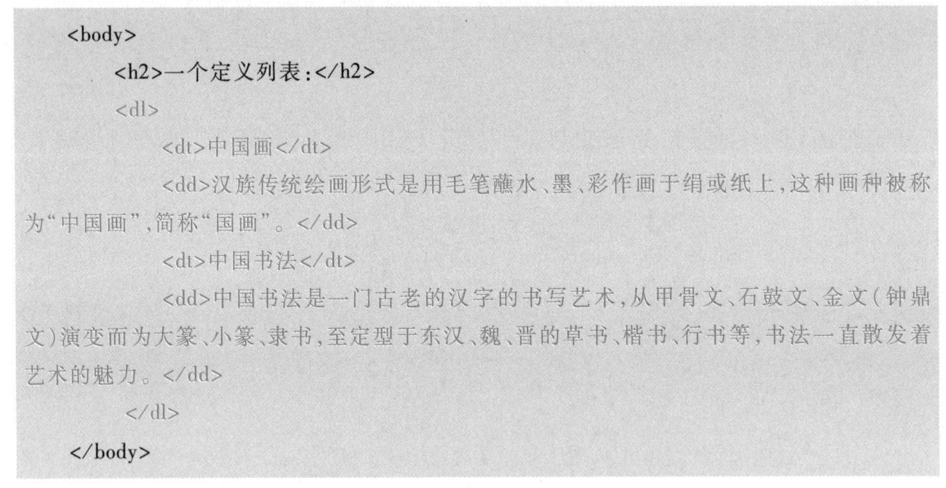

```
<body>
    <h2>一个定义列表：</h2>
    <dl>
        <dt>中国画</dt>
        <dd>汉族传统绘画形式是用毛笔蘸水、墨、彩作画于绢或纸上，这种画种被称为“中国画”，简称“国画”。</dd>
        <dt>中国书法</dt>
        <dd>中国书法是一门古老的汉字的书写艺术，从甲骨文、石鼓文、金文（钟鼎文）演变而为大篆、小篆、隶书，至定型于东汉、魏、晋的草书、楷书、行书等，书法一直散发着艺术的魅力。</dd>
      </dl>
</body>
```

运行【实例 2-10】代码，页面效果如图 2-15 所示。

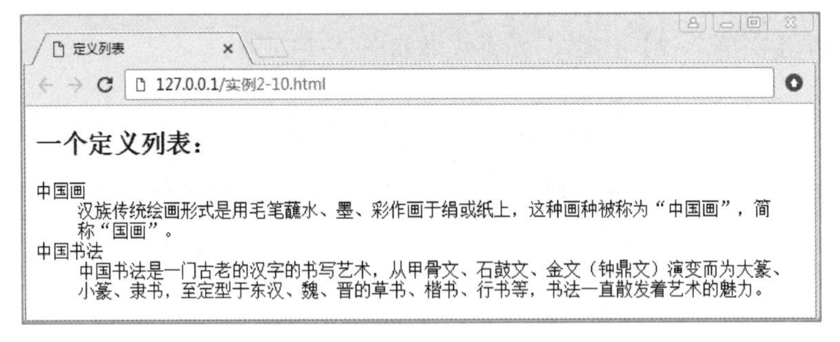

图 2-15　定义列表的使用

微课 2-13：综合实例：书法家庄辉个人介绍

2.5　综合实例：书法家庄辉个人介绍

综合所学的基本 HTML 标签，依据如图 2-16 所示的书法家庄辉个人介绍页面的布局示意图来完成网页页面的效果。

具体编码实现如下：

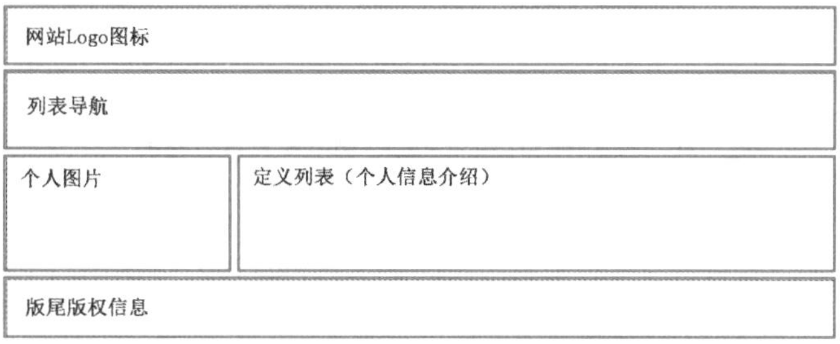

网站Logo图标

列表导航

个人图片　　定义列表（个人信息介绍）

版尾版权信息

图 2-16　HTML 结构示意图

```
<!DOCTYPE html>
<html>
    <head>
        <meta charset="utf-8">
        <title>书法家庄辉个人介绍</title>
    </head>
    <body>
        <img src="images/logo.jpg">
        <hr size="1" color="#7d4203">
        <ul type="square">
            <li><a href="grjs.html">个人介绍</a></li>
            <li><a href="kszp.html">楷书作品</a></li>
            <li><a href="xczp.html">行草作品</a></li>
            <li><a href="cszp.html">草书作品</a></li>
        </ul>
        <hr size="1" color="#7d4203">
        <img src="images/grjs.jpg" align="left" hspace="10px">
        <dl>
            <dt>个人介绍</dt>
            <dd>    庄辉,号无名山人。1959 年 7 月生,籍江苏
泗阳。曾插过队,为中国书法家协会会员,国家高级美术师,江苏省淮安书画院专职画师。</br>
                庄辉少年习字,涉艺三十余载。师从谢冰岩、过立
人等书法家。曾就读于北京大学书艺研究班,北京荣宝斋画院高级研修班。习字前十五年主颜
楷风范,兼习碑、籀诸体,打下了较坚实的基本功。出版有《繁难字体楷书法》《庄辉书法作品集》
等专著。</dd>
        </dl>
        <hr size="1" color="#7d4203">
        <p align="center">&copy;2020 淮安书画院　建议分辨率:1280&times;720</p>
    </body>
</html>
```

演示页面效果如图 2-17 所示。

图 2-17　个人介绍页面效果

 任务实施：运用 HTML 编写主页的基本结构

微课 2-14：运用 HTML 编写主页的基本结构

结合本节学习的 HTML5 的基本语法、文本与段落、图像与超链接、列表等标签，结合任务 1 设计的草图（如图 1-21 所示）来实现基础的 HTML 页面效果，如图 2-18 所示。

图 2-18　页面效果预览（局部）

1. 制作页面基本结构

根据图 1-21，使用 HTML 搭建基本的网页结构。编码如下：

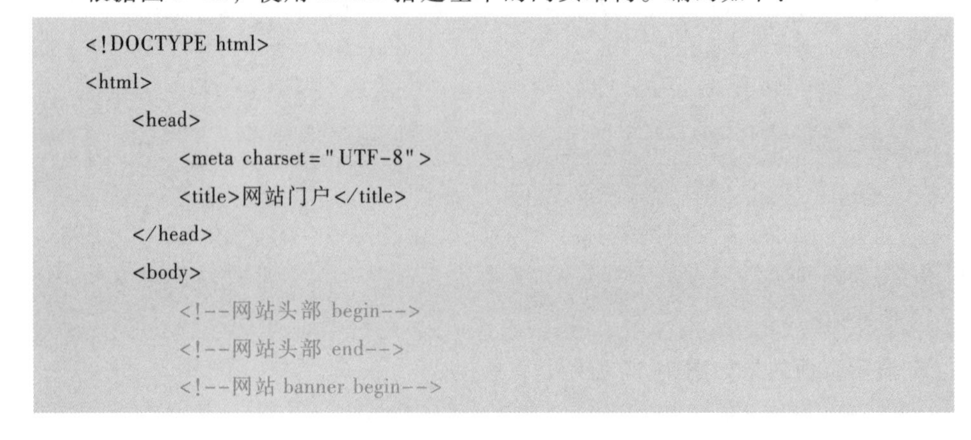

```
<!DOCTYPE html>
<html>
    <head>
        <meta charset="UTF-8">
        <title>网站门户</title>
    </head>
    <body>
        <!--网站头部 begin-->
        <!--网站头部 end-->
        <!--网站 banner begin-->
```

```
        <!--网站 banner end-->
        <!--网站内容 begin-->
        <!--网站内容 end-->
        <!--网站版权 begin-->
        <!--网站版权 end-->
    </body>
</html>
```

注意：本步骤主要完成页面的基本框架代码。

2. 制作网站头部

网站头部的 HTML 编码如下：

```
<a href="index.html"><img src="images/logo.png"></a>
<a href="#">门户首页</a>
<a href="#">学校概况</a>
<a href="#">组织机构</a>
<a href="#">招生就业</a>
<a href="#">科学研究</a>
<a href="#">招聘信息</a>
```

网站头部页面预览效果如图 2-19 所示。

某某信息职业技术学院
Career Technical College information
门户首页 学校概况 组织机构 招生就业 科学研究 招聘信息

图 2-19　网站头部页面预览效果

3. 制作网站 banner 区域

网站 banner 区域的 HTML 编码如下：

```
<ul>
    <li><img src="images/banner/banner1.jpg"></li>
    <li><img src="images/banner/banner2.jpg"></li>
    <li><img src="images/banner/banner3.jpg"></li>
</ul>
```

网站 banner 区域预览效果如图 2-20 所示。

图 2-20　网站 banner 区域预览效果

4. 制作网站内容区域

网站内容区域的 HTML 编码如下：

```
<h1>公告通知 </h1>
<dl>
    <dt>教育装备产业集群信息服务平台招标公告</dt>
    <dd><img src = " images/Course/05_05. png" ></dd>
    <dd>计算机学院对教育装备产业集群信息服务平台项目进行公开招标,欢迎符合
条件的投标。项目名称及编号:教育装备产业集群信息服务平台(ITZ2017-131)</dd>
</dl>
<dl>
    <dt>青年教师周转公寓栏杆采购招标公告</dt>
    <dd><img src = " images/Course/06_04. png" ></dd>
    <dd>学院青年教师周转公寓栏杆采购项目进行公开招标,欢迎符合条件的投标人
参加投标。</dd>
</dl>
<dl>
    <dt>教育装备产业集群信息服务平台招标公告</dt>
    <dd><img src = " images/Course/09_07. png" ></dd>
    <dd>计算机学院对教育装备产业集群信息服务平台项目进行公开招标,欢迎符合
条件的投标。项目名称及编号:教育装备产业集群信息服务平台(ITZ2017-131)</dd>
</dl>
<dl>
    <dt>青年教师周转公寓栏杆采购招标公告</dt>
    <dd><img src = " images/Course/02_09. png" ></dd>
    <dd>学院青年教师周转公寓栏杆采购项目进行公开招标,欢迎符合条件的投标人
参加投标。</dd>
</dl>
<h1>学院介绍</h1>
<p>学校占地 1000 亩,坐落在风景秀美、充满人文底蕴和现代气息,集教学、科研、培
训、职业技能鉴定和社会服务于一体的高教园区,校园规划科学,设计精致,环境优雅,景致
宜人,交通便捷。</p>
<img src = " images/article. jpg" >
<p>学校师资结构合理,素质优良。现有教职工 600 余人,其中专任教师 400 多名,专任
教师中高级职称教师占 30% 、具有硕士以上学位的占 64% ;专业课教师中具有“双师”素质
的教师占 86%... </p>
<p>学校坚持以服务为宗旨,以就业为导向,走产学研结合的道路,建有校内实验实训
室 184 个 ... </p>
```

网站内容区域预览效果如图 2-21 所示。

注意：由于目前没有学习 CSS 样式的具体内容，所以公告通知与学院介绍两部分还不容易实现左右结构的布局，相关内容将在后面章节学习。

图 2-21　网站内容区域预览效果

5. 制作网站版权信息

网站版权信息的 HTML 编码如下：

```
<p>Copyright &copy;2020 All Rights Reserved. </p>
<span>
    <img src="images/icon/weichat. png">
    <img src="images/icon/sina. png">
    <img src="images/icon/qq. png">
</span>
```

网站版权信息预览效果如图 2-22 所示。

图 2-22　网站版权信息效果

任务拓展

为了使 HTML 页面中的文本更加形象生动，突出一些文本的特效，再学习几个标签。

微课 2-15：<ruby>标签

1. <ruby>标签

<ruby>标签定义 ruby 注释（中文注音或字符），在东亚使用，显示的是东亚字符的发音，与 <ruby>以及 <rt>标签一同使用。

ruby 元素由一个或多个字符（需要一个解释/发音）和一个提供该信息的 rt 元素组成，还包括可选的 rp 元素，定义当浏览器不支持 ruby 元素时显示的内容。

【实例 2-11】<ruby>标签的使用，代码如下。

```
<body>
    <ruby>曌<rt>zhao </rt></ruby>
</body>
```

运行【实例 2-11】代码，页面效果如图 2-23 所示。

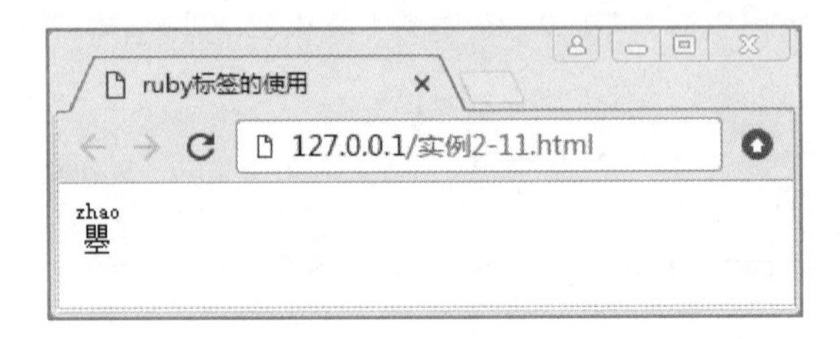

图 2-23 <ruby>标签的使用

微课 2-16：<mark>标签

2. <mark>标签

<mark>标签的主要功能是在文本中高亮显示某些字符，以引起用户注意。

【实例 2-12】<mark>标签的使用，代码如下。

```
<body>
    <h2>春节习俗</h2>
    <p>传说,年兽害怕红色、火光和爆炸声,而且通常在大年初一出没,所以每到大年初一这天,人们便有了<mark>拜年、贴春联、挂年画、贴窗花、放爆竹、发红包、穿新衣、吃饺子、守岁、舞狮舞龙、挂灯笼、磕头</mark>等活动和习俗。</p>
</body>
```

运行【实例 2-12】代码，页面效果如图 2-24 所示。

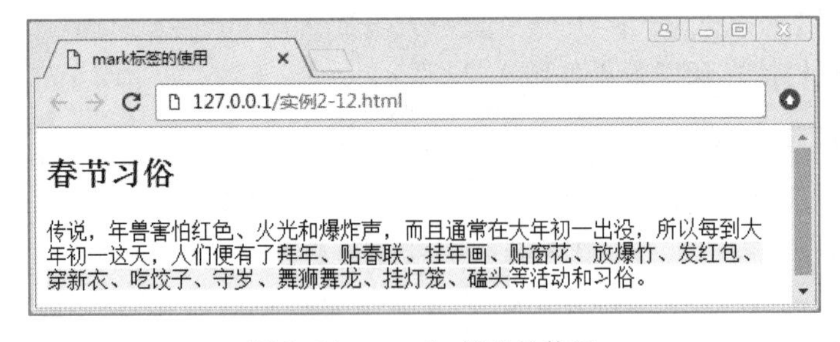

图 2-24 <mark>标签的使用

微课 2-17：<cite>标签

3. <cite>标签

<cite>标签通常表示它所包含的文本对某个参考文献的引用，如书籍或者杂志的标题。用 <cite>标签可把指向其他文档的引用分离出来，尤其是分离那些传统媒体中的文档，如书籍、杂志、期刊等。

【实例 2-13】<cite>标签的使用，代码如下。

```
<body>
    <p>谁言寸草心,报得三春晖。</p>
    <cite>——唐·孟郊《游子吟》</cite>
</body>
```

运行【实例2-13】代码，页面效果如图2-25所示。

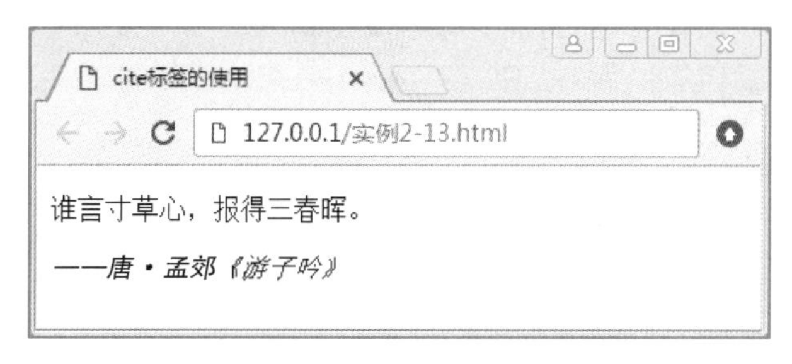

图2-25　<cite>标签的使用

项目实训：企业招聘页面结构实现

【实训目的】

1. 理解HTML基本标签的语义。
2. 掌握HTML基本页面标签的使用方法。

【实训内容】

实训任务2.1：使用HTML实现“职位描述”的页面效果

浏览68Design网站，在“招聘”栏目搜索“网页设计师”，如图2-26所示，可以通过对页面效果和内容分析，尝试使用“查看源代码”功能浏览网站的页面实现代码。依据页面效果，尝试使用HTML完成页面结构。

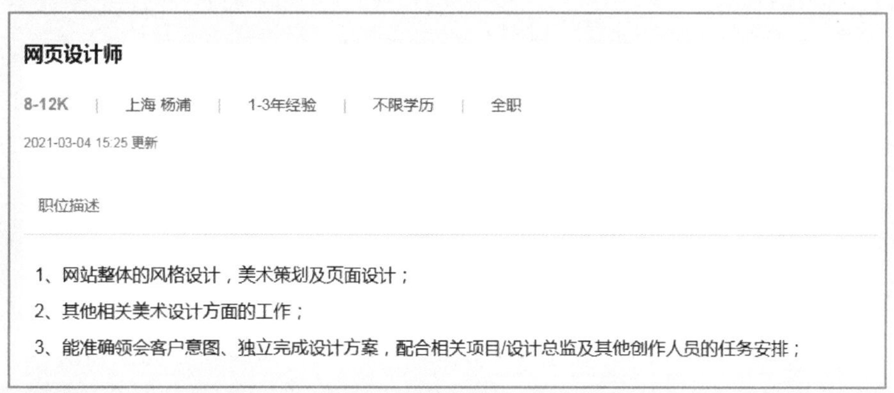

图2-26　岗位要求页面效果

实训任务2.2：使用HTML实现“任务”栏目的页面效果

浏览网站中的“任务”栏目，尝试使用“查看源代码”功能浏览网站的页面实现代码。同时，依据页面效果，如图2-27所示，尝试使用HTML完成页面结构。

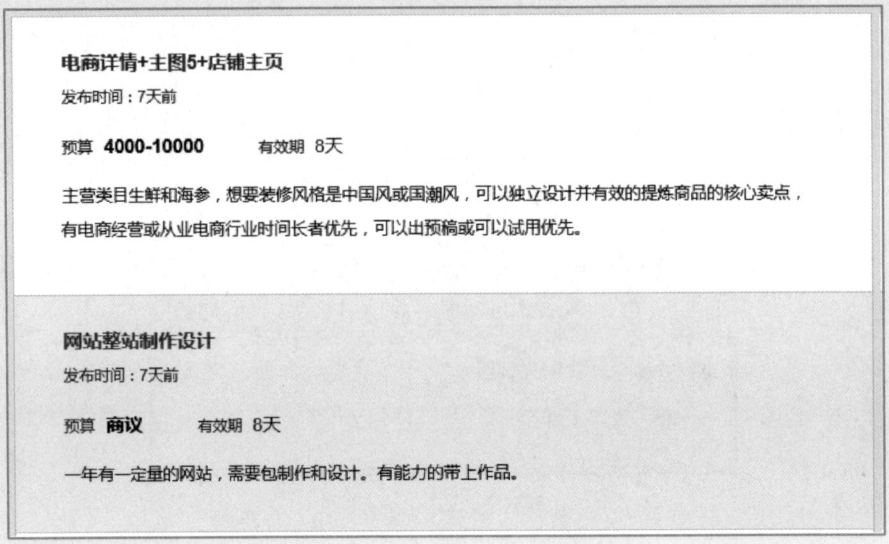

电商详情+主图5+店铺主页

发布时间：7天前

预算 **4000-10000** 有效期 8天

主营类目生鲜和海参，想要装修风格是中国风或国潮风，可以独立设计并有效的提炼商品的核心卖点，有电商经营或从业电商行业时间长者优先，可以出预稿或可以试用优先。

网站整站制作设计

发布时间：7天前

预算 **商议** 有效期 8天

一年有一定量的网站，需要包制作和设计。有能力的带上作品。

图2-27 “任务”栏目页面效果

任务 3

运用 HTML5 的新标签

PPT　任务 3 运用 HTML5 的新标签

学习目标

【知识目标】

- 了解 HTML5 新标签。
- 掌握结构性标签。
- 掌握分组标签。
- 掌握页面交互标签。
- 掌握行内语义性标签。
- 掌握 HTML5 的全局属性。

【技能目标】

- 能合理区分 HTML5 结构性标签的语义。
- 能根据网页页面效果，运用 HTML5 结构性标签构造页面效果。
- 能恰当地使用 HTML5 的全局属性。

任务描述：使用 HTML5新标签优化网页

依据草图实现基本的 HTML 只是实现前端页面的一小步，HTML5 中所有的标签都是有结构性的，如何更上一层楼呢？小王将学习新的内容“HTML5 的新标签”，如图 3-1 所示。

图 3-1 认识 HTML5 新标签及其属性

所以，本任务就要使用 HTML5 新标签来优化门户网站主页的页面文档。

知识准备

3.1 结构性标签

微课 3-1：认知结构性标签

3.1.1 认知结构性标签

过去，布局方式基本上都使用 DIV+CSS 的方式。先看一个传统页面的布局方式，如图 3-2 所示，读者能清晰地看到一个传统的页面会有头部、导航、文章内容、右边栏、底部等模块，这些模块通过 id 与 class 进行区分，并通过不同的 CSS 样式来实现页面布局。但相对来说 class 不是通用的标准规范，搜索引擎只能去猜测某部分的功能。另外，此页面的文档结构和内容也不太清晰。而 HTML5 专门添加了页眉<header>、页脚<footer>、导航<nav>、内容块<section>、侧边栏<aside>、文章<aritcle>等与结构相关的结构性标签。使用 HTML5 新的结构性标签产生的布局如图 3-3 所示。

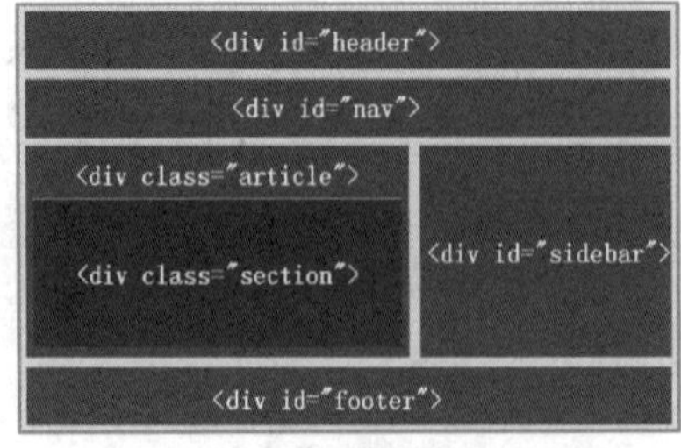

图 3-2 传统布局方式示意图

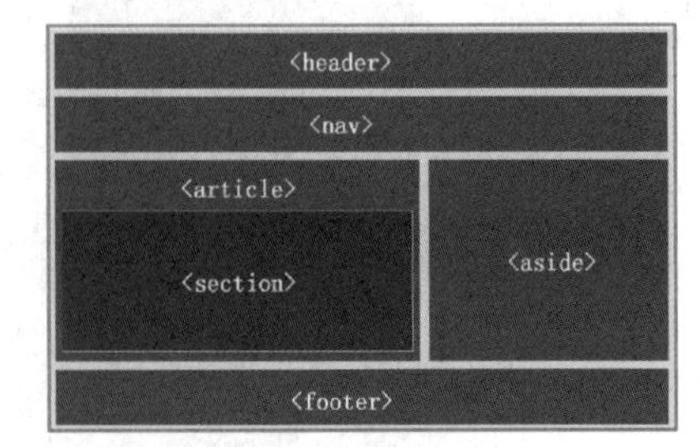

图 3-3 HTML5 结构性标签使用示意图

【实例 3-1】HTML5 结构性标签的使用，代码如下。

```
<!DOCTYPE html>
<html>
    <head>
        <meta charset="utf-8" />
        <title>HTML5 结构标签</title>
        <style type="text/css">
         header, nav, article, aside, section, footer{ border: solid 1px #666; padding: 10px;
margin: 6px; }
        header{ width: 800px; }
        nav{ width: 800px; }
        article{ float: left; width: 580px; height: 100px; }
        section{ height: 50px; }
        aside{ width: 186px; float: left; height: 100px; }
        footer{ clear: both; width: 800px; }
        </style>
    </head>
    <body>
        <header>页眉</header>
        <nav>导航栏</nav>
        <article>文章
          <section>文章的内容</section>
        </article>
      <aside>侧边栏</aside>
        <footer>页脚</footer>
    </body>
</html>
```

页面效果如图 3-4 所示。

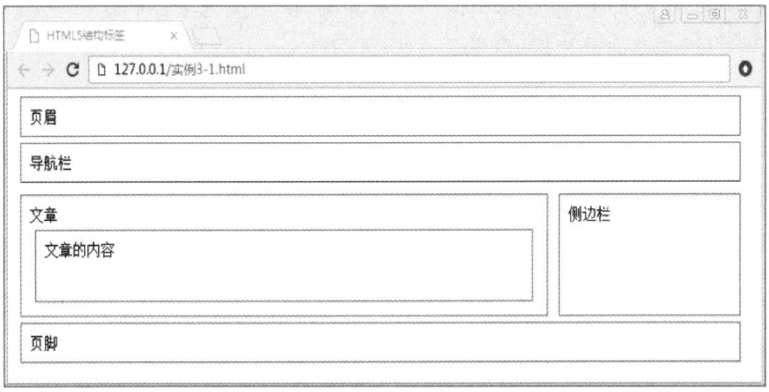

图 3-4 HTML5 结构性标签的使用

微课 3-2：
<section>标签

3.1.2　<section>标签

<section>标签用于对网页的内容进行分区、分块，定义文档中的节，如章节、页眉、页脚或文档中的其他部分。一般情况下，<section>标签由内容和标题组成。在使用<section>标签时，要注意以下细节。

- <section>标签表示一段专题性的内容，一般会带有标题，没有标题的内容区块不要使用<section>标签定义。
- 根据实际情况，如果<article>标签、<aside>标签或<nav>标签更符合使用条件，那么不要使用<section>标签。
- 当一个容器需要被直接定义样式或通过脚本定义行为时，推荐使用<div>标签而非<section>。

例如：

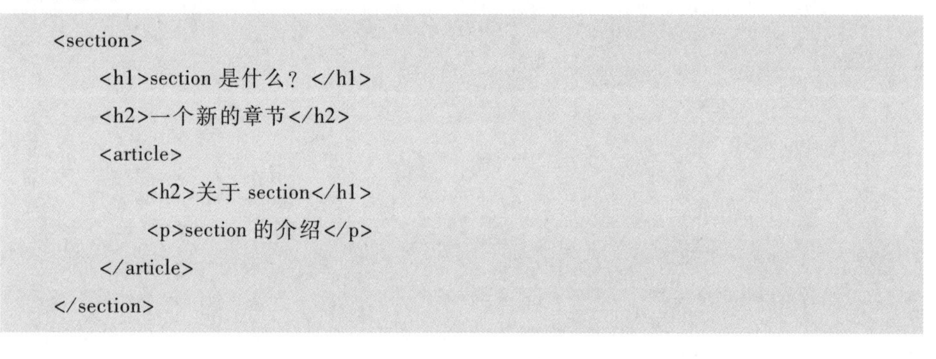

```
<section>
    <h1>section 是什么？</h1>
    <h2>一个新的章节</h2>
    <article>
        <h2>关于 section</h1>
        <p>section 的介绍</p>
    </article>
</section>
```

微课 3-3：
<article>标签

3.1.3　<article>标签

<article>是一个特殊的<section>标签，它比 section 具有更明确的语义，它代表一个独立的、完整的相关内容块，可独立于页面其他内容使用，如一篇完整的论坛帖子、一篇博客文章、一个用户评论等。一般来说，article 会有标题部分，通常包含在 header 内，有时也会包含 footer。<article>标签可以嵌套，内层的<article>标签对外层的<article>标签有隶属关系。例如，一篇博客的文章，可以用<article>显示，一些评论也可以用<article>的形式嵌入其中。

例如：

```
<article>
    <header>
        <h1>这是一篇介绍 HTML 5 结构标签的文章</h1>
        <h2>HTML 5 的历史</h2>
        <p>2017.02.20</p>
    </header>
    <p>文章内容详情</p>
</article>
```

3.1.4　<nav>标签

微课 3-4：
<nav>标签

<nav>标签代表页面的一个部分，是一个可以作为页面导航的链接组，是 navigator 的缩写。其中的导航标签链接到其他页面或者当前页面的其他部分，使 HTML 代码在语义化方面更加精确，同时对于屏幕阅读器等设备的支持也更好。

例如：

```
<nav>
    <ul>
        <li><a href="#">首页</a></li>
        <li><a href="#">学校新闻</a></li>
        <li><a href="#">院系设置</a></li>
        <li><a href="#">师资队伍</a></li>
    </ul>
</nav>
```

这段代码中，通过在<nav>标签内部嵌套无序列表<ul>来搭建导航结构。通常，一个 HTML 页面中可以包括多个<nav>标签，作为页面整体或不同部分的导航。具体来说，<nav>标签可以应用于传统导航条、侧边栏导航、页内导航、翻页操作等场合。

3.1.5　<aside>标签

微课 3-5：
<aside>标签

<aside>标签用来装载非正文的内容，被视为页面里一个单独的部分。它包含的内容与页面的主要内容是分开的，可以被删除，而不会影响到网页的内容、章节或是页面所要传达的信息。<aside>标签可以被包含在<article>标签内，作为主要内容的附属信息；也可以在<article>标签之外使用，作为页面或站点全局的附属信息部分，如广告、友情链接、侧边栏、导航条等。

例如：

```
<article>
    <h1>文章标题</h1>
    <p>文章内容</p>
    <aside>附属信息部分</aside>
</article>
<aside>
    <h2>文章标题</h2>
    <ul>
        <li>文章列表或广告单元</li>
        <li>文章列表或广告单元</li>
    </ul>
</aside>
```

微课 3-6：
<header>标签

3.1.6 <header>标签

<header>标签定义文档的页眉，通常是一些引导和导航信息。它不仅可以写在网页头部，也可以写在网页内容里面。通常<header>标签至少包含（但不局限于）一个标题标记（<h1>～<h6>），还可以包括<hgroup>标签，以及表格内容、标识 Logo、搜索表单、<nav>导航等。

例如：

```
<header>
    <h1>网站标题</h1>
    <h2>网站副标题</h2>
</header>
```

微课 3-7：
<footer>标签

3.1.7 <footer>标签

<footer>标签定义 section 或 document 的页脚，包含了与页面、文章或是部分内容有关的信息，如文章的作者或者日期。作为页面的页脚时，一般包含了版权、相关文件和链接。它和<header>标签使用基本一样，可以在一个页面中多次使用，也可以在<article>标签或者<section>标签中添加<footer>标签，那么它就相当于该区段的页脚了。

例如：

```
<footer>Copyright@ 淮信科技有限公司</footer>
```

3.2 分组标签

分组标签主要完成 Web 页面区域的划分，确保内容的有效分隔，主要包括<figure>标签、<figcaption>标签、<hgroup>标签、<dialog>标签等。

微课 3-8：
<figure>标签和
<figcaption>标签

3.2.1 <figure>标签和<figcaption>标签

<figure>标签用于定义独立的流内容，如图像、图表、照片、代码等，一般指一个单独的单元。<figcaption>标签用于为<figure>标签组添加标题，一个<figure>标签内最多允许使用一个<figcaption>标签，该标签应该放在<figure>标签的第一个或者最后一个子标签的位置。

【实例 3-2】 <figure>标签和<figcaption>标签的使用，代码如下。

```
<body>
    <figure>
        <figcaption>北京长城</figcaption>
```

```
        <p>长城,从东到西绵延万里;从古至今,其修筑延续二千多年。凭临登攀,偏要到悬崖绝壁人踪罕至处,方可见其建造的艰辛奇特。它那雄伟风姿、美学价值、防御功能及所蕴含的军事谋略,都是世界文化遗留中少见的。它是世界的奇迹,是个伟大的奇迹,因为它深受各国人民的仰慕和赞叹。</p>
        <img src="img/cc.jpg" alt="北京长城" />
    </figure>
</body>
```

运行【实例 3-2】代码，页面效果如图 3-5 所示。

图 3-5　<figure>标签和<figcaption>标签的使用

3.2.2　<hgroup>标签

微课 3-9：<hgroup>标签

<hgroup>标签可以将标题或者子标题进行分组，通常它与<h1> ~ <h6>标签组合使用，一个内容块中的标题可以通过<hgroup>标签组成一组。

【实例 3-3】<hgroup>标签的使用，代码如下。

```
<body>
    <hgroup>
        <h1>长城</h1>
        <h2>八达岭长城</h2>
    </hgroup>
        <p>八达岭长城,位于北京市延庆区军都山关沟古道北口。是中国古代伟大的防御工程万里长城的重要组成部分,是明长城的一个隘口。八达岭长城为居庸关的重要前哨,古称“居庸之险不在关而在八达岭”。</p>
        <img src="img/cc2.jpg" alt="八达岭长城" />
</body>
```

页面效果如图 3-6 所示。

在使用<hgroup>标签时要注意以下几点。

- 如果只有一个标题标签，不建议使用<hgroup>标签。
- 当出现一个或者一个以上的标题与标签时，推荐使用<hgroup>标签作为标题标签。

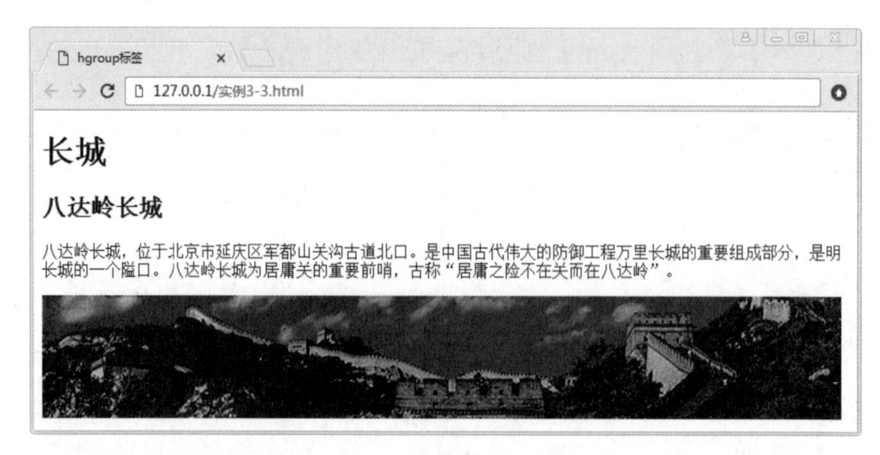

图 3-6　<hgroup>标签的使用

- 当一个标题包含副标题、<section>或者<article>标签时，建议将<hgroup>标签和标题相关标签存放在<header>标签容器中。

微课 3-10：<dialog>标签

3.2.3　<dialog>标签

<dialog>标签主要用于人与人之间的对话。该标签还包括<dt>和<dd>两个组合标签，它们常常同时使用。<dt>表示说话者，<dd>表示说话者说的内容。目前只有 Chrome 和 Safari 6 支持 <dialog>标签。

例如：

```
<dialog>
    <dt>老师</dt>
    <dd>dialog 标签所有的浏览器都支持吗？</dd>
    <dt>学生</dt>
    <dd>目前只有 Chrome 和 Safari 6 支持</dd>
    <dt>老师</dt>
    <dd>答对了！</dd>
</dialog>
```

3.3　页面交互标签

交互标签主要用于功能性的内容表达，会有一定的内容和数据的关联，是各种事件的基础，主要包括<details>标签、<menu>标签、<commond>标签等。

微课 3-11：<details>标签和<summary>标签

3.3.1　<details>标签和<summary>标签

<details>标签用于描述文档或文档某个部分的细节。<summary>标签经常与<details>标签配合使用，作为<details>标签的第一个子标签，用于为<details>定义标题。标题是可见的，当用户单击标题时，会显示或隐藏<details>中的其

他内容。

【实例 3－4】对<details>标签和<summary>标签的用法进行演示，代码如下。

```
<details>
    <summary>长城</summary>
    <h2>八达岭长城</h2>
    <img src="img/cc2.jpg" alt="八达岭长城" />
</details>
<details>
    <summary>黄山</summary>
    <h2>安徽黄山</h2>
    <img src="img/hs.jpg" alt="安徽黄山" />
</details>
```

页面效果如图 3-7 所示，单击“黄山”后显示标题内容，如图 3-8 所示，再次单击“黄山”后隐藏内容，单击“长城”二字也具有一样的效果。

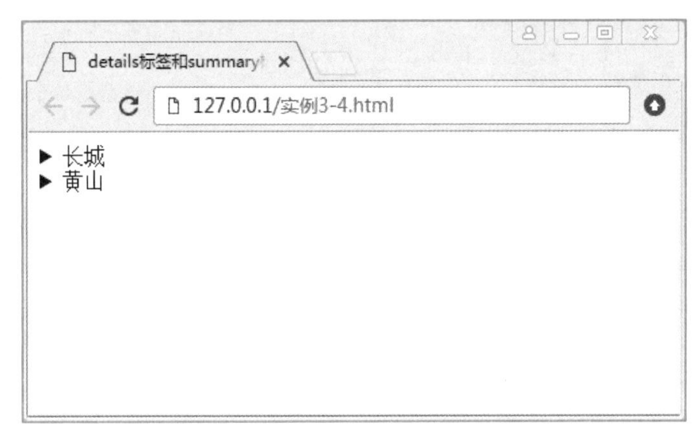

图 3-7　<details>标签页面预览

图 3-8　单击<summary>标签后的效果

微课 3-12：<menu>标签与<command>标签

3.3.2 <menu>标签与<command>标签

<menu>标签定义命令的列表或菜单，<menu>标签用于上下文菜单、工具栏以及用于列出表单控件和命令。

例如：

```
<menu type="toolbar">
    <li>
        <menu label="文件">
            <button type="button" onclick="file_new()">新建</button>
            <button type="button" onclick="file_open()">打开</button>
            <button type="button" onclick="file_save()">保存</button>
        </menu>
    </li>
    <li>
        <menu label="编辑">
            <button type="button" onclick="edit_cut()">剪切</button>
            <button type="button" onclick="edit_copy()">复制</button>
            <button type="button" onclick="edit_paste()">粘贴</button>
        </menu>
    </li>
</menu>
```

command 元素表示用户能够调用的命令。<command>标签可以定义命令按钮，如单选按钮、复选框或按钮。只有当 command 元素位于 menu 元素内时，该元素才是可见的。否则不会显示这个元素，但是可以用它规定键盘快捷键。

例如：

```
<menu>
    <command onclick="alert('Hello World')">测试点击!</command>
</menu>
```

但是很遗憾，目前所有主流浏览器都不支持 <command >和<menu>标签。

3.4 行内语义性标签

微课 3-13：<progress>标签

3.4.1 <progress>标签

<progress>标签表示任务的进度或进程。progress 元素的常用属性值有两个，value 表示已经完成的工作量，max 表示总共有多少工作量。需要注意的是，value 和 max 属性的值必须大于 0，且 value 的值要小于或等于 max 属性的值。

通常 <progress>标签与 JavaScript 一同使用，来显示任务的进度。

【实例 3-5】对<progress>标签的用法进行演示，代码如下。

```
<h2>工作完成的进度</h2>
<progress value="60" max="100"></progress>
```

代码运行后，蓝色进度条在 60% 的位置，因为 value 值为 60，max 值为 100，页面效果如图 3-9 所示。如果将 max 值修改为 300，则进度条将运行至 20% 的位置。

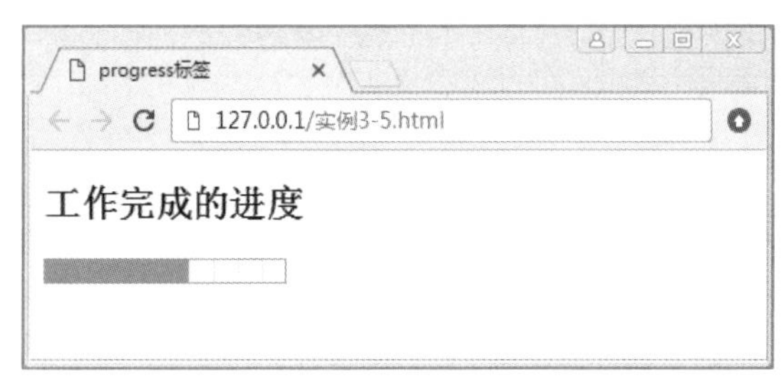

图 3-9　<progress>标签的使用

3.4.2　<meter>标签

微课 3-14：<meter>标签

<meter>标签定义度量衡，为已知范围或分数值内的标量测量，也被称为 gauge（尺度）。例如，显示硬盘容量、对某个选项的比例统计等，都可以使用 meter 元素。<meter>标签不应用于指示进度（在进度条中），如果标记进度条，应使用 <progress>标签。

表 3-1 列出了<meter>标签的多个常用属性。

表 3-1　<meter>标签的属性

属　性	说　　明	属　性	说　　明
high	定义度量的值位于哪个点被界定为高的值	min	定义最小值，默认值是 0
low	定义度量的值位于哪个点被界定为低的值	optimum	定义什么样的度量值是最佳的值。如果该值高于 high 属性的值，则意味着值越高越好。如果该值低于 low 属性的值，则意味着值越低越好
max	定义最大值，默认值是 1	value	定义度量的值

【实例 3-6】对<meter>标签的用法进行演示，代码如下。

```
<h2>年度优秀员工</h2>
张辉<meter value="148" min="0" max="160" low="20" high="110" title="148 票"
optimum="120"></meter>
苗玲<meter value="100" min="0" max="160" low="20" high="110" title="100 票"
optimum="120"></meter>
李军<meter value="18" min="0" max="160" low="20" high="110" title="18 票"
optimum="120"></meter>
```

代码运行后，页面如图 3-10 所示。

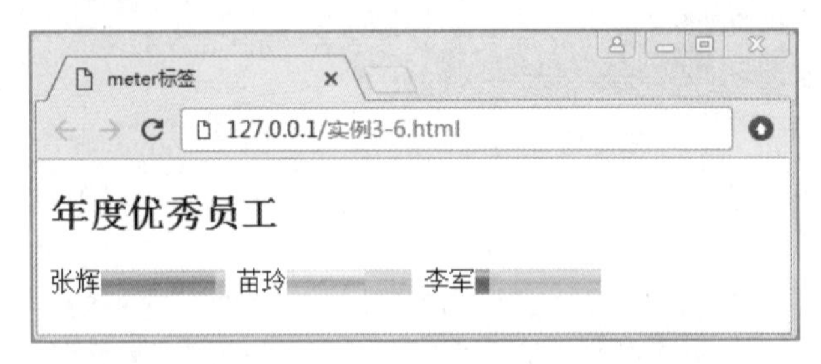

图 3-10 <meter>标签的使用

本例中员工张辉的 value 值为 148，optimum 的值为 120，高于 high 的值 110，表示值越高越好，由于 148 这个值大于 high 值 110，所以其颜色为绿色的渐变条；员工苗玲的 value 值为 100，其值 20<100<110，处于 low 与 high 之间，所以为黄色渐变条；而员工李军的 value 值为 18，低于 low 值 20，所以其颜色为红色渐变条。

注意：Firefox、Chrome、Opera 以及 Safari 6 支持 <meter>标签，而 IE 浏览器不支持该标签。

微课 3-15：<time>标签

3.4.3 <time>标签

<time>标签表示时间值，主要加强了 HTML 的语义化结构，让网页的代码有条理，让百度或者网页搜索机器人能够理解网页的意思。

例如：

```
<time datetime="2020-3-2">2020 年 3 月 2 日</time>
<!-- datetime 属性中日期与时间之间要用"T"文字分隔,"T"表示时间 -->
<time datetime="2020-3-2T21:00">2020 年 3 月 2 日 21:00</time>
<!--时间加上"Z"表示给机器编码时使用 UTC 标准时间 -->
<time datetime="2020-3-2T21:00Z">2020 年 3 月 2 日 21:00</time>
```

微课 3-16：<video>标签和<audio>标签

3.4.4 <video>标签和<audio>标签

<video>标签定义视频，用于支持和实现视频（含视频流）文件的直接播放，支持缓冲预载视频。

【实例 3-7】对<video>标签的用法进行演示，核心代码如下。

```
<video src="video/movie. mp4" controls="controls" autoplay width="400">
    您的浏览器不支持 video 标签。
</video>
```

代码运行后，页面如图 3-11 所示。

<audio>标签定义声音，如音乐或其他音频流。

【实例 3-8】对<audio>标签的用法进行演示，核心代码如下。

```
<audio src="music/bgmusic. mp3" autoplay controls loop>
    您的浏览器不支持 audio 标签。
</audio>
```

代码运行后，页面如图 3-12 所示。

图 3-11　<video>标签的使用

图 3-12　<audio>标签的使用

3.5　HTML5 的全局属性

3.5.1　contenteditable 属性

微课 3-17：contenteditable 属性

contenteditable 属性规定标签的内容是否可编辑。contenteditable 属性是一个布尔值属性，可以被设置为 true 和 false，同时，该属性还有个隐藏的 inherit（继承）状态。属性值为 true 时，元素被指定为允许编辑；属性值为 false 时，元素被指定为不允许编辑。当未指定 true 或 false 时，则由 inherit 状态来决定，如果父元素为可编辑的，则该元素也为可编辑的。

【实例 3-9】对 contenteditable 属性的用法进行演示，核心代码如下。

```
<h3>可编辑列表</h3>
<ul contenteditable="true">
        <li><a href="#">首页</a></li>
        <li><a href="#">学校新闻</a></li>
        <li><a href="#">院系设置</a></li>
</ul>
```

代码运行后，页面如图 3-13 所示，单击“学校新闻”，进行编辑，可以修改内容，输入“学校动态”，修改过程如图 3-14 所示。

注意：前提是该元素必须可以获得鼠标焦点并且其内容不是只读的。编辑完成后的内容，如果需要调用或者保存，只能通过把该元素的 innerHTML 发送至服务器端进行处理。

图 3-13　初始列表信息

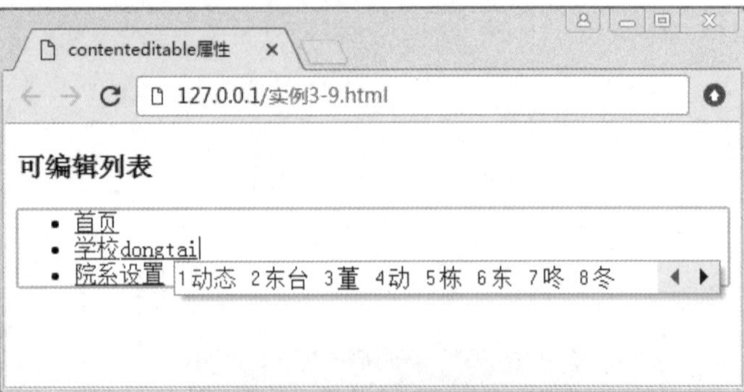

图 3-14　编辑列表信息内容

微课 3-18：
hidden 属性

3.5.2　hidden 属性

在 HTML5 中，大多数元素都支持 hidden 属性，当 hidden="hidden" 时元素将会被隐藏，反之则会显示。元素中的内容是通过浏览器创建的，页面装载后允许使用 JavaScript 脚本将该属性取消，取消后该元素变为可见状态，同时元素中的内容也及时显示出来。

例如：

```
<ul contenteditable="true">
        <li><a href="#">首页</a></li>
        <li hidden="hidden"><a href="#">学校新闻</a></li>
        <li><a href="#">院系设置</a></li>
</ul>
```

在以上代码中，第 2 个<li>标签中的超链接“学校新闻”将不会被显示。

微课 3-19：
spellcheck 属性

3.5.3　spellcheck 属性

spellcheck 属性规定是否对元素内容进行拼写检查，主要用于对 input 文本框、textarea 多行文本输入框、可编辑元素中的值进行拼写和语法检查。spellcheck 属性有 true（默认值）和 false 两个值，值为 true 时检测输入框中的值，反之不检测。

【实例 3-10】对 spellcheck 属性的使用进行演示，核心代码如下。

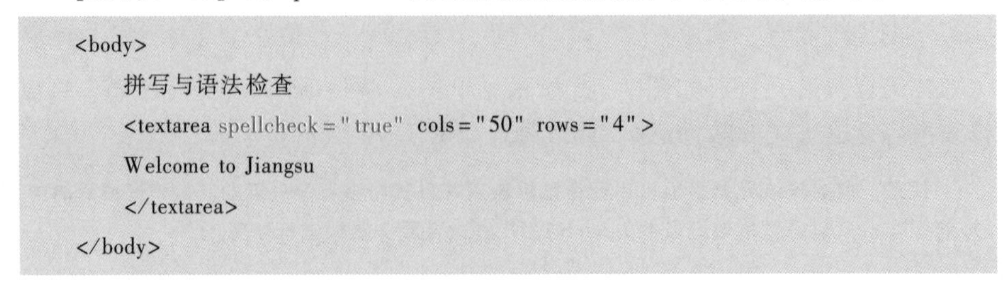

```
<body>
    拼写与语法检查
    <textarea spellcheck="true" cols="50" rows="4">
    Welcome to Jiangsu
    </textarea>
</body>
```

运行【实例 3-10】代码后，多行文本框中的“Jiangsu”将被进行拼写与语法检查，页面如图 3-15 所示，如果想取消拼写检查，将 spellcheck 属性设置为 false 即可。

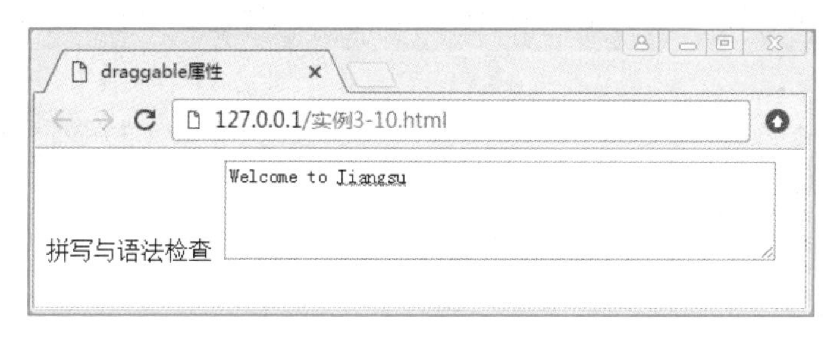

图 3-15　spellcheck 属性的使用

3.5.4　draggable 属性

微课 3-20：draggable 属性

draggable 属性用来定义元素是否可以拖动，该属性有 true 和 false 两个值，默认为 false，当值为 true 时表示元素选中之后可以进行拖动操作，否则不能拖动。

【实例 3-11】对 draggable 属性的用法进行演示，核心代码如下。

```
<img src="img/hs.jpg" draggable="true">
```

代码运行后，把鼠标放置在图片上按住鼠标左键进行拖动，页面如图 3-16 所示。

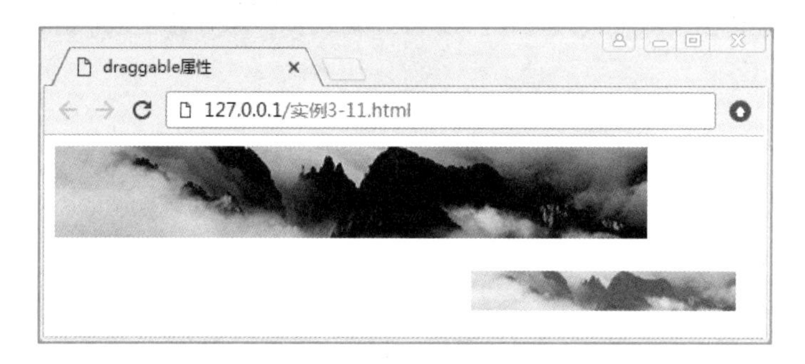

图 3-16　draggable 属性的使用

其实，本例中的图片即使不设置 draggable 属性，也是可以被拖动的，因为链接和图像默认是可拖动的。如果想实现元素的拖动功能，需要配合 JavaScript 脚本才能实现。

3.6　综合实例：个人博客页面结构设计

微课 3-21：综合实例：个人博客页面结构设计

通过学习 HTML5 的结构性标签、分组标签、行内语义性标签、HTML5 的全局属性，结合前面学习的 HTML 的基础标签，分析如图 3-17 所示的个人博客网页，分析该页面的结构，并使用 HTML5 实现该页面结构部分。

图 3-17　个人博客页面效果

1. 网页结构性元素分析

分析该页面的基本结构性元素，得到 HTML5 结构设计示意图，如图 3-18 所示。

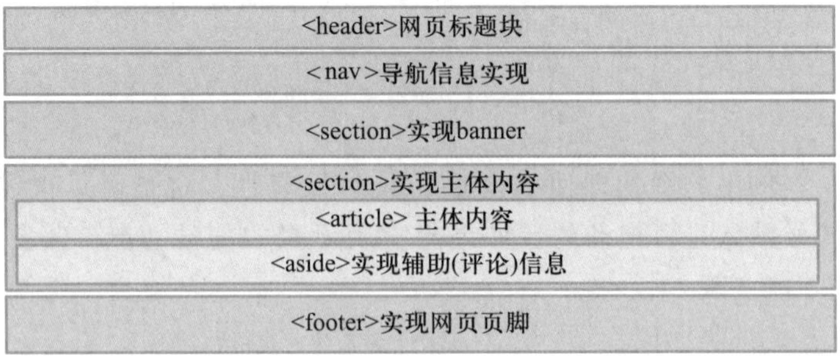

<header>网页标题块

<nav>导航信息实现

<section>实现banner

<section>实现主体内容

<article> 主体内容

<aside>实现辅助(评论)信息

<footer>实现网页页脚

图 3-18　HTML5 结构设计示意图

2. 网页标题块的结构实现

经过分析，网页标题块使用结构性标签<header>实现，具体代码如下。

```
<header>
    <h1>个人博客</h1>
</header>
```

3. 导航信息模块的结构实现

经过分析，网页导航信息模块使用结构性标签<nav>实现，具体代码如下。

```
<nav>
    <ul>
        <li><a href="#">博客</a></li>
        <li><a href="#">关于</a></li>
        <li><a href="#">档案</a></li>
        <li><a href="#">联系</a></li>
        <li><a href="#">订阅</a></li>
    </ul>
</nav>
```

4. 网页 banner 块的结构实现

经过分析，网页 banner 块使用结构性标签<section>实现，具体代码如下。

```
<section>
    <header>
        <h2>安徽黄山</h2>
    </header>
    <p>世界文化与自然双重遗产,世界地质公园,国家 5A 级旅游景区,国家级风景名
胜区。</p>
</section>
```

5. 网页主体内容的结构实现

经过分析，网页主体内容综合应用结构性标签<section>、<article>、<aside>实现，具体代码如下。

```
<section>
    <article>
        <header>
            <h3>2017 年黄山自助旅游特别攻略</h3>
            <p>发表于<time datetime="2017-2-2">2017 年 2 月 2 日</time>- 共有
- <a href="#">1 评论</a></p>
        </header>
        <p>随着西海大峡谷和天都峰的开放,黄山旅游也进入了旺季……</p>
        <img src="img/yks.jpg" >
        <p>第一天:酒店-寨西换乘中心-乘大巴-云古寺-(乘缆车)-……-酒店。</p>
        <p>第二天:酒店-寨西换乘中心-乘大巴-慈光阁-半山寺-……-酒店。</p>
        <p>第一天到得早的朋友,可以先游玩山下景点,如翡翠谷、九龙瀑…… </p>
```

```
        </article>
        <aside>
            <h3>评论</h3>
            <article>
                <header>
                    <a href="">线路设计合理,关键是多少银子? </a>发表于 <time
datetime="2017-2-3T23:59">2017 年 2 月 3 日 23:59</time>
                </header>
                <p>第一天:景区交通车费往返多少钱? 门票多少钱? 两次缆车多少钱?
<br/>
                第二天:景区交通车费往返多少钱? 两天行程共花费多少钱? </p>
            </article>
        </aside>
    </section>
```

6. 网页页脚的结构实现

经过分析，网页页脚使用结构性标签<footer>实现，具体代码如下。

```
<footer>
    &copy;版权所有:旅游爱好者 建议分辨率 1280×720 以上
</footer>
```

微课 3-22：任务实施：使用 HTML5 新标签优化网页

任务实施：使用 HTML5 新标签优化网页

综合 HTML5 的基本语法、HTML5 的结构性标签、级块标签、行内语义性标签，分析首页的页面结构，在任务 2 的基础之上，运用结构性标签完善门户网站的 HTML 代码。

1. 网页结构性元素分析

分析该页面的基本结构性元素分析，得到 HTML5 结构设计示意图，如图 3-19 所示。

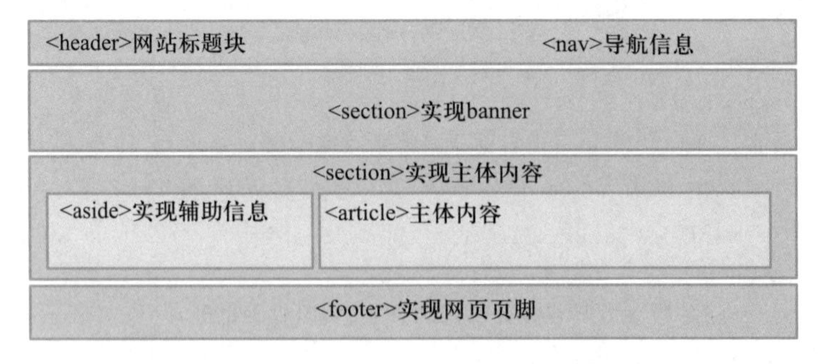

图 3-19 HTML5 结构设计示意图

2. 应用结构性元素完善页面

根据图 3-19，应用结构性元素完善页面，编码如下。

```
<body>
<!--网站头部 begin-->
<header>
    <a href="#"><img src="images/logo.png"></a>
    <nav>
        <a href="#">门户首页</a>
        <a href="#">学校概况</a>
        <a href="#">组织机构</a>
        <a href="#">招生就业</a>
        <a href="#">科学研究</a>
        <a href="#">招聘信息</a>
    </nav>
    </div>
</header>
<!--网站头部 end-->
<!--网站 banner begin-->
<section>
    <ul>
        <li><img src="images/banner/banner1.jpg"></li>
        <li><img src="images/banner/banner3.jpg"></li>
        <li><img src="images/banner/banner2.jpg"></li>
    </ul>
</section>
<!--网站 banner end-->
<!--网站主体内容 begin-->
<section>
    <!--侧边栏 begin-->
    <aside>
        <h1>公告通知 <samp>招标信息</samp></h1>
        <dl>
            <dt>教育装备产业集群信息服务平台招标公告</dt>
            <dd><img src="images/Course/05_05.png"></dd>
            <dd>计算机学院对教育装备产业集群信息服务……平台(ITZ2017-131)
</dd>
        </dl>
        <dl>
            <dt>青年教师周转公寓栏杆采购招标公告</dt>
            <dd><img src="images/Course/06_04.png"></dd>
            <dd>学院青年教师周转公寓栏杆采购项目进行公开……</dd>
        </dl>
        <dl>
```

```
                <dt>教育装备产业集群信息服务平台招标公告</dt>
                <dd><img src="images/Course/09_07.png"></dd>
                <dd>计算机学院对教育装备产业集群信息服务平台……(ITZ2017-131)
</dd>
            </dl>
            <dl>
                <dt>青年教师周转公寓栏杆采购招标公告</dt>
                <dd><img src="images/Course/02_09.png"></dd>
                <dd>学院青年教师周转公寓栏杆采购项目进行公开……</dd>
            </dl>
        </aside>
        <!--侧边栏 begin-->
        <!--主体内容 article begin-->
        <article>
            <h1>学院介绍 <samp>你理想的大学校园</samp></h1>
            <p>学校占地 1000 亩,坐落在风景秀美、充满人文底蕴和现代气息,集教学、
科研、培训、职业技能鉴定和社会服务于一体的高教园区,校园规划科学,设计精致,环境优
雅,景致宜人,交通便捷。</p>
            <img src="images/article.jpg">
            <p>学校师资结构合理,素质优良。现有教职工 600 余人,其中专任教师 400
多名,专任教师中高级职称教师占 30%、具有硕士以上学位的占 64%;专业课教师中具有
"双师"素质的教师占 86%...</p>
            <p>学校坚持以服务为宗旨,以就业为导向,建有校内实验实训室 184 个...</p>
        </article>
        <!--主体内容 article end-->
    </section>
    <!--网站主体内容 end-->
    <!--网站版权 begin-->
    <footer>
        <p>Copyright © 2020   All Rights Reserved.</p>
        <span>
            <img src="images/icon/weichat.png">
            <img src="images/icon/sina.png">
            <img src="images/icon/qq.png">
        </span>
    </footer>
    <!--网站版权 end-->
    </body>
```

任务拓展

为了使 HTML 页面中的文本更加形象生动，突出一些文本的特效，需学习

以下几个标签。

微课 3-23：<div>标签和<span>标签

1. <div>标签和<span>标签

<div>标签可定义文档中的分区或节（division/section）。

<div>标签可以把文档分割为独立的、不同的部分。它可以用作严格的组织工具，并且不使用任何格式与其关联。如果用 id 或 class 来标记 <div>，那么该标签的作用会变得更加有效。

<span>标签在行内定义一个区域，也就是一行内可以被<span>划分成好几个区域，从而实现某种特定效果。<span>本身没有任何属性。

<span>属于一个行内元素，而<div>是块级元素，可通俗地理解为<div>为大容器，大容器当然可以放一个小容器了，<span>就是小容器。

微课 3-24：<div>、<section>和<article>的区别和使用

2. <div>、<section>和<article>的区别与使用

① HTML 早期版本就支持<div>，<section>和<article>是 HTML5 提出的两个语义化标签。如果只是针对一个块内容做样式化，三者并无区别。

② 作为语义化标签，<section>应用的典型场景有文章的章节、标签对话框中的标签页，或者论文中有编号的部分。一般来说，当元素内容明确地出现在文档大纲中时，<section>就是适用的。

③ 对于<article>标签来说，无论从结构上还是内容上，<article>本身就是独立的、完整的。有个最简单的判断方法是看这段内容脱离了所在的语境，是否还是完整的、独立的，如果是，则应该用<article>标签。

④ <div>、<section>、<article>，语义是从无到有，逐渐增强的。<div>无任何语义，仅仅用做样式化或者脚本化；对于一段主题性的内容，适用<section>；而假如这段内容可以脱离上下文，作为完整的独立存在的一段内容，则适用<article>。原则上来说，能使用<article>时，也是可以使用<section>的，但实际上，假如使用<article>更合适，就不要使用<section>。

项目实训：网站页面的分析与编写

【实训目的】

1. 通过网页页面分析，掌握 HTML5 结构性标签的语义。
2. 能通过网页页面与“查看源代码”功能，模仿编写 HTML 页面。

【实训内容】

实训任务 3.1：通过浏览清华大学网站主页，分析其 HTML5 的结构性编码。

浏览清华大学网站主页（http://www.tsinghua.edu.cn/），如图 3-20 所示。先分析页面的代码结构，然后使用浏览器的“查看源代码”功能浏览网站的页面实现代码，模仿编写其 HTML 代码。

实训任务 3.2：通过浏览北京大学网站主页，分析其 HTML5 的结构性编码。

浏览北京大学网站主页（http://www.pku.edu.cn/），如图 3-21 所示。先分析页面的代码结构，然后使用浏览器的“查看源代码”功能浏览网站的页面实现代码，模仿编写其 HTML 代码。

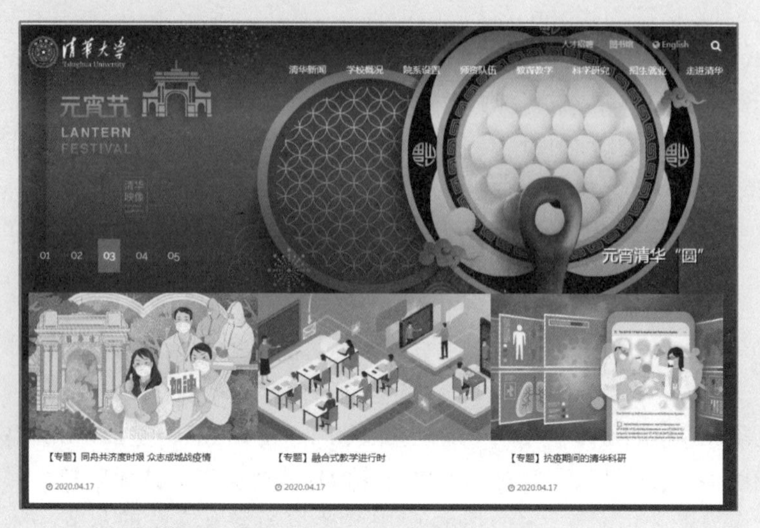

图 3-20 清华大学网站主页

图 3-21 北京大学网站主页

任务 4

构建网站层叠样式表

PPT 任务 4 构建网站层叠样式表

学习目标

【知识目标】

- 了解 CSS3。
- 掌握 CSS 样式设置规则。
- 掌握 CSS 样式的调用方法。
- 掌握 CSS 基础选择器的使用方法。
- 掌握 CSS3 新增选择器的使用方法。
- 掌握 CSS 的继承与层叠性的应用。

【技能目标】

- 能正确应用 CSS 规则，合理选择 CSS 选择器编写 CSS 样式。
- 能根据网页页面效果，编写 CSS 样式效果。
- 能恰当地使用 CSS3 新增选择器。

任务描述：使用 CSS 实现门户网站导航

通过学习 HTML5 的新标签，小王发现 HTML5 标签本身只是解决了网页的基本结构，如果要使整个网页更加增色，项目组李经理告诉他需要使用 CSS 样式来控制才能更加灵活、高效。所以，本任务就是在任务 3 的基础之上，编写基本的 CSS3 样式表，实现网站头部的页面效果，如图 4-1 所示。

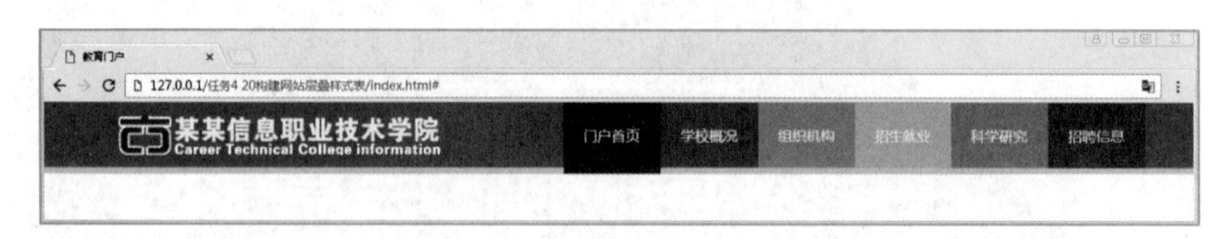

图 4-1　CSS3 构建层叠样式表后的门户网站导航效果

知识准备

微课 4-1：初识 CSS3

4.1　初识 CSS3

4.1.1　CSS3 简介

CSS 即层叠样式表（Cascading Style Sheet），在网页制作时采用层叠样式表技术，可以有效地对页面的布局、字体、颜色、背景和其他效果实现更加精确的控制。只要对相应的代码做一些简单的修改，就可以改变同一页面的不同部分，或者页数不同的网页的外观和格式。CSS3 是 CSS 技术的升级版本，CSS3 语言开发是朝着模块化发展的。以前的规范作为一个模块实在是太庞大而且比较复杂，所以，把它分解为一些小的模块，更多新的模块也被加入进来。这些模块包括盒子模型、列表模块、超链接方式、语言模块、背景和边框、文字特效、多栏布局等。

4.1.2　主流浏览器对 CSS3 的支持情况

世界五大主流浏览器包括 IE、谷歌（Chrome）、火狐（Firefox）、Safari 和 Opera。它们对 CSS3 模块的支持情况见表 4-1。

表 4-1　主流浏览器对 CSS3 模块的支持情况

CSS3 模块名称	Chrome30	Safari5	Firefox3. 6	Opera11	IE10
RGBA（RGB 色彩模式+Alpha 透明度）	√	√	√	√	√
HSLA（HSL 色彩模式+Alpha 透明度）	√	√	√	√	√
Multiple Backgrounds（多背景）	√	√	√	√	√

续表

CSS3 模块名称	Chrome30	Safari5	Firefox3.6	Opera11	IE10
Border Image（边框图像）	√	√	√	√	×
Border Radius（边框半径/圆角）	√	√	√	√	√
Box Shadow（盒阴影）	√	√	√	√	√
Opacity（不透明度）	√	√	√	√	√
CSS Animations（CSS 动画）	√	√	×	×	√
CSS Columns（CSS 多列布局）	√	√	√	×	√
CSS Gradients（CSS 渐变）	√	√	√	×	√
CSS Reflections（CSS 映像）	√	√	×	×	×
CSS Transforms（CSS 转换）	√	√	√	√	√
CSS Transforms 3D（CSS 3D 转换）	√	√	×	×	√
CSS Transitions（CSS 过渡）	√	√	√	√	√
CSS FontFace（CSS 字体）	√	√	√	√	√

4.2 CSS 的使用

4.2.1 CSS 样式设置规则

微课 4-2：
CSS 样式设置规则

CSS 样式设置规则由选择器和声明部分组成。

语法： 选择器{属性 1:属性值 1；属性 2:属性值 2；属性 3:属性值 3；}

选择器是标识已设置格式元素（如 body、table、td、p、类名、ID 名称）的术语，大括号内是对该对象设置的具体样式。而声明则用于定义样式属性，声明由属性和属性值两部分组成，其中属性和属性值以“键值对”的形式出现，属性是对指定的对象设置的样式属性，如字体大小、文本颜色等，属性和属性值之间用英文冒号“:”链接，多个“键值对”之间用英文分号“;”进行区分。

在下面的示例中，p 为选择器，介于“{}”中的所有内容为声明块。

```
p{
    color:red;
    font-size:18px;
}
```

以上代码表示<p></p>标签内所有文本的字体颜色为红色，字体大小为 18px。

编写 CSS 样式时，在遵循 CSS 样式规则的同时，还需注意以下几点。

- 尽量统一使用英文、英文简写或者统一使用拼音。
- 尽量不缩写，除非是一看就懂的单词。

• 在编写 CSS 代码时，为了提高代码的可读性，通常会加上 CSS 注释，使用/ ** /（斜杠和星号）进行注释。

• CSS 样式中的类和 id 选择器严格区分大小写，属性和值不区分大小写，按照书写习惯一般将“选择器、属性和值”都采用小写的方式。

• 多个属性之间必须用英文状态下的分号隔开，最后的分号可以省略，但是为了便于增加新样式最好保留。

• 如果属性的值由多个单词组成且中间包含空格，则必须为这个属性值加上英文状态下的引号。例如：

```
p{font-family:"arial black";}
```

此外，在设计 Web 页面时，尤其是对元素进行标识时，为了提高代码的可读性，直观了解代码的位置及其含义，常见的 CSS 命名规则见表 4-2。

表 4-2 CSS 常见命名规则

名称	含义	名称	含义
header	页头	container	容器
footer	页脚	nav	导航
aside 或 sidebar	侧边栏	column	栏目
wrapper 或 wrap	页面外围控制整体布局宽度	left	左侧
right	右侧	center	中间
loginbar	登录条	logo	标志
banner	广告	main	页面主体
hot	热点	news	新闻
download	下载	subnav	子导航
menu	菜单	submenu	子菜单
search	搜索	friendlink	友情链接
copyright	版权	scroll	滚动
content	内容	tab	标签页
list	列表	msg	提示信息
title	栏目标题	joinus	加入
guild	指南	service	服务
register	注册	status	状态
vote	投票	partner	合作伙伴

微课 4-3：CSS 样式的调用

4.2.2 CSS 样式的调用

浏览器读取样式表时，要依照文本格式来读取，这里介绍 3 种在页面中插入样式表的方法，即行内样式表、内部样式表、链接样式表。

1. 行内样式表

语法：<标签名称 style="样式属性 1:属性值 1；样式属性 2:属性值 2;样式属性…">

直接在 HTML 代码行中加入样式规则。适用于指定网页内的某一小段文字的显示规则，效果仅可控制该标签。

【实例 4-1】行内样式表应用，核心代码如下。

```
<p style="background-color:#f00; color:#fff; font-size:24px; font-family:'微软雅黑';">
行内样式直接引用实例!
</p>
```

页面效果如图 4-2 所示。

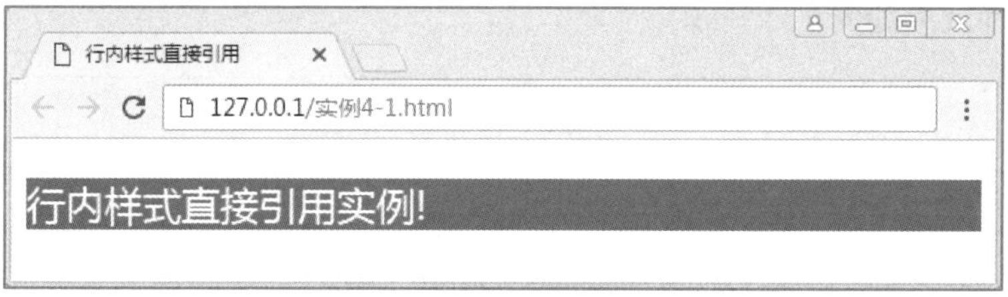

图 4-2　行内样式表的应用

注意：行内样式也可以通过标签的属性来控制，由于没有做到结构与表现的分离，所以不建议使用。只有在样式规格较少且只在该元素上使用一次，或者需要临时修改某个样式规则时使用。

2. 内部样式表

将样式表嵌入到 HTML 文件的文件头<head>。

语法：

```
<head>
    <style type="text/css">
    选择器{样式属性:属性值;…}
    </style>
</head>
```

语法中，<style>标签在<head>标签内嵌入样式表，由于浏览器是从上到下解析代码的，把 CSS 代码放在头部便于提前被下载和解析，以避免网页内容下载后没有样式修饰而不美观。同时必须设置 type 的属性值为“text/css”，这样浏览器才知道<style>标签包含的是 CSS 代码，而不是其他代码。

【实例 4-2】内部样式表应用，核心代码如下。

```
<!DOCTYPE html>
<html>
<head>
    <meta charset="utf-8" />
    <title>内部样式表</title>
```

```
        <style tyle="text/css">
            h3{font-family:"微软雅黑";color:red;text-align:center;text-decoration:underline;}
            p{color:green; line-height:160%;}
        </style>
    </head>
    <body>
        <h3>CSS 内部样式表应用页面!</h3>
        <p>内部样式表是把样式表放到页面的区里,这些定义的样式就应用到页面中了,
样式表是用 style 标签插入的。</p>
        </body>
    </html>
```

页面效果如图 4-3 所示。

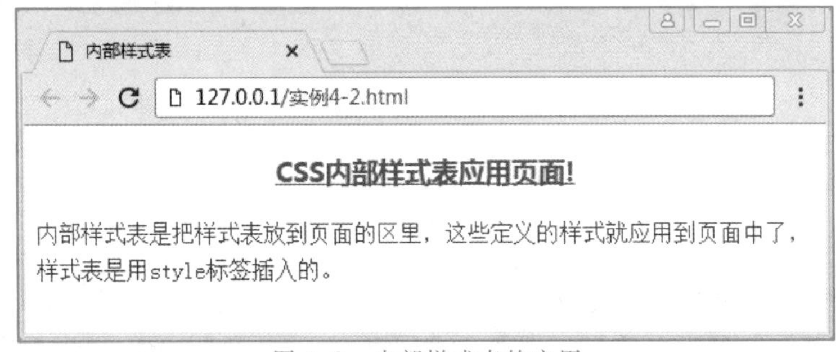

图 4-3　内部样式表的应用

注意：行内样式表与内部样式表的引用方法都属于引用内部样式表，即样式表规则的有效范围只限于该 HTML 文件，在该文件以外将无法使用。但这也具有一定的局限性，对于一个网站的构建，不建议使用这种方式，因为它不能体现 CSS 代码的重用优势。

3. 链接样式表

将一个外部样式表链接到 HTML 文档中。

语法：<link href="*.css" type="text/css" rel="stylesheet">

使用链接样式表需要注意以下几点。

- <link/>标签需要放在<head>头部标签中，并且必须设置<link/>标签的 3 个属性。href 用于设置链接的 CSS 文件的位置，可以为绝对地址或相对地址；type 定义所链接文档的类型，在这里需要指定为“text/css”，表示链接的外部文件为 CSS 样式表；rel="stylesheet"表示是链接样式表，是链接样式表的必有属性。
- 样式定义在独立的 CSS 文件中，并将该文件链接到要运用该样式的 HTML 文件中。
- *.css 为已编辑好的 CSS 文件（CSS 文件的路径），CSS 文件只能由样式表规则或声明组成。
- 可以将多个 HTML 文件链接到同一个样式表上，如果改变样式表文件中的一个设置，所有的网页都会随之改变。

【实例 4-3】定义样式表，并实现链接样式表。利用记事本、HBuilder、Notepad++或者 Dreamweaver 编辑工具编写 CSS 文件 style. css，保存至 CSS 文件夹下，代码编写如下。

```
section{
    margin:5px auto;
    width:940px;
    height:190px;
    background-image:url(../img/banner.jpg);
    border-radius:10px;
}
h2{
    color:#FFFFFF;
    font-family:"微软雅黑";
    text-align:center;
    line-height:60px;
}
p{
    color:#fff;
    font-size:18px;
    text-align:center;
}
```

链接样式表，核心代码如下。

```
<!DOCTYPE html>
<html>
<head>
        <meta charset="utf-8" />
        <title>链接样式表</title>
        <link href="css/style.css" type="text/css" rel="stylesheet" />
    </head>
    <body>
        <section>
            <header>
                <h2>安徽黄山</h2>
            </header>
        <p>世界文化与自然双重遗产,世界地质公园,国家 AAAAA 级旅游景区,国家
级风景名胜区。</p>
        </section>
    </body>
</html>
```

运行【实例 4-3】代码，页面效果如图 4-4 所示。

图 4-4 链接样式表的应用

链接样式表的核心就是独立了 CSS 样式文件，本例中 CSS 文件夹下的 “style. css” 文件就是独立的样式表文件，其次就是运用<link />标签链接 “style. css” 样式文件。

```
<link href="css/style.css" type="text/css" rel="stylesheet" />
```

链接样式表最大的好处是同一个 CSS 样式表可以被不同的 HTML 页面链接使用，同时一个 HTML 页面也可以通过多个<link />标签链接多个 CSS 样式表。

微课 4-4：
CSS 基础选择器

4.2.3 CSS 基础选择器

HTML 元素要应用 CSS 样式，首先就需要找到该目标元素。执行这一任务的样式规则部分被称为选择器。常用的基础选择器有标签选择器、类选择器、id 选择器、标签指定式选择器、包含选择器、群组选择器和通配符选择器。

1. 标签选择器

标签选择器也称为类型选择器，是指用 HTML 标签名称作为选择器，HTML 中的所有标签都可以作为标签选择器。

语法： 标签名{属性 1:属性值 1; 属性 2:属性值 2; 属性 3:属性值 3;}

例如，对 body 定义网页中的文字大小、颜色、行高和字体的代码如下。

```
body{font-size:14px;color:#ff0000;line-height:18px;font-family:"微软雅黑";}
```

上述 CSS 样式代码用于设置 HTML 页面中所有文本：字体大小为 14 像素、颜色为#ff0000、行高为 18 像素，字体为微软雅黑。

【实例 4-2】中的 h3、p 就是标签选择器。

2. 类选择器

类选择器能够把相同的元素分类定义成不同的样式。定义类选择器时，在自定义类的前面需要加一个英文点号“.”。

语法： . 类名{属性 1:属性值 1; 属性 2:属性值 2; 属性 3:属性值 3;}

依据语法，定义 h3 标签选择器为“. redtitle”，例如：

```
.redtitle{font-family:"微软雅黑";color:red;text-align:center;text-decoration:underline;}
```

调用的方法是通过标签的 class 属性调用，例如：

```
<h3 class="redtitle">类选择器</h3>
```

类选择器最大的优势是可以为元素对象定义单独或相同的样式。

【实例 4-4】类选择器的使用，核心代码如下。

```
<!DOCTYPE html>
<html>
    <head>
        <meta charset="utf-8" />
        <title>类选择器</title>
        <style tyle="text/css">
        .redtitle{font-family:"微软雅黑";color:red;text-align:center;text-decoration:
underline;}
        .content{color:green;}
        .font30{font-size:30px;}
        </style>
    </head>
    <body>
        <h2 class="redtitle">类选择器</h2>
        <p class="content">类选择器能够把相同的元素分类定义成不同的样式。</p>
        <p class="content font30">定义类选择器时,在自定义类的前面需要加一个
"."英文点号。</p>
    </body>
</html>
```

页面效果如图 4-5 所示。

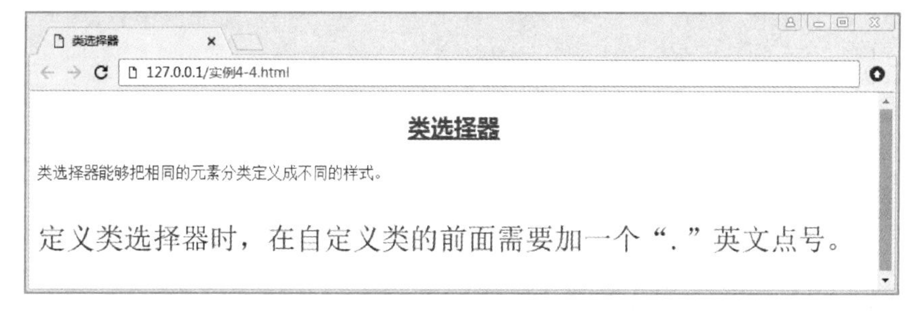

图 4-5　类选择器的使用

实例中标题文本的字体为微软雅黑，颜色为红色，文本水平居中，有下画线。两个段落<p>标签中的内容均显示为绿色，第 2 个<p>标签由于受到“class = "content font30"”的影响，文本字体大小显示为 30px。可见，多个标签可以使用同一个类名，这样可以实现为不同类型的标签指定相同的样式。同时一个 HTML 元素也可以应用多个 class 类，设置多个样式，在 HTML 标签中多个类名之间需要用空格隔开，如第 2 个<p>标签中的“content”和“font30”。

注意：类名的第一个字符不能使用数字，并且严格区分大小写，一般采用小写的英文字符。

3. id 选择器

id 选择器用于对某个单一元素定义单独的样式。id 选择器使用 “#” 进行标识，后面紧跟 id 名。

语法：#id 名{属性 1:属性值 1;属性 2:属性值 2;属性 3:属性值 3;}

依据语法，可以将【实例 4-4】的类选择器修改为 id 选择器，定义 h3 标签选择器为 “#redtitle”，调用代码 “class="redtitle"” 修改为 “id="redtitle"” 即可。

【实例 4-5】 id 选择器的使用。

<style>标签中样式表定义的核心代码如下。

```
<style tyle="text/css">
    #redtitle { font-family:"微软雅黑";color:red;text-align:center;text-decoration:underline;}
    #content{ color:green;}
    #font30{ font-size:30px;}
</style>
```

<body>标签中 HTML 结构核心代码如下。

```
<h3 id="redtitle">id 选择器</H3>
<p id="content"> id 选择器用于对某个单一元素定义单独的样式。</p>
<p id="font30"> id 选择器使用“#”进行标识,后面紧跟 id 名。</p>
```

运行【实例 4-5】代码，页面效果如图 4-6 所示。

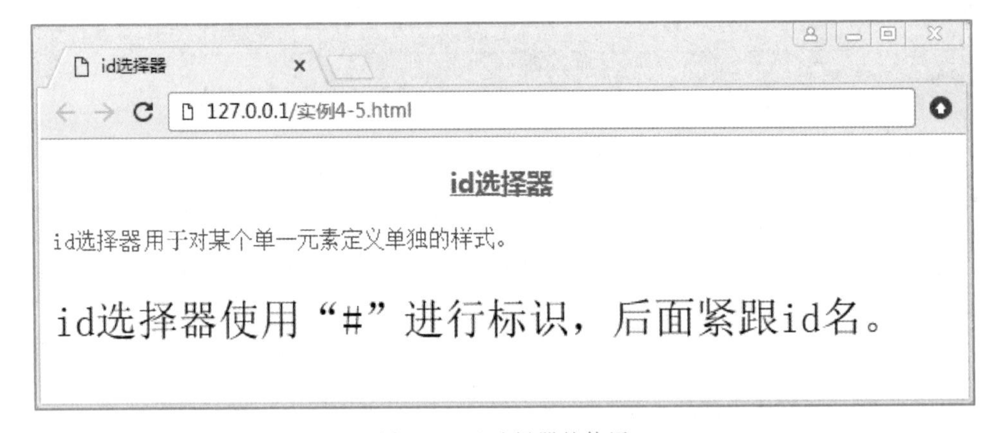

图 4-6　id 选择器的使用

实例中 id 名为 HTML 元素的 id 属性值。HTML 元素 id 值应该是唯一的。两个<p>标签的 id 属性值分别为 “content” 和 “font30”，通常情况下，一般不采用多个元素使用同一 id 样式，当同一类元素需要使用同一类样式时应使用 class 类选择器。

4. 标签指定式选择器

标签指定式选择器又称交集选择器，由两个选择器构成，其中第 1 个为标签选择器，第 2 个为 class 选择器或 id 选择器，两个选择器之间不能有空格。

语法： 标签名 . 类名{属性 1:属性值 1;属性 2:属性值 2;属性 3:属性值 3;}
标签名#id 名{属性 1:属性值 1;属性 2:属性值 2;属性 3:属性值 3;}

【实例 4-6】标签指定式选择器的使用。

<style>标签中样式表定义的核心代码如下。

```
<style tyle="text/css">
    p {font-size:12px;}          /* 标签选择器 */
    . title{font-size:24px;}     /* 类选择器 */
    p. title{font-size:36px;}    /* 标签指定式选择器 */
</style>
```

<body>标签中 HTML 结构核心代码如下。

```
<p>标签指定式选择器</p>
<span class="title">标签指定式选择器</span>
<p class="title">标签指定式选择器</p>
```

【实例 4-6】中，分别定义了<p>标签和 . title 类的样式，此外还单独定义了 p. title，用于特殊的控制。运行【实例 4-6】代码，页面效果如图 4-7 所示。

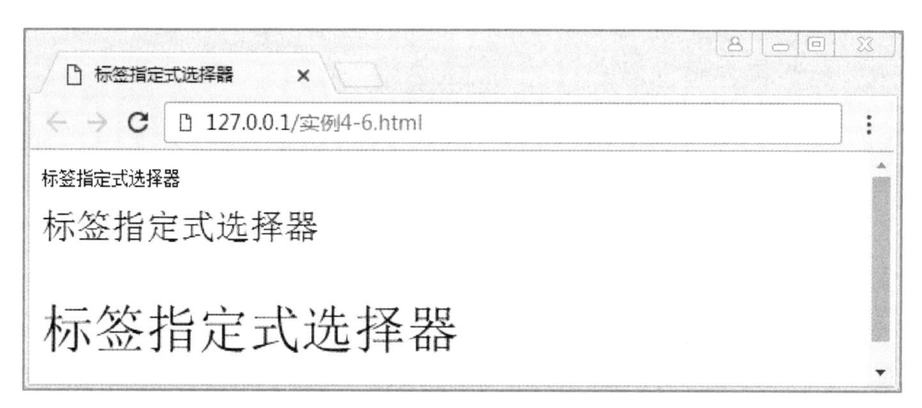

图 4-7　标签指定式选择器的使用

从图 4-7 容易看出，<p>标签中的文本文字最小为 12px，<span>中的文本调用了类“title”的样式，文字大小为 24px。可见标签选择器 p. title 定义的样式仅仅适用于<p class="title"> </p>标签内的内容，文字字体大小显示为 36px，而不会影响<span class="title">标签中的内容。

5. 包含选择器

包含选择器用来选择元素或元素组的后代，其写法就是把外层标签写在前面，内层标签写在后面，中间用空格分隔。当标签发生嵌套时，内层标签就成为外层标签的后代。

【实例 4-7】 包含选择器的使用。

<style>标签中样式表定义的核心代码如下。

```
<style tyle="text/css">
    p {font-size:12px;}        /* 标签选择器 */
    .title{font-size:24px;}    /* 类选择器 */
    p .title{font-size:36px;}/* 包含选择器 */
</style>
```

<body>标签中 HTML 结构核心代码如下。

```
<p>包含选择器 1</p>
<span class="title">包含选择器 2</span>
<p class="title">
    包含选择器 3<br/>
    <span class="title">包含选择器 4</span>
</p>
```

运行【实例 4-7】代码，页面效果如图 4-8 所示。

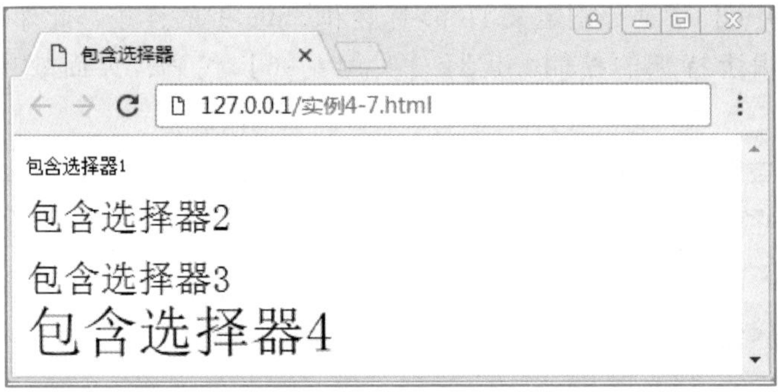

图 4-8　包含选择器的使用

从图 4-8 容易看出，<p>标签中的第 1 行文本“包含选择器 1”应用了标签选择器 p 的样式，包含选择器“p .title”定义的样式仅仅适用于嵌套在<p>标签中的<span class="title">标签，文字大小为 36px，而<p>标签外的<span class="title">显示的文字大小仍为 24px。

6. 群组选择器

群组选择器是各个选择器通过逗号连接而成的，标签选择器、类选择器、id 选择器都可以作为群组选择器的一部分。如果某些选择器定义的样式完全相同或部分相同，就可以利用群组选择器为它们定义相同的 CSS 样式。

【实例 4-8】 群组选择器的使用。

<style>标签中样式表定义的核心代码如下。

```
<style tyle="text/css">
    div,.titile,#content{text-decoration:line-through;}        /*群组选择器*/
</style>
```

<body>标签中 HTML 结构核心代码如下。

```
<div>群组选择器 1</div>
<span class="titile">群组选择器 2</span>
<span id="content">群组选择器 3</span>
```

运行【实例 4-8】代码，页面效果如图 4-9 所示。

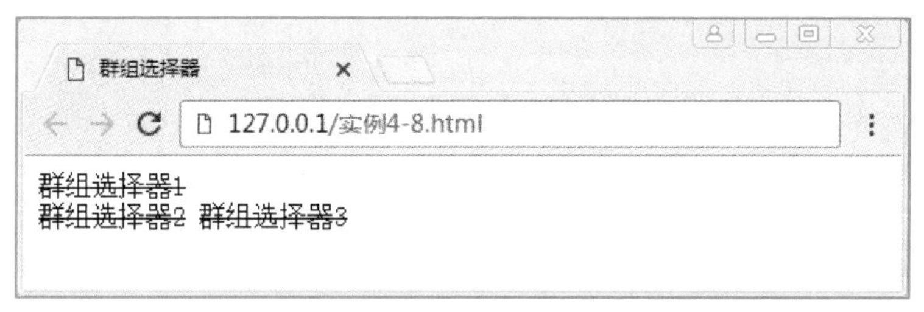

图 4-9　群组选择器的使用

7. 通配符选择器

通配符选择器用星形标示号“*”表示，它是所有选择器中作用范围最广的，能匹配页面中所有的元素。

语法： *{属性 1:属性值 1;属性 2:属性值 2;属性 3:属性值 3;}

例如，设置所有元素的外边距 margin 和内边距 padding 都为 0 像素的代码如下。

```
*{margin:0px;padding:0px;}
```

4.3　CSS3 选择器

4.3.1　属性选择器

微课 4-5：
属性选择器

CSS3 中新添加了 E[att^="value"]、E[att$="value"]、E[att*="value"] 3 个属性选择器，用来匹配属性中包含某些特定的值，见表 4-3。

表 4-3　CSS3 新增属性选择器

属性名称	含　义
E[att^="value"]	选择名称为 E 的标签，且该标签定义了 att 属性，att 属性值包含前缀为 value 的子字符串
E[att$="value"]	选择名称为 E 的标签，且该标签定义了 att 属性，att 属性值包含后缀为 value 的子字符串
E[att*="value"]	选择名称为 E 的标签，且该标签定义了 att 属性，att 属性值包含 value 的子字符串

需要注意的是 E 是可以省略的，如果省略则表示可以匹配满足条件的任意元素。

【实例 4-9】属性选择器的使用。

<style>标签中样式表定义的核心代码如下。

```
<style tyle="text/css">
    h2[class^="font"]{   /* 属性选择器,class 属性以 font 开头的 h2 元素 */
    font-family:"微软雅黑";
    }
    [class $="title"]{    /* 属性选择器,class 属性以 title 结尾的所有元素 */
    color:red;
    }
    a[href*="www"]{   /* 属性选择器,所有 href 属性包含 www 字符串的 a 元素 */
    color:green;
    }
</style>
```

<body>标签中 HTML 结构核心代码如下。

```
<h2>属性选择器的使用</h2>
<h2 class="fonttitle">标题文本</h2>
<p class="title">属性选择器可以根据元素的属性及属性值来选择元素。</p>
<a href="http://www.w3school.com.cn">w3school 在线教程</a>
<a href="img/banner.jpg">中国黄山</a>
```

运行【实例 4-9】代码，页面效果如图 4-10 所示。

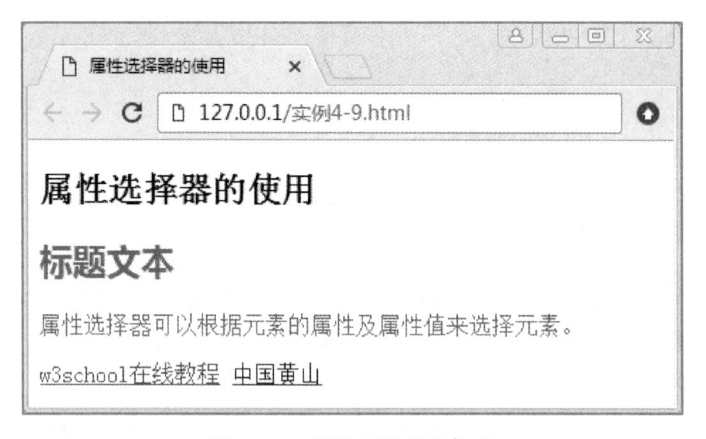

图 4-10　属性选择器的使用

上述代码中，第 1 个<h2>标签仍以默认的宋体显示；由于 h2[class^="font"]属性选择器的作用，使第 2 个<h2>标签中的文本内容“标题文本”字体变为微软雅黑；由于属性选择器[class $="title"]的作用，使得 class 属性以“title”结尾的<h2>和<p>元素都选择了，所有它们的文本颜色显示为红色；

由于 a[href * ="www"]的作用，使得第 1 个超链接“w3school 在线教程”的颜色显示为绿色，而第 2 个超链接“中国黄山”显示为默认的蓝色。

4.3.2　关系选择器

微课 4-6：
关系选择器

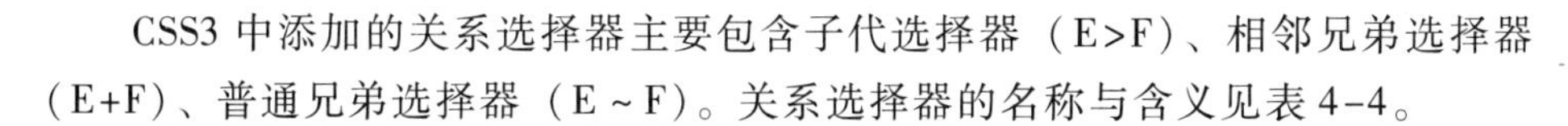

CSS3 中添加的关系选择器主要包含子代选择器（E>F）、相邻兄弟选择器（E+F）、普通兄弟选择器（E ~ F）。关系选择器的名称与含义见表 4-4。

表 4-4　关系选择器

属性名称	含　义
子代选择器（E>F）	选择所有作为 E 元素的直接子元素 F，对更深一层的元素不起作用，用“>”表示
相邻兄弟选择器（E+F）	选择紧贴在 E 元素之后的 F 元素，用“+”表示。选择相邻的第 1 个兄弟元素
普通兄弟选择器（E ~ F）	选择 E 元素之后的所有兄弟元素 F，作用于多个元素，用“ ~ ”隔开

【实例 4-10】关系选择器的使用。

<style>标签中样式表定义的核心代码如下。

```
<style tyle="text/css">
    div>a {color:red;}                                /* 子代选择器 */
    p+span{text-decoration:line-through;}             /* 相邻兄弟选择器 */
    p ~ span{color:green;}                            /* 普通兄弟选择器 */
</style>
```

<body>标签中 HTML 结构核心代码如下。

```
<div>
    <a href="#">子元素</a>
    <p>
        <a href="#">子孙元素</a>
    </p>
    <span>靠近 p 的第 1 个兄弟元素</span>
    <span>靠近 p 的第 2 个兄弟元素</span>
    <span>靠近 p 的第 3 个兄弟元素</span>
</div>
```

运行【实例 4-10】代码，页面效果如图 4-11 所示。

代码中，由于“子代选择器”的作用，作为 div 元素的子元素 a 元素中的文本“子元素”显示为红色，而对在 p 元素中的子元素 a 中的文本“子孙元素”不起任何作用；由于“相邻兄弟选择器”的作用，与 p 元素相邻的第 1 个<span>标签的文本“靠近 p 的第 1 个兄弟元素”显示为删除线，而不相邻的第 2 个<span>标签的文本“靠近 p 的第 2 个兄弟元素”以及不相邻的第 3 个<span>标签的文本“靠近 p 的第 3 个兄弟元素”都不显示删除线；由于“普

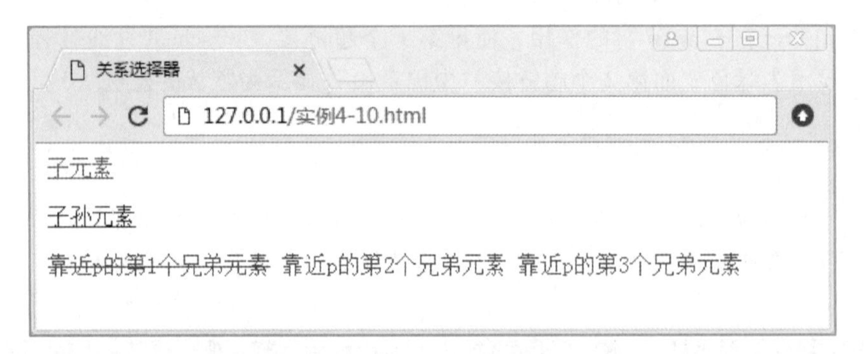

图 4-11　关系选择器的使用

通兄弟选择器”的作用，使得 p 元素相邻 3 个<span>标签中的文本都显示为了绿色。

4.3.3　链接伪类选择器

微课 4-7：
链接伪类选择器

<a>标签的作用是可以创建一个链接，通过 a：link（未访问时的超链接的状态）、a：visited（访问后的超链接的状态）、a：hover（鼠标经过、悬停时超链接的状态）、a：active（鼠标单击不动时超链接的状态）来定义超链接<a>标签的 4 种不同状态。为了给链接的 4 个状态应用样式，引入伪类的概念。

伪类，简单地说，不是真正意义上的类，但它确实作为一个类来使用。

当在同一网页中使用两种以上不同样式的超链接时，就采用伪类与类名或者 id 相结合的方式实现。

【实例 4-11】超链接伪类选择器的使用。

< style >标签中样式表的定义核心代码如下。

```
<style tyle="text/css">
    /*超链接伪类定义*/
    a{text-decoration:none;font-size:20px;}        /*标签选择器*/
    a:link {color:#6D4418;}                         /*伪类,未访问时的状态*/
    a:visited {color:#6D4418;}                      /*伪类,访问后的状态*/
    a:hover {                                       /*伪类,鼠标经过时的状态*/
    color:#FFCC00;
    text-decoration:underline;                      /*添加下画线*/
    }
    a:active {color:#FF0000;}                       /*伪类,鼠标单击不动时的状态*/
    /*超链接与类名相结合的伪类定义*/
    a.nav:link,a.nav:visited {color:#FFF;background-color:#6D4418;}
    a.nav:hover {color:#FFCC00;text-decoration:underline;}
    a.nav:active {color:#FF0000;}
</style>
```

<body>标签中 HTML 结构核心代码如下。

```
<a href="http://www.baidu.com">百度网</a>
<a href="http://www.qq.com">腾讯网</a>
<a href="http://www.baidu.com" class="nav">百度网</a>
<a href="http://www.qq.com" class="nav">腾讯网</a>
```

运行【实例 4-11】代码，页面效果如图 4-12 所示。超链接按设置的默认样式显示，文本颜色为深褐色、无下画线。当鼠标经过链接文本时，文本颜色变为橙色且添加下画线效果，如图 4-13 所示。当鼠标单击链接文本不动时，文本颜色变为红色。

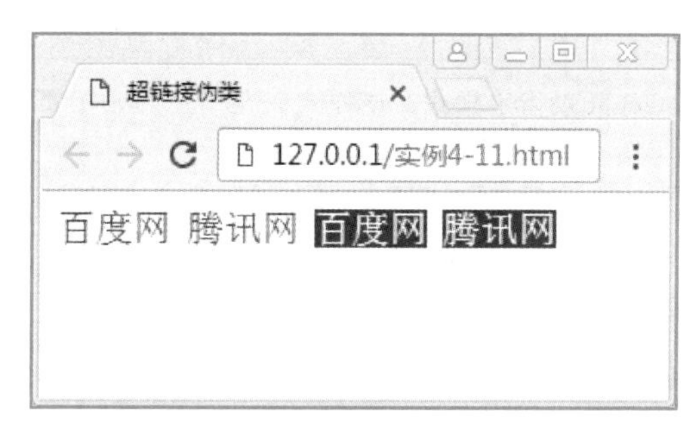

图 4-12　超链接伪类制作导航的效果

图 4-13　鼠标经过超链接时的效果

在应用超链接伪类时，要保持 a:link、a:visited、a:hover、a:active 的先后顺序来定义样式，在实际工作中，通常只需要使用 a:link、a:visited 和 a:hover 定义未访问、访问后和鼠标悬停时的链接样式，并且常常对 a:link 和 a:visited 应用相同的样式，使未访问和访问后的链接样式保持一致。

4.3.4　结构伪类选择器

微课 4-8：基本的结构性伪类选择器

结构伪类选择器是 CSS3 中新增的选择器。它利用文档结构树实现元素的过滤，通过文档的相互关系来匹配特定的元素，从而减少文档内 class 和 ID 属性的定义，使文档更加简洁。

1. 基本的结构性伪类选择器

首先，认识 root、not、empty、target 4 个基本的结构伪类选择器，其表达式与描述见表 4-5。

表 4-5 基本的结构性伪类选择器

表达式	描述
:root	将样式绑定到页面的根元素中。所谓根元素，是指位于文档树中最顶层结构的元素，在 HTML 页面中就是指包含着整个页面的<html>部分
:not	想对某个结构元素使用样式，但想排除这个结构元素下的子结构元素，就是用：not 伪类
:empty	指定当元素内容为空白时使用的样式
:target	对页面中某个 target 元素指定样式，该样式只在用户点击了页面中的链接，并且跳转到 target 元素后生效

【实例 4-12】基本伪类选择器的使用。

<style>标签中样式表的定义核心代码如下。

```
<style tyle="text/css">
    :root{color:blue;}                          /* :root 伪类选择器 */
    body *:not(h2){color:red;}                  /* :not 伪类选择器 */
    li:empty{background-color:red;}             /* :empty 伪类选择器 */
</style>
```

<body>标签中的 HTML 核心代码如下。

```
<body>
    <h1>名企介绍</h1>
    <h2>互联网企业</h2>
    <ul>
        <li>百度网</li>
        <li>腾讯网</li>
        <li>淘宝网</li>
        <li></li>
    </ul>
</body>
```

运行【实例 4-12】代码，由于“root 伪类选择器”的作用，使得所有文本为蓝色；由于“not 伪类选择器”的作用，使得 body 中<h2>标签以外的文本都变成了红色；由于“empty 伪类选择器”的作用，使得<li>标签内为空的元素背景颜色为红色。页面效果如图 4-14 所示。

下面通过【实例 4-13】来学习一下 target 伪类的使用方法。

【实例 4-13】target 结构化伪类选择器的使用。

<style>标签中样式表的定义核心代码如下。

图 4-14　root、not、empty 结构伪类选择器

```
<style tyle="text/css">
    :target{ background-color:yellow;}                /* :target 伪类选择器 */
</style>
```

<body>标签中的 HTML 核心代码如下。

```
<p>6-12 个月宝宝作息时间表</p>
<p><a href="#A">1. 6-12 个月宝宝语言激发方案</a></p>
<p><a href="#B">2. 6-12 个月宝宝感知觉激发方案</a></p>
<hr>
<p><a name="A">6-12 个月宝宝语言激发方案</a></p>
<p>随着宝宝一天天的成长,家长们都为宝宝每一天的变化感到兴奋和吃惊! 在短短几个月之间,宝宝学会了微笑、抬头、坐、伸手抓东西……</p>
<hr>
<p><a id="B">6-12 个月宝宝感知觉激发方案</a></p>
<p>随着宝宝一天天的成长,家长们都为宝宝每一天的变化感到兴奋和吃惊! 在短短几个月之间,宝宝学会了微笑、抬头、坐、伸手抓东西……</p>
```

运行【实例 4-13】代码，页面效果如图 4-15 所示。由于“target 伪类选择器”的作用，单击超链接跳转至 A 或者 B 时，它们所在的元素背景色变为黄色，效果如图 4-16 所示。

在此，可以单击超链接“<a href="#A">1. 6-12 个月宝宝语言激发方案</a>”或者“<a href="#B">2. 6-12 个月宝宝感知觉激发方案</a>”，在目标的定义中可以使用<a name="A">或者<a id="B">两种方式。

2. 子元素伪类选择器

子元素伪类选择器能特殊针对一个父元素中的第一个子元素、最后一个子元素、指定序号的子元素，甚至是第偶数个、第奇数个子元素进行样式设置。

微课 4-9：
子元素伪类选择器

子元素伪类选择器的表达式与描述见表 4-6。

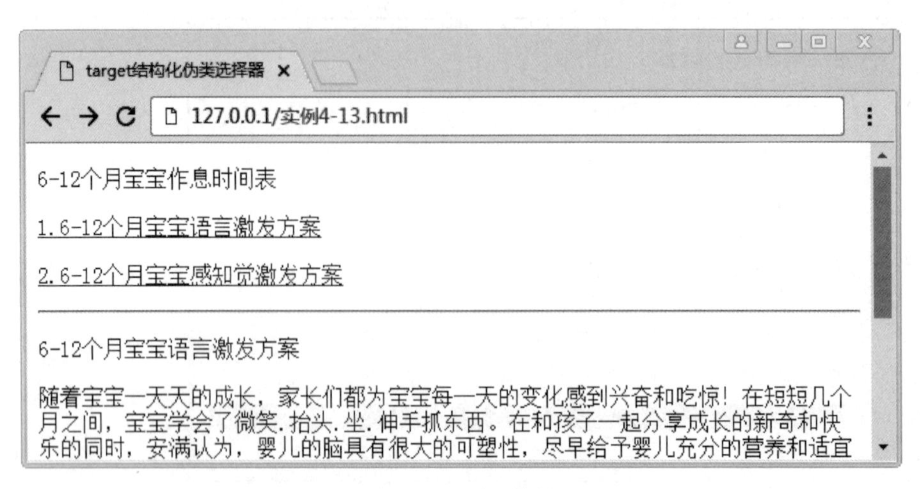

图 4-15　页面效果

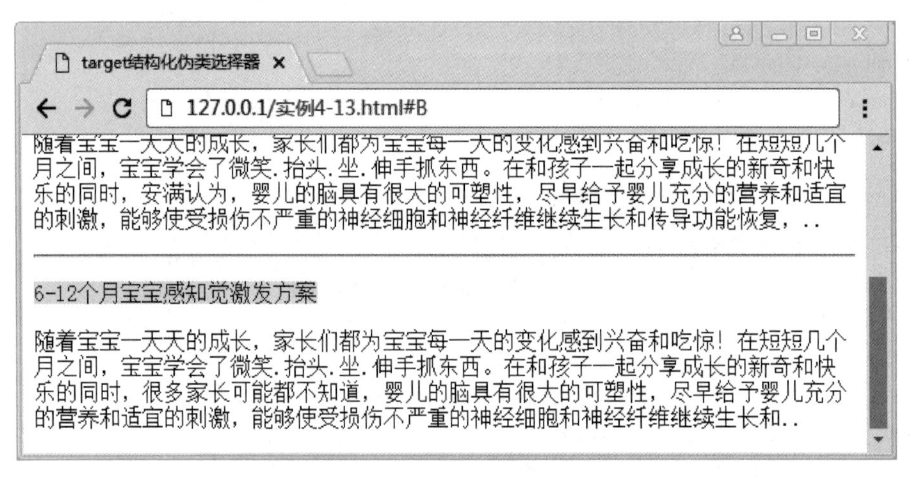

图 4-16　单击链接后的效果

表 4-6　子元素伪类选择器

表　达　式	描　　述
:first-child	对父元素中的第 1 个子元素指定样式 例如，p:first-child{}表示第 1 个 p 元素的样式
:last-child	对父元素中的最后一个子元素指定样式 例如，p:last-chidl{}表示倒数第 1 个 p 元素的样式
:only-child	当某个父元素中只有 1 个子元素时使用的样式
:nth-child(n)	对指定序号的子元素设置样式（正数），表示第几个子元素 例如，p:nth-child(2){}表示第 2 个 p 元素的样式
:nth-last-child(n)	对指定序号的子元素设置样式（正数），表示倒数第几个子元素 例如，p:nth-last-child(2){}表示倒数第 2 个 p 元素的样式
:nth-child(even)	所有正数第偶数个子元素，等同于:nth-child(2n)

续表

表达式	描述
:nth-child(odd)	所有正数第奇数个子元素，等同于:nth-child(2n+1)
:nth-last-child(even)	所有倒数第偶数个子元素
:nth-last-child(odd)	所有倒数第奇数个子元素
:nth-of-type(n)	用于匹配属于父元素的特定类型的第 n 个子元素
:nth-last-of-type(n)	用于匹配属于父元素的特定类型的倒数第 n 个子元素

【实例 4-14】子元素伪类选择器的使用。

<style>标签中样式表的定义核心代码如下。

```
<style tyle="text/css">
    li:first-child{text-decoration:underline;}           /*子元素伪类,第 1 个子元素*/
    li:last-child{text-decoration:line-through;}          /*子元素伪类,倒数第 1 个子元
                                                            素*/
    li:nth-child(2n){background-color:#FF0000;}           /*子元素伪类,偶数子元素*/
    li:nth-child(2n+1){background-color:#EEEEEE;}/*子元素伪类,奇数子元素*/
    li:only-child{ background-color:#FFFF00;}            /*子元素伪类,唯一子元素*/
    h2:nth-of-type(1){color:red;}                          /*子元素伪类,h2 类型的第 1 个
                                                            子元素*/
    h2:nth-last-of-type(2){color:green;}                  /*子元素伪类,h2 类型的倒数第 2
                                                            个子元素*/
</style>
```

<body>标签中的 HTML 核心代码如下。

```
<body>
    <section>
        <h2>贺岁喜剧电影</h2>
        <ul>
            <li>大闹天竺</li>
            <li>我说的都是真的</li>
            <li>老师也疯狂</li>
            <li>欢乐喜剧人</li>
            <li>决战食神</li>
            <li>摆渡人</li>
        </ul>
    <h2>贺岁儿童动画片</h2>
    <ul>
        <li>熊出没之奇幻空间</li>
    </ul>
    <h2>贺岁动作电影</h2>
```

```
        </section>
    </body>
```

运行代码，页面效果如图 4-17 所示。

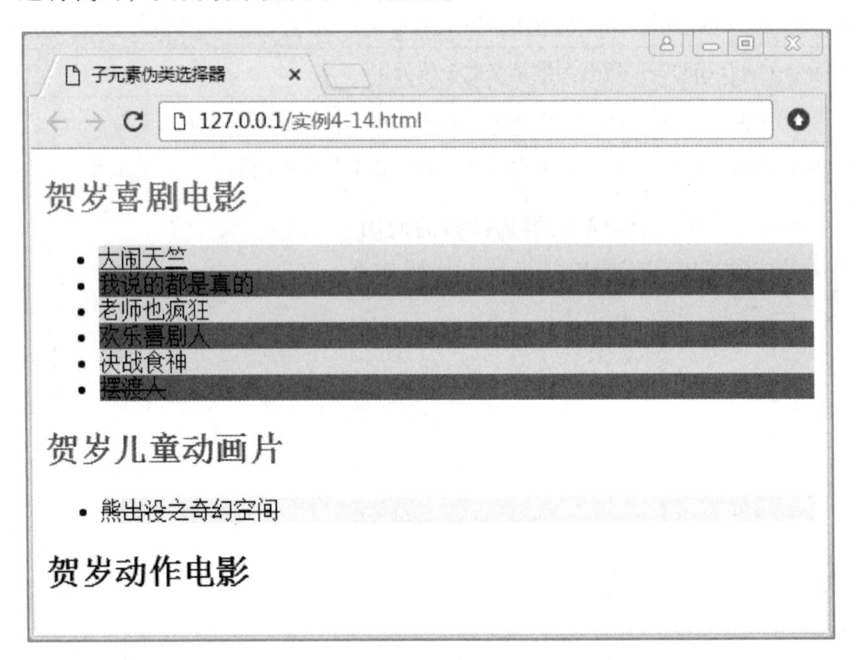

图 4-17　子元素伪类选择器

对于第 1 组 ul 中第 1 个 li 中的文本“大闹天竺”，由于“li:first-child”的作用，所以显示了下画线；由于“li:last-child”的作用，使得第 1 组 ul 中最后一个 li 中的文本“摆渡人”具有了删除线。

对于第 2 组 ul 中 li 中的文本“熊出没之奇幻空间”，既是第 1 个元素也是倒数第 1 个元素，由于“li:first-child”在先，而“li:last-child”的定义在后，所以也显示删除线，如果将“li:first-child”与“li:last-child”顺序交换位置，则将显示下画线效果。

由于“li:nth-child(2n)”的作用，使得偶数的 li 标签内的内容背景为红色（#FF0000）；由于“li:nth-child(2n+1)”的作用，使得奇数的 li 标签内的内容背景为灰色（#EEEEEE）。

同样，对于第 1 组 ul 中 li 中的文本“熊出没之奇幻空间”的背景，本应该显示为灰色，但是，由于“li:only-child”的作用，覆盖了前面的背景色，所以显示为黄色（#FFFF00）。

由于“h2:nth-of-type(1)”的作用，第 1 个标题 h2 中的“贺岁喜剧电影”显示为红色。

由于“h2:nth-last-of-type(2)”的作用，倒数第 2 个标题 h2 中的“贺岁儿童动画片”显示为绿色。

4.3.5 伪元素选择器

微课 4-10：
伪元素选择器

伪元素选择器是针对 CSS 中已定义的伪元素使用的选择器。CSS 中主要使用的伪元素选择器为“:before 伪元素选择器”和“:after 伪元素选择器”。

1. :before 伪元素选择器

:before 伪元素选择器用于在被选元素的内容前面插入内容，必须配合 content 属性来指定要插入的具体内容。

语法：

```
element:before{
    content:文字/url();
}
```

语法中，element 表示元素，被选元素位于“:before”之前，“{}”中的 content 属性用来指定要插入的具体内容，该内容既可以为文本也可以为图片，还可以根据其他需要添加相应的样式。

2. :after 伪元素选择器

:after 伪元素选择器用于在被选元素的内容之后插入内容，必须配合 content 属性来指定要插入的具体内容。使用方法与“:before 伪元素选择器”的使用方法类似。

【实例 4-15】伪元素选择器的使用。

<style>标签中样式表的定义核心代码如下。

```
<style tyle="text/css">
    div:before{
        content:"安徽黄山";
        color:red;
        font-size:36px;
        font-family:"微软雅黑";
    }
    div:after{
        content:url(img/hs.jpg);
    }
</style>
```

<body>标签中的 HTML 核心代码如下。

```
<body>
    <div>世界文化与自然双重遗产,世界地质公园,国家 AAAAA 级旅游景区,国家级风景名胜区。</div>
</body>
```

运行代码，页面效果如图 4-18 所示。

图 4-18　伪元素选择器

微课 4-11：UI 元素状态伪类选择器

4.3.6　UI 元素状态伪类选择器

UI（User Interface，用户界面）元素状态伪类选择器，是指只有当元素处于某种状态下时才能使用的样式，默认状态下不起作用。

UI 元素状态伪类选择器的表达式与描述见表 4-7。

表 4-7　UI 元素状态伪类选择器

表　达　式	描　　述
E:hover	鼠标指针移动到某个文本框控件上的样式
E:active	元素被激活（鼠标在元素上按下还没有松开）时使用的样式
E:focus	元素获得光标焦点时使用的样式，主要是在文本框控件获得焦点并进行文字输入的时候使用
E:enable	指定当元素处于可用状态时的样式
E:disable	指定当元素处于不可用状态时的样式
E:read-only	指定当元素处于只读状态时的样式 Firefox 浏览器中要写成 -moz-read-only
E:read-write	指定当元素处于非只读状态时的样式 Firefox 浏览器中要写成-moz-write-only
E:checked	指定当表单中的 radio 单选框或 checkbox 复选框处于选取状态时的样子 Firefox 浏览器中要写成-moz-checked
E:default	指定当页面打开时默认处于选区状态的 radio 或 checkbox 控件的样式
E:indeterminate	指定当页面打开时，如果一组单选框中任何一个单选框都没有被设定为选取状态时整组单选框的样式，如果用户选取了一个单选框，则该样式被取消
E:selection	指定当元素处于选中状态时的样式，这里需要注意的是，在 Firefox 浏览器下使用时，需要写成-moz-selection 的形式

【实例 4-16】UI 元素状态伪类选择器。

<style>标签中样式表的定义核心代码如下。

```
<style tyle="text/css">
        input[type="text"]:hover{     /* 鼠标指针移动到文本框控件上的样式 */
        background-color:#EEEEEE;
        }
        input[type="text"]:focus{     /* 文本框控件被激活时的样式 */
        color:white;
        background-color:red;
        }
        input[type="text"]:active{    /* 文本框控件获得光标焦点后的样式 */
        background-color:#FFCC00;
    }
</style>
```

<body>标签中的 HTML 核心代码如下。

```
<body>
        请输入你的姓名:<input type="text" name="user" />
</body>
```

运行代码，页面效果如图 4-19 所示；当鼠标指针移动到文本框控件上时背景样式变为灰色（#EEEEEE），如图 4-20 所示；当鼠标移动到文本框控件并开始输入文字时，背景样式变为红色，输入的文字变为白色，如图 4-21 所示；当鼠标移动到文本框控件上按着鼠标不松时，背景样式变为橙色（#FFCC00），如图 4-22 所示。

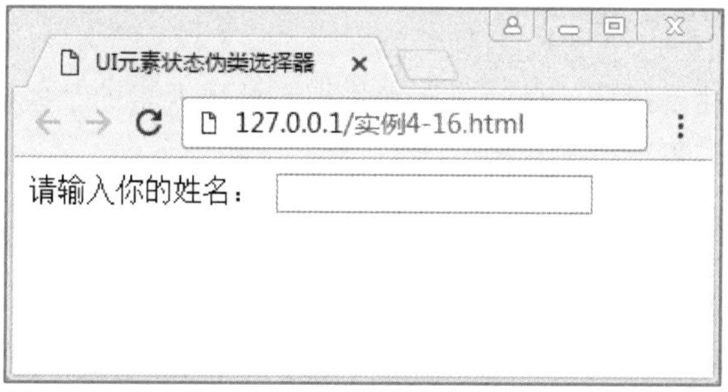

图 4-19　文本框的默认状态

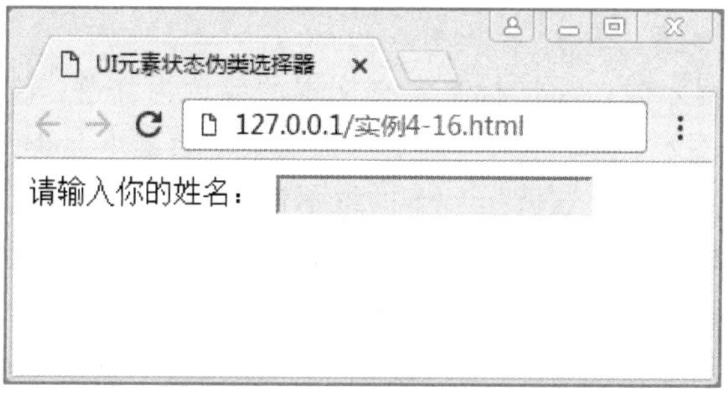

图 4-20　鼠标在文本框上方时的样式

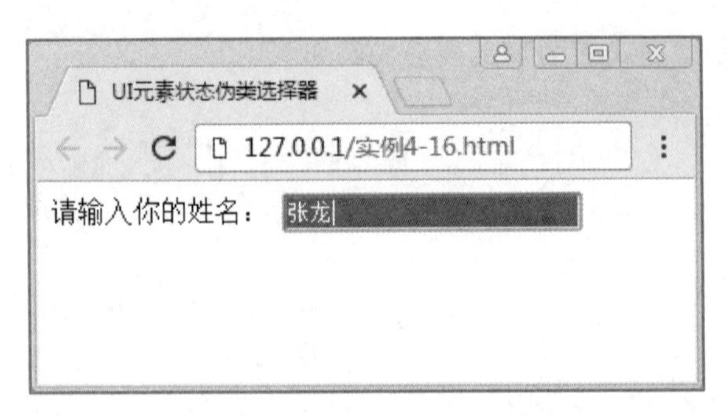

图 4-21　输入文字时的样式

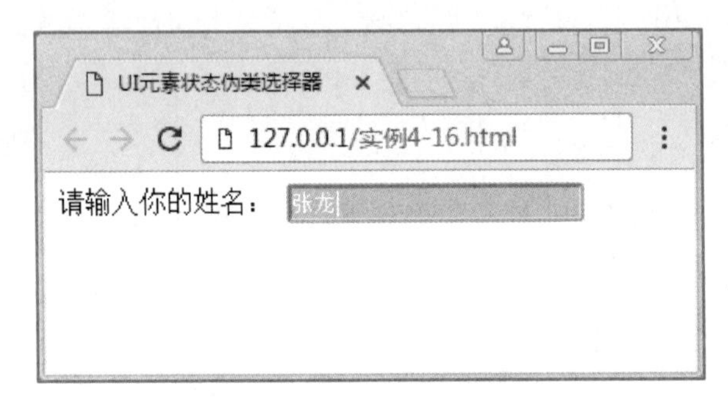

图 4-22　获取焦点时的样式

4.4　CSS 的继承与层叠

4.4.1　CSS 的继承性

微课 4-12：
CSS 的继承性

CSS 的继承性是指被包含的子元素将拥有外层元素的某些样式。

例如：

```
body{color:red;font-size:20pt;}
```

HTML 结构文档：

```
<body>
    <p>好好学习,天天向上</p>
</body>
```

那么在页面显示时，body 标签定义文本的颜色为红色，文字大小为 20pt，段落<p>标签虽然没有定义样式，但是里面的文字会继承 body 的样式，最终显示为红色，大小为 20pt。这就是 CSS 的继承性。

在实际开发中，通常会对使用较多的字体、文本属性等网页中通用的样式使用继承。所以会在 body 元素中统一设置字体、字号、颜色、行距等样式。

需要注意的是，并不是所有的属性都可以继承，对于元素的布局属性、盒子模型属性都不能继承，例如背景属性、边框属性、外边距属性、内边距属性、定位属性、布局属性、元素宽高属性。

4.4.2　CSS 的层叠性

微课 4-13：
CSS 的层叠性

CSS 的层叠性是指多种 CSS 样式的叠加。

【实例 4-17】CSS 的层叠性。

<style>标签中样式表的定义核心代码如下。

```
<style>
    body{color:red;font-size:30pt;}
    p{text-decoration:underline;}
    span{color:blue;}
</style>
```

<body>标签中的 HTML 核心代码如下。

```
<body>
    <p>好好学习<span>天天向上</span></p>
</body>
```

由于 body 标签定义文本的颜色为红色，文字大小为 30pt，根据继承性，段落<p>标签内的文本会显示为红色，大小为 30pt。由于<p>标签选择器定义文字修饰为下画线，所以<p>标签内的文本都会显示下画线。而<span>标签中的文字"好好学习"由于继承<body>和<p>标签的样式，也会显示它们的样式，但<span>标签也定义了文本颜色为蓝色，这与 body 中的颜色冲突，这是根据优先级来判断。基本的判断原则是：在同等条件下，距离元素越近优先级越高。运行【实例 4-17】代码，页面效果如图 4-23 所示。

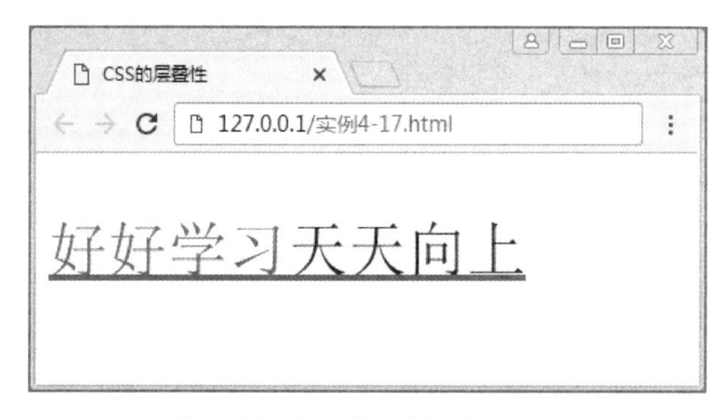

图 4-23　CSS 的层叠性页面效果

所以，浏览器根据以下规则处理层叠关系。如果在同一个文本中应用两种样式，浏览器显示出两种样式中除冲突属性外的所有属性。如果在同一文本中应用的两种样式是相互冲突的，浏览器显示最里面的样式属性。

处理层叠关系的最好方式就是使用优先级别来判断。

当行内样式、内部样式和链接样式同时应用于同一个元素，就是使用多重样式的情况，依据它们的权重来判断。

一般情况下，优先级为：链接样式<内部样式<行内样式。

如果无法通过直觉来决定，CSS 提供一种计算方法，规定不同类型选择的权值，然后通过权值大小进行判断即可。

- 继承样式的权重=0 分。
- 标签选择器=1 分。
- 伪元素或伪对象选择器=1 分。
- 类选择器=10 分。
- 属性选择器=10 分。
- ID 选择器=100 分。
- 行内样式的权值最高 1000 分。

【实例 4-18】 CSS 的层叠性。

<style>标签中样式表的定义核心代码如下。

```
<style>
        #redP p {                    /* 权值=100+1=101 */
             color:#F00;             /* 红色 */
        }
        #redP .red {                 /* 权值=100+10=110 */
             color:#0F0;             /* 绿色 */
        }
        #redP .red em {              /* 权值=100+10+1=111 */
             color:#00F;             /* 蓝色 */
        }
        #redP p span em {            /* 权值=100+1+1+1=103 */
             color:#FF0;             /* 黄色 */
        }
</style>
```

<body>标签中的 HTML 核心代码如下。

```
<body>
    <div id="redP">
        <p class="red">文本 1
            <span><em>文本 2</em></span>
        </p>
        <p>文本 3</p>
    </div>
</body>
```

通过注释中的权值计算，“文本 1”依据“#redP p”选择器计算的权值为 101，但依据“#redP .red”选择器计算的权值为 110，所以，“文本 1”显示为绿色。“文本 2”依据“#redP .red em”选择器计算的权值为 111，而依据

“#redP p span em”选择器计算的权值为 103，所以，“文本 2” 显示为蓝色。而 “文本 3” 不存在冲突，只能按照 “#redP p” 选择器执行样式，因为其权值为 101。运行代码，页面效果如图 4-24 所示。

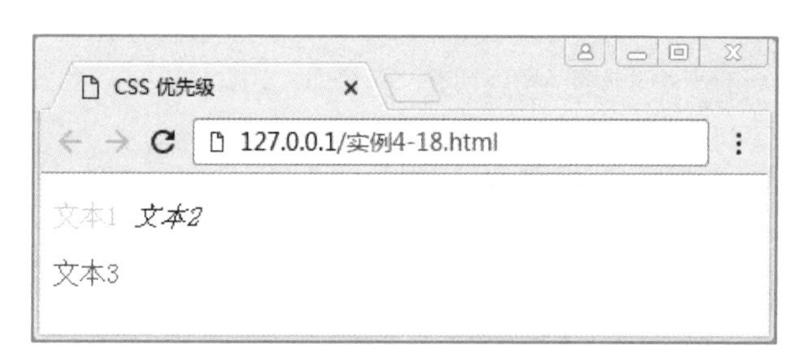

图 4-24　CSS 的层叠性页面效果

此外，CSS 定义了一个!important 命令，该命令被赋予最大的优先级。也就是说不管权重如何及样式位置的远近，!important 都具有最大优先级，即无穷大。

例如，把【实例 4-18】中的 “#redP p span em” 选择器的样式修改为：

```
#redP p span em {color:#FF0 !important;}
```

其权值计算就发生了变化：权值 = 100+1+1+1+无穷大 = 无穷大

页面运行，代码被解析后，“文本 2” 将显示为黄色。

4.5　综合实例：门户网站导航设计

微课 4-14：综合实例：门户网站导航设计

通过 CSS 样式表的学习，运用 CSS 标签选择器、类选择器、id 选择器，以及结构选择器设计一个门户网站的导航菜单，如图 4-25 所示。

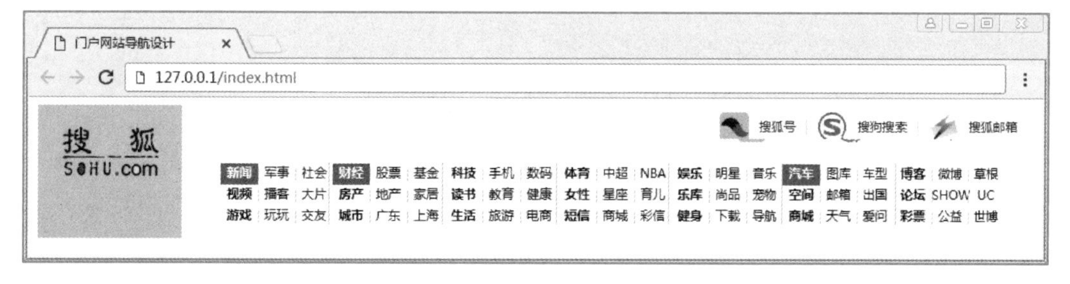

图 4-25　门户网站导航设计页面效果

1. HTML 结构代码设计

通过对图 4-25 的分析，设计的 HTML 代码如下。

```
<body>
    <div id="menu">
        <ul>
```

```
            <li>新闻</li><li>军事</li><li>社会</li><li>财经</li> <li>股票</li>
<li>基金</li>
            <li>科技</li> <li>手机</li><li>数码</li> <li>体育</li> <li>中超</li>
<li> NBA </li>
            <li>娱乐</li><li>明星</li><li>音乐</li><li>汽车</li><li>图库
</li><li>车型</li>
            <li>博客</li><li>微博</li><li>草根</li><li>视频</li><li>播客</li>
<li>大片</li>
            <li>房产</li><li>地产</li><li>家居</li><li>读书</li> <li>教育</li>
<li>健康</li>
            <li>女性</li><li>星座</li><li>育儿</li><li>乐库</li><li>尚品</li>
<li>宠物</li>
            <li>空间</li><li>邮箱</li><li>出国</li><li>论坛</li><li>SHOW</li>
<li>UC </li>
            <li>游戏</li> <li>玩玩</li><li>交友</li> <li>城市</li><li>广东</li>
<li>上海</li>
            <li>生活</li><li>旅游</li><li>电商</li><li>短信</li><li>商城</li>
<li>彩信</li>
            <li>健身</li><li>下载</li><li>导航</li><li>商城</li><li>天气</li>
<li>爱问</li>
            <li>彩票</li><li>公益</li><li>世博</li>
        </ul>
    </div>
</body>
```

2. CSS 样式设计

通过对页面的分析，设计的 CSS 样式代码如下。

```
<style type="text/css">
    #menu {
        width:965px;
        height:126px;
        background:url(images/bg.jpg) no-repeat right bottom;
    }
    ul,li {
        padding:0;
        margin:0;
        list-style:none;
    }
    ul {
        float:right;
```

```
        margin-right:0px;
        margin-top:55px;
        width:790px;
        font-size:12px;
    }
    li {
        float:left;
        width:36px;
        padding:0 0 4px 0;
        text-align:center;
        background:url(images/line.gif)  no-repeat left center;
    }
    li:nth-child(3n+1) {      /* 匹配第 1、第 4、第 7、…、每 3 个为一组的第 1 个 li 的
                                 样式 */
        font-weight:bold;
        background:none;
    }
    li:nth-child(1),li:nth-child(4),li:nth-child(16){    /* 设置第 1、第 4、第 16 个的
                                                           样式 */
        background-color:red;
        color:#FFFFFF;
    }
</style>
```

任务实施：使用 CSS 实现门户网站导航

微课 4-15：
任务实施：使用
CSS 实现门户
网站导航

在任务 3 的基础上，编写基本的 CSS3 样式表，综合运用 CSS 基础选择器、属性选择器、关系选择器、伪元素选择器、链接伪类选择器等，结合 CSS 的继承性、层叠性编写网站的基础样式表，并实现网站头部的页面效果，如图 4-1 所示。当把鼠标放置到顶部的超链接时，超链接底部出现色彩变化，例如，放置鼠标在“招生就业”上时的页面效果如图 4-26 所示。

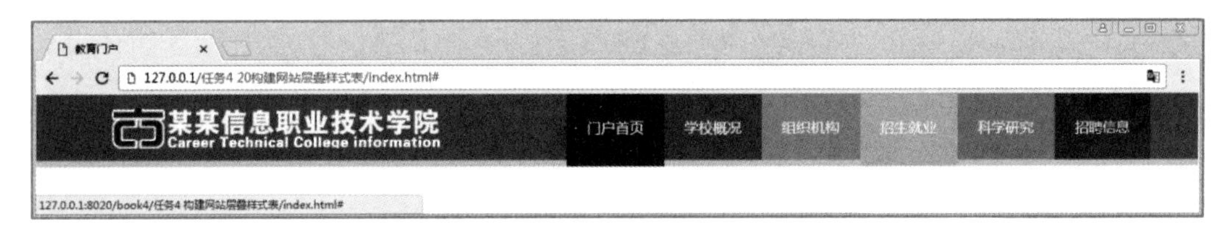

图 4-26　门户网站头部超链接效果

1. 任务分析

<header>区域的 HTML 代码如下。

```
<header>
    <a href="#"><img src="images/logo.png"></a>
    <nav>
        <a href="#">门户首页</a>
        <a href="#">学校概况</a>
        <a href="#">组织机构</a>
        <a href="#">招生就业</a>
        <a href="#">科学研究</a>
        <a href="#">招聘信息</a>
    </nav>
</header>
```

完成<header>区域的 HTML 代码，要分为以下几步。

第 1 步：使用通配符编写通用样式，统一页面中所有的文本样式，统一页面中的内外边距与边框，统一样式表的风格。

第 2 步：根据需要可以在<header>标签内添加 2 个<div>标签，第 1 个用来放置整个导航信息，第 2 个用来实现超链接的页面效果。

第 3 步：设置 nav 区域中超链接的样式。

2. 编写页面通用样式

使用 HTML5 编写工具，新建一个 CSS 文件，命名为 style.css，保存至 CSS 文件夹下。

首先，在 CSS 文件中编写通用的样式表。

```
* {                             /*设置页面通用样式*/
    font-size:14px;             /*设置字号大小*/
    margin:0;                   /*设置所有外边距为0像素*/
    padding:0;                  /*设置所有内边距为0像素*/
    border:none;                /*设置所有元素无边框*/
    }
a {text-decoration:none;}       /*设置页面a链接的通用样式*/
```

在 HTML 文档的<head>标签内添加 link 标签，实现链接外部样式表“style.css”。

```
<link rel="stylesheet" type="text/css" href="css/style.css">
```

3. 添加<div>标签并编写样式表

首先，在<header>标签内添加 2 个<div>标签，代码如下。

```
<header>
        <div id="container">
            <a href="index.html"><img src="images/logo.png"></a>
        <nav>
            <a class="active" href="#">门户首页</a>
```

```
            <a href="#">学校概况</a>
            <a href="#">组织机构</a>
            <a href="#">招生就业</a>
            <a href="#">科学研究</a>
            <a href="#">招聘信息</a>
        </nav>
    </div>
    <divid="headerbottom"></div>
</header>
```

在 style. css 文件中编写<header>区域的相关样式。

```
header {                          /* header 区域样式设置 */
    position:relative;            /* 定位方式,相对定位 */
    height:80px;                  /* header 高为 80 像素 */
    background:#4685c6;           /* 设置背景颜色 */
    }
#container {                      /* 设置 div 容器的样式 */
    position:relative;            /* 定位方式,相对定位 */
    z-index:1;                    /* 设置 z 轴,屏幕纵深方向的层次顺序 */
    width:1200px;                 /* 设置宽度 */
    margin:0 auto;                /* 设置 div 居中 */
    }
header >div#container>a {         /* 设置第一个 a 标签的样式 */
    display:block;                /* 转换 a 为块状显示 */
    float:left;                   /* 设置左漂浮 */
    margin:15px 25px;             /* 设置外边距 */
    }
#headerbottom {                   /* 设置 div 元素样式,实现底部灰色条 */
    position:absolute;            /* 设置定位方式,绝对定位 */
    bottom:0px;                   /* 设置伪元素 bottom 为 0 */
    left:0px;                     /* 设置伪元素 left 为 0 */
    width:100% ;                  /* 设置宽度 100% */
    height:7px;                   /* 设置高度 7 像素 */
    background:#d6d6d6;           /* 设置背景为灰色 */
    }
```

4. 编写 nav 区域与链接样式

编写 nav 区域中超链接的样式，代码如下。

```
header>div#container>nav {        /* 设置导航部分右漂浮 */
    float:right;
    }
nav>a {                           /* 设置导航中 a 的样式 */
```

```
        font-size:16px;
        font-family:微软雅黑;
        color:#fff;
        line-height:73px;
        display:block;          /* 转换 a 为块状显示 */
        width:110px;
        height:73px;
        text-align:center;
        float:left;             /* 设置左漂浮 */
        }
nav>a:nth-child(1) { background:#433b90;}    /* 设置 li 子元素 1 的背景颜色 */
nav>a:nth-child(2) { background:#017fcb;}    /* 设置 li 子元素 2 的背景颜色 */
nav>a:nth-child(3) { background:#78b917;}    /* 设置 li 子元素 3 的背景颜色 */
nav>a:nth-child(4) { background:#feb800;}    /* 设置 li 子元素 4 的背景颜色 */
nav>a:nth-child(5) { background:#f27c01;}    /* 设置 li 子元素 5 的背景颜色 */
nav>a:nth-child(6) { background:#d40112;}    /* 设置 li 子元素 6 的背景颜色 */
nav>a:hover ,nav>a. active {                 /* 设置 a 的 hover 态与第 1 个 a 元素
                                                的背景颜色 */
        padding-bottom:7px;
}
```

任务拓展

微课 4-16：实际元素与伪元素的转化

1. 实际元素与伪元素的转化

本项目中，在<header>中添加了<div id="headerbottom"></div>标签，根据所学内容，可以不用添加这个标签，而通过伪元素选择器来实现。

需要在 HTML 代码中删除<div id="headerbottom"></div>标签，同时在 style. css 文件中，删除“#headerbottom”选择器的所有内容，编写伪元素代码如下：

```
header:after {
        position:absolute;
        bottom:0;
        left:0;
        width:100% ;
        height:7px;
        content:'';
        background:#d6d6d6;
}
```

这样就实现了用伪元素替换实际元素。

微课 4-17：浏览器的兼容性处理

2. 主流浏览器的兼容性处理

由于各大主流浏览器内核的不同，以及它们对 CSS3 各属性的支持程度不一样，为了能实现其兼容性，通常把这些加上私有前缀的属性称为“私有属性”。各主流浏览器都定义了自己的私有属性，以便让用户更好地体验 CSS 的新特征，表 4-8 中列举了各主流浏览器的私有前缀。

表 4-8　主流浏览器的前缀

浏　览　器	描　　述
IE8/IE9/IE10	-ms
Chrome/Safari	-webkit
火狐（Firefox）	-moz
Opera	-o

【实例 4-19】运用 HTML5 “过渡属性” 实现形变动画，体验浏览器的兼容性处理。

<style>标签中样式表的定义核心代码如下。

```
<style>
    div{
        width:190px;
        height:190px;
        background-image:url(img/hs.jpg);
        border:5px solid #0061A0;
    }
    div:hover{
        border-radius:50%;                    /* 定义圆角边框半径为 50% */
        transition-property:border-radius;    /* 设置过渡属性为 border-radins */
        -webkit-transition-property:border-radius;   /* Safari 与 Chrome 浏览器兼容代
                                                        码 */
        -moz-transition-property:border-radius;      /* Firefox 浏览器兼容代码 */
        -ms-transition-property:border-radius;       /* IE 浏览器兼容代码 */
        -o-transition-property:border-radius;        /* Opera 浏览器兼容代码 */
        transition-duration:2s;                       /* 设置过渡所花费的时间为 2
                                                         秒 */
        -webkit-transition-duration:2s;               /* Safari 与 Chrome 浏览器兼容
                                                         代码 */
        -moz-transition-duration:2s;                 /* Firefox 浏览器兼容代码 */
        -ms-transition-duration:2s;                  /* IE 浏览器兼容代码 */
        -o-transition-duration:2s;                   /* Opera 浏览器兼容代码 */
    }
</style>
```

<body>标签中的 HTML 核心代码如下。

```
<body>
    <div></div>
</body>
```

此时，在 IE10、火狐、Safari、Opera 等浏览器中浏览页面时，显示效果保持一致，鼠标放置在 div 上方时，会有 div 由方变为圆的过程渐变动画。如图 4-27 所示为火狐浏览器浏览的页面效果，如图 4-28 所示为 Chrome 浏览器浏览的页面效果。

图 4-27　火狐浏览器浏览效果

图 4-28　Chrome 浏览器浏览效果

项目实训：使用样式表美化网页页面

【实训目的】

1. 掌握 CSS 的各种定义方法。
2. 掌握 CSS 的各种调用规则与技巧。

【实训内容】

初学网页制作的人经常会觉得对文本样式的定义是让人很困扰的事情，因为对大量的文本定义不同的样式，不但工作量很大，也容易出错，甚至有时候根本达不到需要的效果。使用 CSS 样式表就会非常方便地解决这些问题，如图 4-29 所示的界面为高校教学资源共建共享平台网基本编辑效果。

存在以下问题：

① 背景色单调，网页顶端有空隙。

② 页面中的文字大小不合适，文字之间行间距太小。

③ 超链接的样式太单调。

请根据所学知识，使页面效果清新、简洁。

图 4-29　高校教学资源共建共享平台界面效果

任务 5

设置文本、背景与列表样式

PPT 任务 5 设置文本、背景与列表样式

学习目标

【知识目标】

- 掌握 CSS 字体属性的编写。
- 掌握 CSS 文本属性的编写。
- 掌握 CSS 基本的背景编写。
- 掌握 CSS3 中新增的背景属性的编写。
- 掌握 CSS3 中新增的渐变属性的编写。
- 掌握 CSS 中列表样式的设置。

【技能目标】

- 能正确应用 CSS 规则，编写关于字体与文笔的 CSS 样式。
- 能根据网页页面效果，编写 CSS 各类背景样式效果。
- 能使用 CSS 列表进行页面布局。

任务描述：美化门户网站导航与 banner 区域

掌握了 CSS3 的基本规则后，小王发现要想把网页界面做得美观，需要深入系统地学习关于文本、背景、列表以及图片等的设置，这样制作出的网页页面才能更加专业。所以，本任务就是编写 CSS 制作规范的文字、列表，恰当地处理图片与背景，并实现网站关于文本列表与背景的页面效果，如图 5-1 所示。

图 5-1　CSS3 中的文本、背景、列表的学习

知识准备

微课 5-1：设置 CSS 的字体属性

5.1　文本样式设置

5.1.1　设置 CSS 的字体属性

为了方便控制网页中文本的字体，CSS 提供了一系列的字体样式属性。

1. 字体设置（font-family）

字体族科实际上就是 CSS 中设置的字体，用于改变 HTML 标签或元素的字体。

语法： font-family:"字体 1","字体 2","字体 3";

如果浏览器不支持①“字体 1”时，会采用②“字体 2”；如果前两个字体都不支持时，则采用③“字体 3”，以此类推。如果浏览器不支持定义的所有字体，则会采用系统的默认字体。必须用双引号引住任何包含空格的字体名。

通常，网页中都使用系统默认字体，这样任何用户的浏览器中都能正确显示。使用 font-family 设置字体时，需要注意以下几点。

- 中文字体需要加英文状态下的引号，各字体之间必须使用英文状态下的逗号隔开。

● 英文字体一般不需要加引号。当需要设置英文字体时，英文字体名必须位于中文字体名之前。

● 如果字体名中包含空格、#、$等符号，则该字体必须加英文状态下的单引号或者双引号，如 font-family:"arial black";。

2. 字号大小（font-size）

字号的大小属性用作修改字体显示的大小。

语法： font-size:大小取值。

取值范围： 绝对大小为 xx-small | x-small | small | medium | large | x-large | xx-large；相对大小为 larger | smaller；长度值或百分比。

绝对大小根据对象字体进行调节；相对大小则是相对于父对象中字体尺寸进行相对调节；长度则是由浮点数字和单位标识符组成的长度值；百分比取值基于父对象中字体的尺寸。字号大小的单位使用 px（像素）的较多，em 表示相对于当前对象内文本的字体尺寸，国外使用比较多，绝对大小的单位还有 in（英寸）、cm（厘米）、mm（毫米）、pt（点），推荐使用 px。

3. 字体风格（font-style）

字体风格就是字体样式，主要用于设置字体是否为斜体。

语法： font-style:样式的取值;

取值范围： normal | italic | oblique。

normal（缺省值）表示以正常的方式显示；italic 则表示以斜体显示文字；oblique 属于其中间状态，以偏斜体显示。

4. 字体加粗（font-weight）

font-weight 属性用于设置字体的粗细，实现对一些字体的加粗显示。

语法： font-weight:字体粗度值;

取值范围： normal | bold | bolder | lighter | number。

normal（缺省值）表示正常粗细；bold 表示粗体；bolder 表示特粗体；lighter 表示特细体；number 表示 font-weight 还可以取数值，其范围是 100 ~ 900，而且一般情况下都是整百的数，如 100、200 等。正常字体相当于取数值 400 的粗细；粗体则相当于 700 的粗细。

实际项目开发中主要使用 normal 和 bold。

5. 小型的大写字母（font-variant）

font-variant 属性用来设置英文字体是否显示为小型的大写字母。

语法： font-variant:取值;

取值范围： normal | small-caps。

normal（缺省值）表示正常字体；small-caps 表示英文显示为小型的大写字母字体。

6. 复合属性（font）

font 属性是复合属性，用作对不同字体属性的略写。

语法： font:字体取值；

字体取值可以包含字体风格、小型的大写字母、文本的粗细、字体大小、字体族科，之间使用空格相连接。

注意：font 的取值要按 font-style、font-variant、font-weight、font-size、font-family 的顺序编写，不需要的可以不写，但要保证顺序正确。

微课 5-2：font 字体设置

【实例 5-1】 font 字体设置。

<style>标签中样式表的定义核心代码如下。

```
<style type="text/css">
    title{
        font-family:"微软雅黑";
        font-size:30px;
    }
    p{font:italic small-caps bold 14px/24px 黑体;}
</style>
```

<body>标签中的 HTML 核心代码如下。

```
<h1 class="title">CSS 简介</h1>
<p>CSS 是英语 Cascading Style Sheets(层叠样式表单)的缩写,它是一种用来表现
HTML 或 XML 等文件式样的计算机语言。</p>
```

运行代码，页面效果如图 5-2 所示。

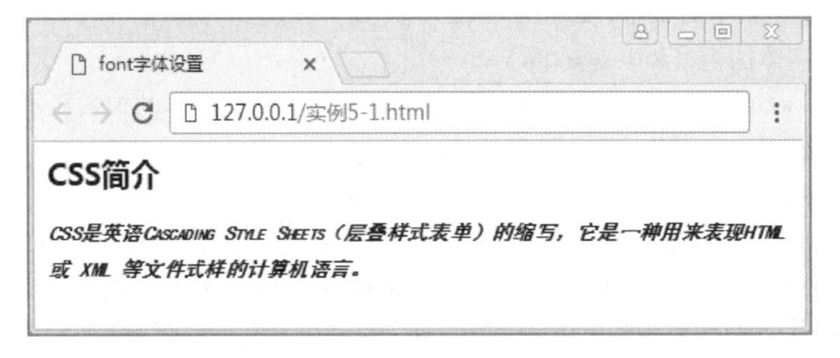

图 5-2 font 字体设置

5.1.2 文本属性

微课 5-3：基本文本属性设置

1. 颜色属性（color）

color 属性用来表示文本的颜色。

语法： color:颜色代码；

颜色取值可以是颜色关键字，如 red、blue、green、yellow 等。

颜色取值也可以十六进制来表示，如#FF0000。

颜色取值还可以使用 RGB 代码来表示。使用 rgb(x,x,x)表示，其中 x 是

0～255之间的整数，如 rgb(255,0,0)。或者使用 rgb(y%,y%,y%)表示，其中 y 是 0～100 之间的整数。例如，rgb(100%,0%,0%)表示红色。注意：当值为 0 时，百分号不能省略。

2. 文本行高（line-height）

行高属性用于控制文本基线之间的间隔值，或者说是行与行之间的距离。

语法： line-height:行高值；

行高值通常使用像素（px）、相对值（em）和百分比（%），实际开发中使用最多的是像素（px）。

3. 单词间隔（word-spacing）

单词间隔用来定义英文单词之间的间隔，对中文无效。

语法： word-spacing:取值；

取值范围： normal | <长度>。

normal 指正常间隔，是默认选项；长度是设定单词间隔的数值及单位，允许使用负值。

4. 字符间隔（letter-spacing）

字符间隔和单词间隔类似，不同的是字符间隔用于设置字符的间隔数。

语法： letter-spacing:取值；

取值范围： normal | <长度>。

normal 指正常间隔，是默认选项；长度是设定单词间隔的数值及单位，允许使用负值。

5. 文字修饰（text-decoration）

文字修饰属性主要用于对文本进行修饰，如设置下画线、上画线、删除线等。

语法： text-decoration:修饰值；

取值范围： none |[underline | overline | line-through]。

none 表示不对文本进行修饰，这是默认属性值；underline 表示对文字添加下画线；overline 表示对文本添加上画线；line-through 表示对文本添加删除线。

注意：text-decoration 可以赋多个值，如 text-decoration：underline overline；

6. 文本转换（text-transform）

文本转换属性仅被用于表达某种格式的要求，用来转换英文文字的大小写。

语法： text-transform:转换值；

取值范围： none | capitalize | uppercase | lowercase。

取值中，none 表示使用原始值；capitalize 使每个单词的第 1 个字母大写；uppercase 使每个单词的所有字母大写；lowercase 则使每个单词的所有字母小写。

7. 文本缩进（text-indent）

文本缩进属性用于定义 HTML 中块级元素（如 p、hl 等）的第 1 行可以接受的缩进数量，常用于设置段落的首行缩进。

语法： text-indent:缩进值;

文本的缩进值必须是一个长度或一个百分比。若设定为百分比，则以上级元素的宽度而定，通常使用 em 为单位。

8. 文本水平对齐（text-align）

text-align 用来设置文本水平对齐方式。

语法： text-align:排列值;

取值范围： left | right | center。

其中，left 为左对齐；right 为右对齐；center 为居中对齐。

9. 垂直对齐（vertical-align）

vertical-align 表示垂直对齐方式，它可以设置一个行内元素的纵向位置，相对于它的上级元素或相对于元素行。行内元素是没有行在其前和后断开的元素，如 HTML 中的 A 和 IMG。它主要用于对图像的纵向排列。

语法： vertical-align:排列取值;

取值范围： baseline | sub | super | top | text-top | middle | bottom | text-bottom | <百分比>。

其中，baseline 使元素和上级元素的基线对齐；sub 为下标对齐；super 为上标对齐；top 使元素和行中最多的元素向上对齐；text-top 使元素和上级元素的字体向上对齐；middle 是纵向对齐元素基线加上上级元素的 x 高度的一半的中点，其中 x 高度是字母“x”的高度；text-bottom 使元素和上级元素的字体向下对齐。

影响相对于元素行的关键字有 top 和 bottom。其中，top 使元素和行中最高的元素向上对齐；bottom 使元素与行中最低的元素向下对齐。

百分比是一个相对于元素行高属性的百分比，它会在上级基线上增高元素基线的指定数量。这里允许使用负值，负值表示减少相应的数量。

10. 处理空白（white-space）

white-space 属性用于设置页面对象内空白（包括空格和换行等）的处理方式。默认情况下，HTML 中的连续多个空格会被合并成一个，而使用这一属性可以设置成其他的处理方式。

语法： white-space:值;

取值范围： normal | pre | nowrap。

其中，normal 是默认属性，即将连续的多个空格合并；pre 会导致源中的空格和换行符被保留；nowrap 则表示强制在同一行内显示所有文本，直到文本结束或者遇到
对象。

微课 5-4：
文本添加阴影效果

11. 阴影效果（text-shadow）

text-shadow 属性可以为页面中的文本添加阴影效果。

语法： text-shadow:h-shadow 值 v-shadow 值 blur 值 color;

其中，h-shadow 用于设置水平阴影的距离；v-shadow 用于设置垂直阴影的距离；blur 用于设置模糊半径；color 用于设置阴影颜色。

例如：text-shadow：10px 10px 5px blue；

12. 对象内溢出文本（text-overflow）

微课 5-5：对象内溢出文本

text-overflow 属性用于表示对象内溢出的文本。

语法：text-overflow:clip | ellipsis;

其中，clip 表示修剪溢出文本，不显示省略标记“…”；ellipsis：用省略标记“...”标示被修剪文本，省略标记插入的位置是最后一个字符。

【实例 5-2】文本外观属性设置。

微课 5-6：案例：文本外观属性设置

<style>标签中样式表的定义核心代码如下。

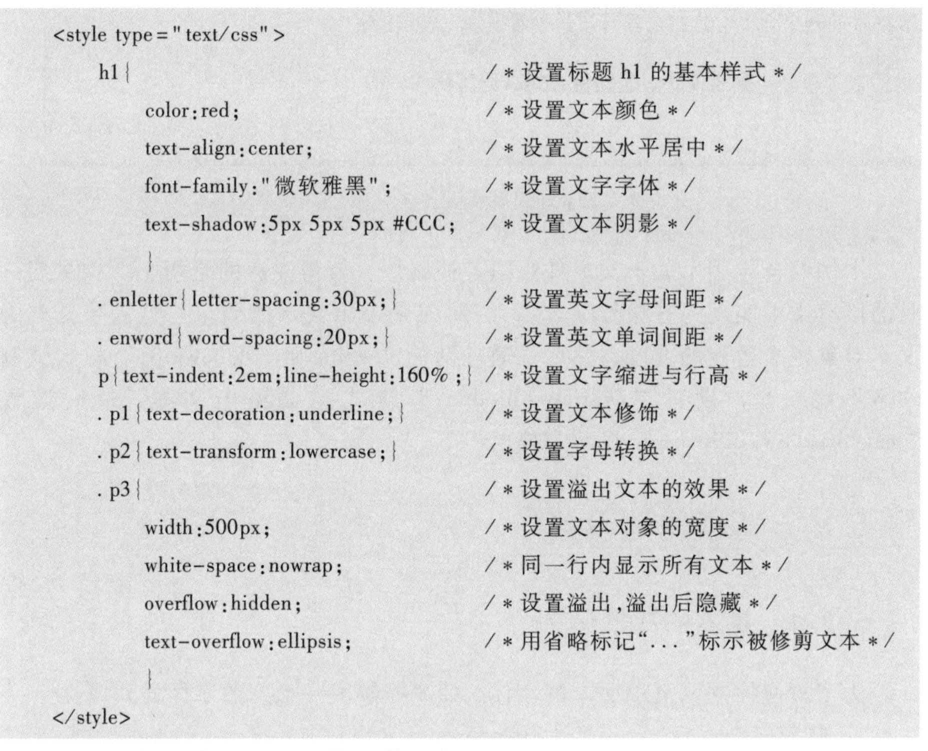

```
<style type="text/css">
    h1{                                        /*设置标题 h1 的基本样式*/
        color:red;                             /*设置文本颜色*/
        text-align:center;                     /*设置文本水平居中*/
        font-family:"微软雅黑";                 /*设置文字字体*/
        text-shadow:5px 5px 5px #CCC;          /*设置文本阴影*/
        }
    .enletter{letter-spacing:30px;}            /*设置英文字母间距*/
    .enword{word-spacing:20px;}                /*设置英文单词间距*/
    p{text-indent:2em;line-height:160%;}       /*设置文字缩进与行高*/
    .p1{text-decoration:underline;}            /*设置文本修饰*/
    .p2{text-transform:lowercase;}             /*设置字母转换*/
    .p3{                                       /*设置溢出文本的效果*/
        width:500px;                           /*设置文本对象的宽度*/
        white-space:nowrap;                    /*同一行内显示所有文本*/
        overflow:hidden;                       /*设置溢出,溢出后隐藏*/
        text-overflow:ellipsis;                /*用省略标记"..."标示被修剪文本*/
        }
</style>
```

<body>标签中的 HTML 核心代码如下。

```
<body>
    <h1><span class="enletter">CSS</span>简介</h1>
    <p class="p1">CSS(<span class="enword">Cascading Style Sheets</span>)即层叠样式表在网页制作时采用层叠样式表技术,可以有效地对页面的布局、字体、颜色、背景和其他效果实现更加精确的控制。</p>
    <p class="p2">CSS3 是 CSS 技术的升级版本,CSS3 语言开发是朝着模块化发展的。</p>
    <p class="p3">这些模块包括盒子模型、列表模块、超链接方式、语言模块、背景和边框、文字特效、多栏布局等。</p>
</body>
```

运行代码，页面效果如图5-3所示。

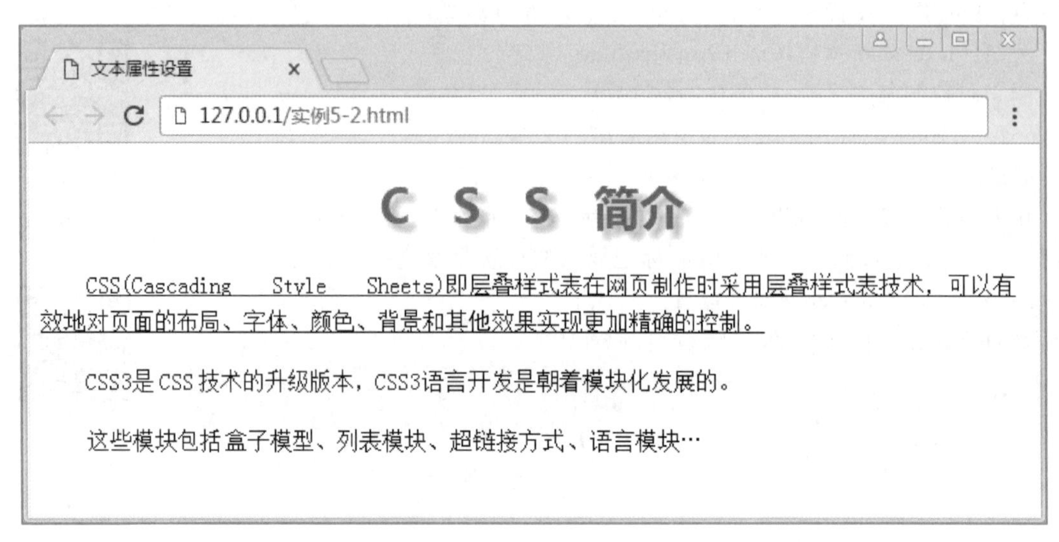

图5-3　文字外观属性设置

本例综合应用了关于文本外观的各种属性，值得注意的是图5-3中最后一行的段落文本实现的省略号“...”表示的是溢出文本的效果。这需要首先为文本对象定义适当的宽度，然后，通过设置“white-space:nowrap;”样式强制文本不能换行，设置“overflow:hidden;”样式隐藏溢出文本，最后设置“text-overflew:ellipsis;”显示省略号“...”。

5.2　背景属性设置

5.2.1　基本的背景设置

微课5-7：基本的背景设置

为了方便控制网页中文本的字体，CSS提供了一系列的字体样式属性。

1. 背景颜色（background-color）

在CSS中，使用background-color属性设置背景颜色。

语法： background-color:颜色取值;

颜色取值可以是预定义的颜色值、十六进制#RRGGBB或RGB代码（r，g，b）。background-color的默认值为透明，此时子元素会显示父元素的背景。

在CSS3中，引入了RGBA模式，可以实现对颜色与背景颜色实现不透明的设置。RGBA模式就是在RGB模式的基础上添加A，即alpha参数，主要用来表示元素的不透明度。aipha参数是一个介于0.0（完全透明）和1.0（完全不透明）之间的数字。

例如： background-color:rgba(11,66,99,0.2);

除了使用RGBA模式，也可以opacity属性来控制元素呈现出透明效果。

例如： opacity:0.5;

opacity 属性用于定义元素的不透明度，参数表示不透明度的值，它是一个介于 0~1 的浮点数值。其中，0 表示完全透明；1 表示完全不透明。样例中的 0.5 表示半透明。

2. 背景图像（background-image）

在 CSS 中，使用 background-image 来设定一个元素的背景图像。

语法： background-image:url(图像地址);

图像地址可以设置成绝对地址，也可以设置成相对地址。

【实例 5-3】背景颜色与背景图片的设置。

<style>标签中样式表的定义核心代码如下。

```
<style type="text/css">
    body{background-image:url(img/hsbg.jpg);}           /*设置 body 的背景图片*/
    h1{color:#FFF;
        background-color:rgba(255,255,255,0.5);         /*设置背景颜色*/
        line-height:60px;
        font-family:"微软雅黑";
        text-align:center;}
    p{  text-align:center;
        line-height:160%;
        background-color:rgba(255,255,255,0.9);}        /*设置 p 的背景颜色*/
    img{opacity:0.8;}                                   /*设置图片的不透明度*/
</style>
```

<body>标签中的 HTML 核心代码如下。

```
<body>
    <section>
        <header>
            <h1>安徽黄山</h1>
        </header>
        <p>世界文化与自然双重遗产,世界地质公园,国家 AAAAA 级旅游景区,国家
级风景名胜区。</p>
        <img src="img/hsfj.jpg">
    </section>
</body>
```

运行代码，页面效果如图 5-4 所示。

本例中对 body 元素设置了背景图片，对 h1 元素设置了背景颜色，同时通过 rgba(255,255,255,0.5) 中的 0.5 设置了 aplph 参数，实现了不透明度的控制，同样对 p 元素也设置了 0.9 的不透明度，通过 opacity 属性设置了图片的半透明效果。

图 5-4　背景颜色与背景图片

3. 背景重复（background-repeat）

背景重复属性也称为背景图像平铺属性，用来设定对象的背景图像重复以及如何铺排。

语法： background-repeat:取值;

取值范围： repeat | no-repeat | repeat-x | repeat-y。

其中，repeat 背景图片横向和竖向都重复；no-repeat 背景图片横向和竖向都不重复；repeat-x 背景图片横向重复；repeat-y 背景图片竖向重复。

这个属性和 background-image 属性连在一起使用。只设置 background-image 属性，没设置 background-repeat 属性，在默认状态下，图片既横向重复，又竖向重复。

4. 背景位置（background-position）

背景位置属性用于指定背景图像的最初位置。当设置 background-repeat 为 no-repeat 时，就能发现图像默认以元素的左上角为基准点显示。

语法： background-position:位置取值;

取值范围： [<百分比> | <长度>]{1,2} | [left | center | right] | [top | center | bottom]。

该语法中的取值范围包括两种，一种是采用数字，即[<百分比> | <长度>]{1,2}；另一种是关键字描述，即[left | center | right] | [top | center | bottom]。它们的具体含义如下：

- [<百分比> | <长度>]{1,2}：使用确切的数字表示图像位置，使用时首先指定横向位置，接着是纵向位置。百分比和长度可以混合使用，设定为负值也是允许的。默认取值是 0% 0%。
- [left | center | right] | [top | center | bottom]：left、center、right 是横向的

关键字，横向表示在横向上取0%、50%、100%的位置；top、center、bottom是纵向的关键字，纵向表示在纵向上取0%、50%、100%的位置。

这个属性和background-image属性连在一起使用。

5. 背景附件（background-attachment）

背景附件属性用来设置背景图像是随对象内容滚动还是固定的。

语法： background-attachment:scroll | fixed;

其中，scroll表示背景图像是随对象内容滚动，是默认选项；fixed表示背景图像固定在页面上静止不动，只有其他的内容随滚动条滚动。

这个属性和background-image属性连在一起使用。

6. 复合属性：背景background

背景background也是复合属性，它是一个更明确的背景关系属性的略写。

微课5-8：背景的复合属性

语法： background:取值;

这个属性是设置背景相关属性的一种快捷的综合写法，包括背景颜色background-color、背景图片background-image、重复设置background-repeat、背景附加background-attachment、背景位置background-position等，之间用空格相连。

【实例5-4】背景颜色的综合设置。

<style>标签中样式表的定义核心代码如下。

```
<style type="text/css">
    body{color:#FFF;text-align:center;font-family:"微软雅黑";}
    body{
        background-color:#116699;               /*设置背景颜色*/
        background-image:url(img/hsfj.jpg);      /*设置背景图像*/
        background-repeat:no-repeat;             /*设置背景图像不平铺*/
        background-attachment:fixed;             /*设置背景图像固定位置*/
        background-position:center 90%;          /*设置背景图像的位置,水平居中,垂
                                                   直90%*/
    }
</style>
```

<body>标签中的HTML核心代码如下。

```
<body>
    <h1>安徽黄山</h1>
    <p>世界文化与自然双重遗产,世界地质公园,国家AAAAA级旅游景区,国家级风
景名胜区。</p>
</body>
```

本例中给body元素分别设置了背景颜色、背景图像、背景图像不平铺，背景图像的位置为水平位置居中、垂直位置90%（表示图像百分之90的点与body的90%的点对齐），同时位置固定，页面效果如图5-5所示。

图 5-5　综合设置背景图片的效果

background 属性还可以设置复合属性，对本例来讲代码可以修改为：

```
body{background:#116699 url(img/hsfj.jpg) no-repeat fixed center 90%;}
```

注意：写 background 复合属性要注意属性的先后顺序。

background：background-color background-image background-repeat background-attachment background-position background-size background-clip background-origin。

其中，background-size background-clip background-origin 属性为 CSS3 新增属性，后面进一步讲解。

5.2.2　CSS3 中新增的背景属性

微课 5-9：CSS3 新增背景图像大小属性

CSS3 中新增了 4 个与背景相关的属性。

1. 背景图像大小（background-size）

在 CSS3 中，background-size 属性用于控制背景图像的大小，解决了过去 CSS 无法控制背景图像大小的问题。

语法：background-size:取值;

取值范围：像素值 | 百分比 | contain | cover。

如果使用像素值，使用一个时表示为背景图像的宽，如果使用两个，则第 2 个像素值表示为高度；使用百分比，表示以父元素的百分比来设置背景图像的宽度和高度。第 1 个值设置宽度，第 2 个值设置高度。如果只设置一个值，则第 2 个值会默认为 auto，高度会随着宽度的变化而变化，从而保证图像的比例不失真。使用 cover 把背景图像扩展至足够大，使背景图像完全覆盖背景区域。背景图像的某些部分也许无法在背景定位区域中，这主要是背景图像的大小与父元素的比例不一致所导致的。contain 则能把图像扩展至最大尺寸，以使其宽度和高度完全适应内容区域。

【实例 5-5】背景图像大小的设置。

<style>标签中样式表的定义核心代码如下。

```
<style type="text/css">
    div{ width:600px;
        height:400px;
        background:#116699 url(img/td.jpg) no-repeat center;        /* 设置背景图像
                                                                        复合属性 */
        background-size:60%;}                                       /* 设置背景图像
                                                                        大小 */
</style>
```

<body>标签中的 HTML 核心代码如下。

```
<body>
    <div></div>
</body>
```

本例中设置背景图像大小为父元素<div>的 60%，页面效果如图 5-6 所示。如果设置背景大小为像素值，如 background-size:500px 150px；页面效果如图 5-7所示。可以发现，背景图像的比例被拉伸了，图像失真了。如果将参数修改为 100%，或者使用“cover”关键字，即 background-size:cover，则背景图像将布满整个 div 区域，则背景图像将填充整个蓝色的背景区域，页面效果如图 5-8 所示。使用“contain”关键字，即 background-size:contain，则背景图像将布满整个 div 区域，则背景图像扩展至最大尺寸，以使其宽度和高度完全适应内容区域，页面效果如图 5-9 所示，此时能发现存在一定的蓝色背景色。

图 5-6　背景图像大小为父元素的 60%

图 5-7　参数修改为宽 500px、高 150px 的效果

图 5-8　背景图像大小设置为 cover

图 5-9　背景图像大小设置为 contain

2. 背景图像的坐标（background-orign）

background-origin 属性用来定义背景图像的初始位置，即坐标。默认情况下，background-position 属性总是以元素左上角为坐标原点定位背景图像，在 CSS3 中的 background-origin 属性可以改变这种定位方式，自行定义背景图像的相对位置。

微课 5-10：CSS3 新增背景图像的坐标属性

语法： background-origin：取值；

取值范围： padding-box | content-box | border-box。

其中，padding-box 表示背景图像相对于内边距区域来定位，默认值；content-box 表示背景图像相对于内容来定位；border-box 表示背景图片相对于边框来定位。

【实例 5-6】背景图像的显示区域，坐标设置。

<style>标签中样式表的定义核心代码如下。

```
<style type="text/css">
    div { width:500px;
        height:300px;
        border:50px dashed #116699;                    /* 设置边框 */
        padding:30px;                                  /* 设置内边距 */
        background:#cbe8f9 url(img/td.jpg) no-repeat;  /* 背景图像复合属性 */
        background-size:cover;                         /* 背景图像大小 */
        background-origin:content-box;}                /* 背景图像的显示区域 */
</style>
```

<body>标签中的 HTML 核心代码如下。

```
<body>
    <div></div>
</body>
```

实例 5-6 中设置“background-origin:content-box”，页面效果如图 5-10所示。如果修改为“background-origin:border-box”，页面效果如图 5-11 所示。background-origin 的默认设置为 padding-box，自行测试。

图 5-10　背景图像显示区域为 content-box

图 5-11　背景图像显示区域为 border-box

3. 背景图像的裁剪区域（background-clip）

background-clip 属性用于定义背景图像的裁剪区域，就是规范背景的显示范围。

语法： background-clip:取值;

取值范围： padding-box | content-box | border-box。

其中，默认值为 border-box，表示从边框向外裁剪背景；padding-box 表示从内边距区域向外裁剪背景；content-box 表示从内容区域向外裁剪背景。

微课 5-11：CSS3 新增背景图像的裁剪区域属性

【实例 5-7】背景图像的裁剪区域。

<style>标签中样式表的定义核心代码如下。

```
<style type="text/css">
    div { width:500px;
        height:300px;
        border:50px dashed #116699;                    /* 设置边框 */
        padding:30px;                                  /* 设置内边距 */
        background:#cbe8f9 url(img/td.jpg) no-repeat;  /* 背景图像复合属性 */
        background-size:cover;                         /* 背景图像大小 */
        background-origin:border-box;                  /* 背景图像的显示区域 */
        background-clip:content-box;}                  /* 背景图像的裁剪区域 */
</style>
```

<body>标签中的 HTML 核心代码如下。

```
<body>
    <div ></div >
</body>
```

实例 5-7 中设置“background-clip:content-box”，即将 content-box 内容区域以外的背景颜色与背景图片全部裁剪掉，页面效果如图 5-12 所示。如果与图 5-11 相比，就会发现 content-box 内容区域以外的背景颜色（#cbe8f9）与背景图片（img/td. jpg）全部被裁剪掉了。如果修改为“background-clip:padding-box;”，页面效果如图 5-13 所示，会发现 padding-box 内容区域以外的背景颜色与背景图片全部被裁剪掉了。

图 5-12　背景图像裁剪区域为 content-box

图 5-13　背景图像裁剪区域为 padding-box

4. 多背景图像的设置

微课 5-12：CSS3 新增多背景图像的设置

在 CSS3 中，允许一个容器里显示多个背景图像，使背景图像效果更容易控制。通过 background-image、background-repeat、background-position 和 background-size 等属性提供多个属性值来实现多重背景图像效果，各属性值之间用逗号隔开。

【实例 5-8】多背景图像的设置。

<style>标签中样式表的定义核心代码如下。

```
<style type="text/css">
    div { width:800px;
        height:300px;
        border:10px solid #1fb50b;                    /* 设置边框 */
        background-image:url(img/logo. png),url(img/yks. png),url(img/hs. png);
                                                      /* 设置多张背景图片 */
        background-repeat:no-repeat;
        background-position:right,left bottom,bottom;
        background-size:80px,60% ,100% ;}
</style>
```

<body>标签中的 HTML 核心代码如下。

```
<body>
    < div ></ div >
</body>
```

设置背景的多幅图片分别是 img 文件夹中的 logo. png、yks. png、hs. png，如图 5-14 ~ 图 5-16 所示，页面效果如图 5-17 所示。

图 5-14　背景标志图

图 5-15　背景迎客松图

图 5-16　背景黄山

图 5-17　多背景图像的预览效果

5.2.3 CSS3 中新增的渐变属性

过去网页设计师通常会制作渐变图像作为背景来实现某个区域的渐变效果，而 CSS3 中添加了渐变属性，通过渐变属性可以轻松实现渐变效果。CSS3 的渐变属性主要包括线性渐变和径向渐变。

1. 线性渐变

线性渐变是指第 1 种颜色沿着一条直线按顺序过渡到第 2 种颜色。

微课 5-13：CSS3 新增线性渐变属性

语法： background-image:linear-gradient(渐变角度,颜色值 1,颜色值 2,…,颜色值 n);

语法格中，linear-gradient 用于定义渐变方式为线性渐变，括号内用于设定渐变角度和颜色值。渐变角度是以自上向下的垂直线为 0deg 度角，然后顺时针计算，如图 5-18 所示，箭头所指方向为 45deg 的角。以此为参考，0deg 相当于“to top”，90deg 相当于“to right”，180deg 相当于“to bottom”，270deg 相当于“to left”，默认情况下渐变角度为 180deg。

例如： linear-gradient(yellow,white)等同于 linear-gradient(180deg,yellow,white)。

而 linear-gradient(180deg,yellow,white)也等同于 linear-gradient(to bottom,yellow,white)。

在实现渐变的同时还可以控制颜色渐变的位置。实现方法就是在每一个颜色值后面还可以书写一个百分比数值，用于标示颜色渐变的位置。

例如： background-image:linear-gradient(180deg,yellow 20%,white 60%);

结构示意图如图 5-19 所示。

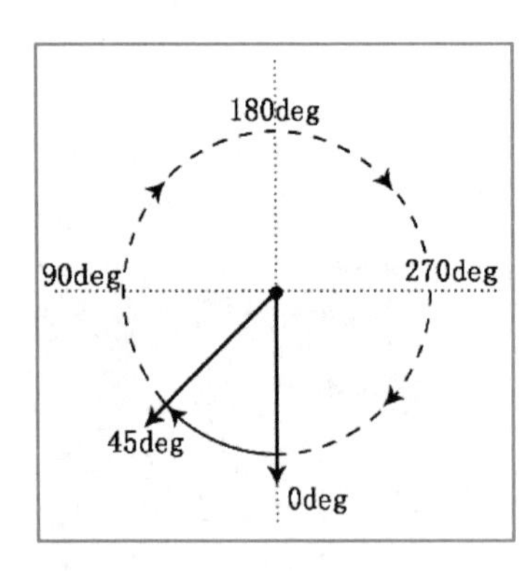

图 5-18 渐变角度示意图

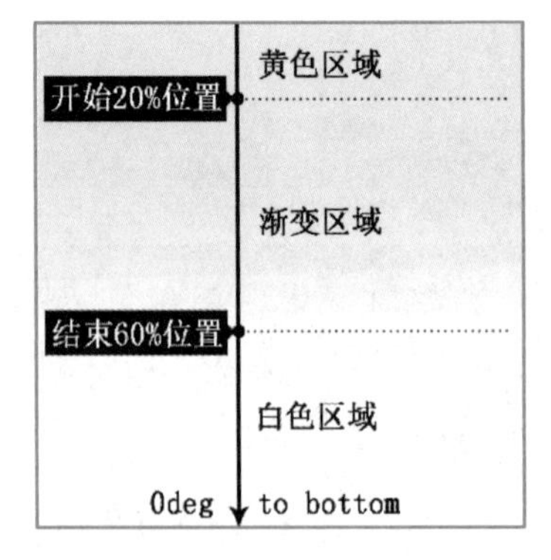

图 5-19 线性渐变位置结构示意图

【实例 5-9】线性渐变基本应用。

<style>标签中样式表的定义核心代码如下。

```
<style type="text/css">
    div { width:400px;
        height:400px;
```

```
        border:1px solid #F00;
        background-image:linear-gradient(180deg,yellow,white);  /*设置线性渐变*/
        }
</style>
```

<body>标签中的 HTML 核心代码如下。

```
<body>
    < div ></ div >
</body>
```

运行代码，页面效果如图 5-20 所示。

如果把代码修改为：

```
background-image:linear-gradient(45deg,yellow 20% ,white 60% ,green 80% );
```

相当于把角度修改为了 45deg，添加了一个渐变颜色绿色，同时修改了起始颜色的位置，黄色（yellow）由 20% 的位置开始出现渐变色至白色（white）位于 60% 的位置，再次由白色过渡到绿色位于 80% 的位置结束渐变。预览页面效果如图 5-21 所示。

图 5-20 角度 180 由黄色渐变为白色

图 5-21 修改渐变位置的线性渐变

2. 径向渐变

径向渐变是指第 1 种颜色从一个中心点开始，依据椭圆或圆形形状进行扩张渐变到第 2 种颜色。

微课 5-14：
CSS3 新增径向渐变属性

语法： background-image:radial-gradient（渐变形状 圆心位置,颜色值 1,颜色值 2,…,颜色值 n);

语法中，radial-gradient 表示渐变方式为径向渐变，括号内的参数值用于设定渐变形状、圆心位置和颜色值。渐变形状用来定义径向渐变的形状，主要包括 circle 和 ellipse 两个值，渐变形状的参数含义见表 5-1。

表 5-1　渐变形状的参数含义

参数名称	含　义
circle	圆形的径向渐变
ellipse	椭圆形的径向渐变
像素值/百分比	定义水平半径和垂直半径的像素值，如“200px 150px”表示水平半径为 200px，垂直为 150px 的椭圆形，如果两个数值相同表示为圆形，也可以通过百分比来定义形状，如“80%　80%”

圆心位置用于确定元素渐变的中心位置，使用 at 加上关键词或参数值来定义径向渐变的中心位置，圆心位置的参数含义见表 5-2。

表 5-2　圆心位置的参数含义

参数名称	含　义
center	设置中间为径向渐变圆心的横坐标值或纵坐标值
left	设置左边为径向渐变圆心的横坐标值
right	设置右边为径向渐变圆心的横坐标值
top	设置顶部为径向渐变圆心的纵坐标值
bottom	设置底部为径向渐变圆心的纵坐标值
像素值/百分比	用于定义圆心的水平和垂直坐标，可以为负值

颜色值的设置与线性渐变是一致的，“颜色值 1”表示起始颜色，“颜色值 n”表示结束颜色，起始颜色和结束颜色之间可以添加多个颜色值，各颜色值之间用“,”隔开。

【实例 5-10】径向渐变基本应用。

<style>标签中样式表的定义核心代码如下。

```
<style type="text/css">
    div { width:400px;
        height:400px;
        border:1px solid #000;
        background-image:radial-gradient(circle at center,#FFF,#00F);/*设置径向渐变*/
        }
</style>
```

<body>标签中的 HTML 核心代码如下。

```
<body>
    <div></div>
</body>
```

运行代码，页面效果如图 5-22 所示。

如果把代码修改为：

```
background-image:radial-gradient(100% 60% at 360px 60px,#FFF,#00F);
```

相当于修改了渐变的形状，由圆形修改为了水平半径为父元素宽，垂直半径为父元素高的 60%，同时修改了形状的圆心坐标位置为（360px，60px），页面效果如图 5-23 所示。

图 5-22　径向渐变 1

图 5-23　径向渐变 2

3. 重复渐变

微课 5-15：CSS3 新增重复渐变

在 CSS3 中，重复渐变包括重复线性渐变和重复径向渐变。

重复线性渐变的语法如下：

语法： background-image:repeating-linear-gradient（渐变角度,颜色值 1,颜色值 2,…,颜色值 n）;

参数的设置与线性渐变相同。

重复径向渐变的语法如下：

语法： background-image:repeating-radial-gradient（渐变形状 圆心位置,颜色值 1,颜色值 2,…,颜色值 n）;

参数的设置与径向渐变相同。

【实例 5-11】 重复渐变基本应用。

<style>标签中样式表的定义核心代码如下。

```
<style type="text/css">
    div{ width:400px;
         height:400px;
         border:1px solid #000; }
    .left{float:left;
```

```
            background-image: repeating-linear-gradient(45deg, yellow 10%, white 15%, green 20%); }
        .right{ float: right;
            background-image: repeating-radial-gradient( circle at center, #FFF 10%, #00F 20%, #FFF 30%); }
    </style>
```

<body>标签中的 HTML 核心代码如下。

```
<body>
    <div class="left"></div>
    <div class="right"></div>
</body>
```

运行代码，页面效果如图 5-24 所示。

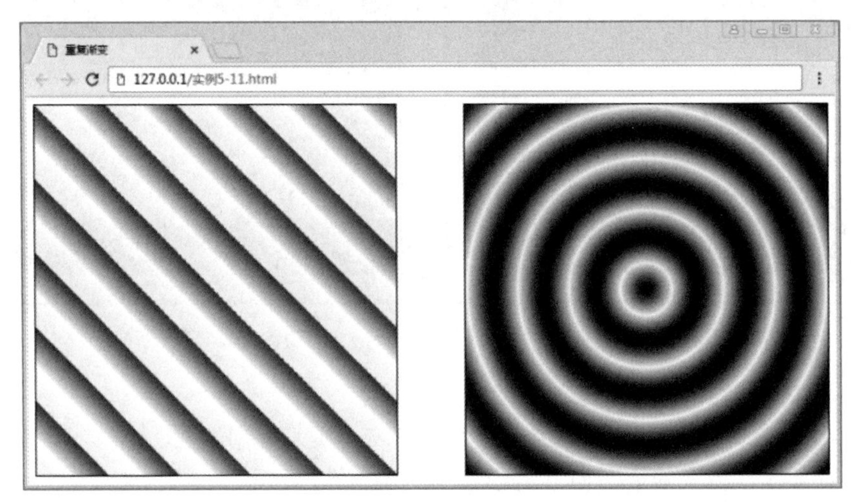

图 5-24　重复渐变的效果

5.3　列表样式设置

5.3.1　定义列表的基本样式

微课 5-16：定义列表的基本样式

列表结构在默认状态下会显示一定的基本样式，列表属性主要用于设置列表项的样式，包括符号、缩进等。

1. 列表符号（list-style-type）

列表符号属性用于设定列表项的符号。

语法： list-style-type:<值>;

list-style-type 用来设置多种符号作为列表项的符号，其具体取值范围见表 5-3。

表 5-3　列表符号的取值

属性值	含义
none	不显示任何项目符号或编码
disc	以实心圆形●作为项目符号
circle	以空心圆形○作为项目符号
square	以实心方块■作为项目符号
decimal	以普通阿拉伯数字 1、2、3……作为项目编号
lower-roman	以小写罗马数字 ⅰ、ⅱ、ⅲ……作为项目编号
upper-roman	以大写罗马数字 Ⅰ、Ⅱ、Ⅲ……作为项目编号
lower-alpha	以小写英文字母 a、b、c……作为项目编号
upper-alpha	以大写英文字母 A、B、C……作为项目编号

2. 图像符号（list-style-image）

图像符号属性使用图像作为列表项目符号，以美化页面。

语法： list-style-image:none | url(图像地址);

参数 none 表示不指定图像；url 则使用绝对或相对地址指定作为符号的图像。

如果使用 list-style-image 定义列表图像时，通常需要先设置 list-style-type 为 none，然后再设置 list-style- image 的值。

3. 列表缩进（list-style-position）

列表缩进属性用于设定列表缩进的设置。

语法： list-style-position:outside | inside;

参数 outside 表示列表项目标记放置在文本以外，且环绕文本不根据标记对齐；inside 是列表的默认属性，表示列表项目标记放置在文本以内，且环绕文本根据标记对齐。

4. 复合属性：列表（list-style）

列表函数 list-style 是以上 3 种列表属性的组合。

此属性是设定列表样式的快捷的综合写法。用这个属性可以同时设置列表样式类型属性（list-style-type），列表样式位置属性（list-style-position）和列表样式图片属性（list-style-image）。

【实例 5-12】列表属性样式设置。

<style>标签中样式表的定义核心代码如下。

```
<style type="text/css">
    ul{  list-style-type:none;                      /* 清除列表结构的项目符号 */
         list-style-image:url("img/arrow.gif");     /* 列表图像设置 */
         list-style-position:outside; }             /* 列表缩进设置 */
</style>
```

<body>标签中的 HTML 核心代码如下。

```
<body>
    <ul>
        <li>东岳泰山(海拔 1545 米), 位于山东省泰安市</li>
        <li>西岳华山(海拔 2154.9 米),位于陕西省华阴市</li>
        <li>南岳衡山(海拔 1290 米),位于湖南省衡阳市</li>
        <li>北岳恒山(海拔 2016.1 米),位于山西省浑源县</li>
        <li>中岳嵩山(海拔 1491.7 米),位于河南省登封市</li>
    </ul>
</body>
```

运行代码，页面效果如图 5-25 所示。

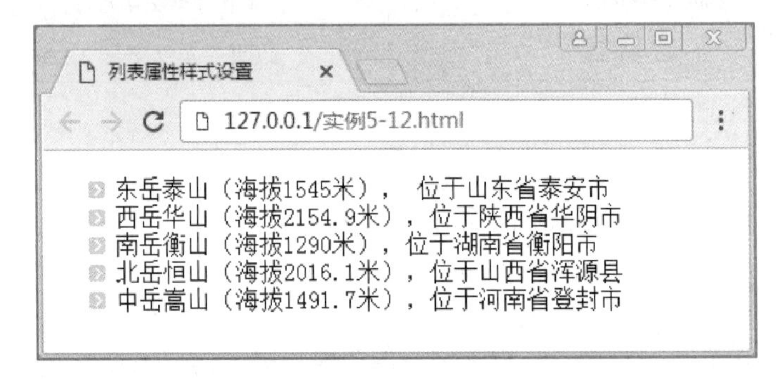

图 5-25　列表的基本样式

页面中的列表属性也可使用一行复合属性来描述，代码如下：

```
list-style:none outside url(img/arrow.gif);
```

5.3.2　列表布局实例

微课 5-17：列表布局实例

列表在网站前端使用得是比较频繁的，通常会使用列表来制作网站导航、新闻列表等。

【实例 5-13】列表布局。

<style>标签中样式表的定义核心代码如下。

```
<style type="text/css">
    a{                                  /* 超链接的基本样式 */
        text-decoration:none;
        color:#FFF; }
    ul{                                 /* 定义列表基本样式 */
        padding:0;                      /* 清除列表外边距 */
        margin:0;                       /* 清除列表内边距 */
        list-style-type:none; }         /* 清除列表项目符号 */
    li{
```

```
            width:120px;                                   /*设置列表项的宽度*/
            height:37px;                                   /*设置列表项的高度*/
            border:1px solid #169;                         /*设置列表项的边框线*/
            margin:4px 2px;                                /*设置列表项的外边距*/
            text-align:center;                             /*设置列表项的文本居中*/
            line-height:37px;                              /*设置列表项的文本行高*/
            background:url("img/bg.jpg") no-repeat left top; }
                                                                   /*设置背景图片*/
        li:hover{ background:url("img/bg.jpg") no-repeat left -37px; }
                                                                   /*设置背景图片*/
    </style>
```

<body>标签中的 HTML 核心代码如下。

```
<body>
    <ul>
        <li><a href="#">菜单设计 1</a></li>
        <li><a href="#">菜单设计 2</a></li>
        <li><a href="#">菜单设计 3</a></li>
        <li><a href="#">菜单设计 4</a></li>
        <li><a href="#">菜单设计 5</a></li>
        <li><a href="#">菜单设计 6</a></li>
    </ul>
</body>
```

运行代码，页面效果如图 5-26 所示，鼠标放置到菜单选项后背景图片发生变化，页面效果如图 5-27 所示。

图 5-26　列表布局的垂直导航

图 5-27　鼠标放置到菜单选项后的效果

微课5-18：
综合实例：电商产品分类列表展示

5.4 综合实例：电商产品分类列表展示

通过本章学习的文本、背景以及列表的相关内容，构建一个电商网站的商品类别展示导航菜单，如图5-28所示。

图5-28 电商产品分类列表展示效果

1. HTML 结构代码设计

通过对图片的分析，设计的HTML代码如下。

```
<body>
    <nav>
        <ul>
            <li><a href="#">箱包系列</a></li>
            <li><a href="#">家电手机</a></li>
            <li><a href="#">户外健身</a></li>
            <li><a href="#">鲜花园艺</a></li>
            <li><a href="#">汽车用品</a></li>
            <li><a href="#">家庭保健</a></li>
        </ul>
    </nav>
</body>
```

2. CSS 样式设计

通过对图片的分析，设计的CSS样式代码如下。

```
<style type="text/css">
    ul {                                    /*设置ul样式*/
        list-style:none;                    /*设置列表样式*/
        margin:0px;                         /*设置外边距为0*/
```

```
        padding:0px 20px;                         /* 设置内边距为 0 */
        width:130px;                              /* 设置列表宽度 */
        background:#F8F8F8;                       /* 设置列表背景色 */
        border:1px solid #BBBBBB; }               /* 设置列表边框 */
    li {                                          /* 设置列表项样式 */
        height:31px;                              /* 设置列表项高度 */
        font:bold 14px/31px "微软雅黑";            /* 设置字体属性 */
        border-bottom:1px solid #dedede;          /* 设置列表项底部边框 */
        text-indent:35px; }                       /* 设置列表项文本缩进 */
    li a {color:#3c3c3c; text-decoration:none; }  /* 设置超链接样式 */
    ul li a:hover {color:#F00; text-decoration:underline; }
                                                  /* 设置超链接 hover 态样式 */
    li:first-child {background:url(images/1.png) 0px center no-repeat;}
                                                  /* 设置首元素的背景图像 */
    li:nth-child(2) {background:url(images/2.png) 0px center no-repeat;}
                                                  /* 设置第 2 个元素的背景图像 */
    li:nth-child(3) {background:url(images/3.png) 0px center no-repeat;}
                                                  /* 设置第 3 个元素的背景图像 */
    li:nth-child(4) {background:url(images/4.png) 0px center no-repeat;}
                                                  /* 设置第 4 个元素的背景图像 */
    li:nth-child(5) {background:url(images/5.png) 0px center no-repeat;}
                                                  /* 设置第 5 个元素的背景图像 */
    li:last-child {background:url(images/6.png) 0px center no-repeat;}
                                                  /* 设置尾元素的背景图像 */
</style>
```

 任务实施：美化门户网站导航与 banner 区域

微课 5-19：任务实施：美化门户网站导航与banner区域

通过本章对文本、背景、列表的学习，构建网站<header>与<banner>区域的页面效果，如图 5-1 所示。

1. 任务分析

根据图 5-1 所示的页面效果，实现结构图如图 5-29 所示。

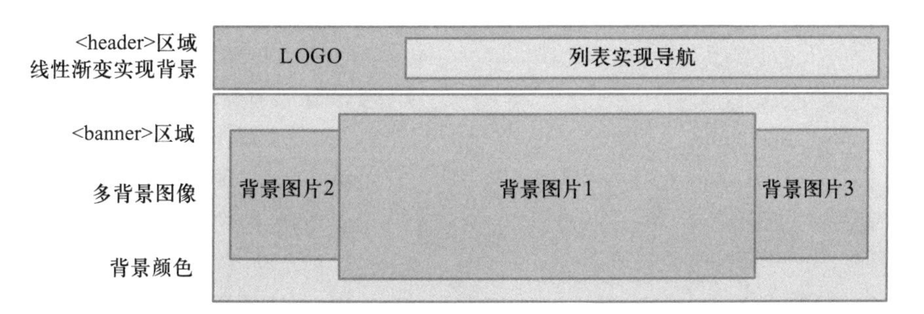

图 5-29　<header>与<banner>区域结构示意图

完成项目要分为以下几步。

第1步：编写<header>与<banner>区域的HTML代码。

第2步：编写<header>区域的渐变背景色。

第3步：设置<banner>区域内的多图背景效果。

2. 编写页面<header>与<banner>的HTML结构

在<banner>的HTML代码如下。

```
<header>
    <div class="container">
        <a href="index.html"><img src="images/logo.png"></a>
        <nav>
            <ul>
                <li><a class="active" href="#">门户首页</a></li>
                <li><a href="#">学校概况</a></li>
                <li><a href="#">组织机构</a></li>
                <li><a href="#">招生就业</a></li>
                <li><a href="#">科学研究</a></li>
                <li><a href="#">招聘信息</a></li>
            </ul>
        </nav>
    </div>
</header>
<section class="banner"></section>
```

3. 编写页面基本样式与<header>区域样式

```
*{font-size:14px;margin:0;padding:0;border:none;}    /*通用样式*/
a{text-decoration:none;}
header{                                                /*header区域样式设置*/
    position:relative;                                 /*定位方式,相对定位*/
    height:80px;                                       /*header高为80像素*/
    background:#4685c6;                                /*设置背景颜色*/
    background-image:linear-gradient(to bottom,#4685c6,#06b8fa);}
                                                       /*设置背景渐变色*/
header .container{                                     /*设置div容器的样式*/
    position:relative;                                 /*定位方式,相对定位*/
    z-index:1;                           /*设置z轴,屏幕纵深方向的层次顺序*/
    width:1200px;                                      /*设置宽度*/
    margin:0 auto;}                                    /*设置div居中*/
header>.container>a{                                   /*设置第一个a标签的样式*/
    display:block;                                     /*转换a为块状显示*/
    float:left;                                        /*设置左漂浮*/
```

```
    margin:15px 25px;}                                  /* 设置外边距 */
header:after {                                          /* 添加伪元素 */
    position:absolute;                                  /* 设置定位方式,绝对定位 */
    bottom:0px;                                         /* 设置伪元素 bottom 为 0 */
    left:0px;                                           /* 设置伪元素 left 为 0 */
    width:100%;                                         /* 设置宽度为 100% */
    height:7px;                                         /* 设置高度为 7 像素 */
    content:'';                                         /* 设置内容为空 */
    background:#d6d6d6;}                                /* 设置背景为灰色 */
header  .container  nav { float:right; }                /* 设置导航部分右漂浮 */
nav ul{ list-style:none; }                              /* 设置列表样式为 none */
nav ul li {                                             /* 设置列表 li 样式 */
    float:left;                                         /* 设置左漂浮 */
    width:110px;                                        /* 设置宽度为 110 像素 */
    height:73px;                                        /* 设置高度为 73 像素 */
    text-align:center;}                                 /* 设置水平居中对齐 */
nav a{ color:#fff; font-size:16px;font-family:微软雅黑;line-height:73px;}
                                                        /* 设置导航中 a 的样式 */
nav ul li:nth-child(1) { background:#433b90; }     /* 设置第 1 个 li 子元素的背景颜色 */
nav ul li:nth-child(2) { background:#017fcb; }     /* 设置第 2 个 li 子元素的背景颜色 */
nav ul li:nth-child(3) { background:#78b917; }     /* 设置第 3 个 li 子元素的背景颜色 */
nav ul li:nth-child(4) { background:#feb800; }     /* 设置第 4 个 li 子元素的背景颜色 */
nav ul li:nth-child(5) { background:#f27c01; }     /* 设置第 5 个 li 子元素的背景颜色 */
nav ul li:nth-child(6) { background:#d40112; }     /* 设置第 6 个 li 子元素的背景颜色 */
nav ul li:hover,
nav ul li.active {                   /* 设置 li 的 hover 态与 li 的第 1 个子元素的背景颜色 */
  padding-bottom:7px;
}
```

4. 编写页面<banner>区域样式

完成 banner 区域渐变效果的样式表。

```
.banner {                   /* 设置 banner 区域的样式,核心是设置多背景图像 */
    height:538px;
    background-color:#eaeaea;
    background-image:url(../images/banner/1.jpg),url(../images/banner/2.jpg),url
(../images/banner/3.jpg);
    background-repeat:no-repeat;
    background-position:center,20% 50%,80% 50%;
    background-size:1200px,900px,900px;
}
```

任务拓展

微课 5-20：文本的 word-wrap 属性

1. 文本的 word-wrap 属性

word-wrap 属性主要用于对长单词和 URL 地址的自动换行。

语法： word-wrap:取值；

取值范围： normal | break-word。

其中，normal 表示允许的断字点换行，这是浏览器默认值；break-word 是在长单词或 URL 地址内部进行换行。

【实例 5-14】word-wrap 属性的使用。

<style>标签中样式表的定义核心代码如下。

```
<style type="text/css">
    div{ width:120px;
        height:120px;
        border:1px solid #D40112;
        word-wrap:break-word; }
</style>
```

<body>标签中的 HTML 核心代码如下。

```
<body>
    <div>
        <p>淘宝网 - 淘！我喜欢 https://www.taobao.com/</p>
    </div>
</body>
```

运行代码，页面效果如图 5-30 所示。如果删除“word-wrap:break-word;”代码，页面则会变成如图 5-31 所示的效果。

图 5-30 word-wrap 属性的使用

图 5-31 word-wrap 属性的默认效果

2. @font-face 属性

@font-face 属性用于定义服务器字体。开发者可以在用户计算机未安装字体时，使用任何喜欢的字体。

微课 5-21：
@ font-face 属性

语法：

```
@ font-face{
    font-family:字体名称；
    src:字体路径；
}
```

语法中，font-family 用于指定该服务器字体的名称，该名称可以随意定义；src 属性用于指定改字体文件的路径。

【实例 5-15】 自定义服务器字体。

<style>标签中样式表的定义核心代码如下。

```
<style type="text/css">
    @ font-face {
        font-family:"jqt";                    /* 定义服务器字体的名称 */
        src:url("font/简启体.TTF");           /* 定义字体文件的路径 */
        }
    p{
        font-family:jqt;
        font-size:32px;
    }
</style>
```

<body>标签中的 HTML 核心代码如下。

```
<body>
    <p>著名书法家启功先生字体</p>
</body>
```

运行代码，页面效果如图 5-32 所示。需要注意的是，在 font 文件夹中一定要有“简启体.TTF”字体文件，将来服务器中也要有这个文件夹和文件。如果删除“font-family:jqt;”代码，或者删除“简启体.TTF”字体文件，页面则会以默认的宋体显示，效果如图 5-33 所示。

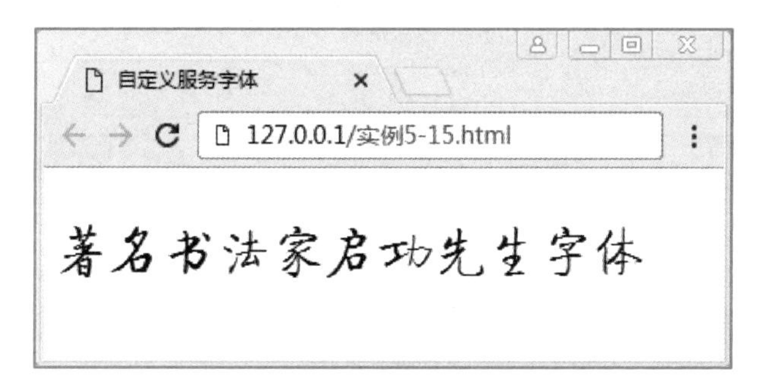

图 5-32 自定义服务器字体

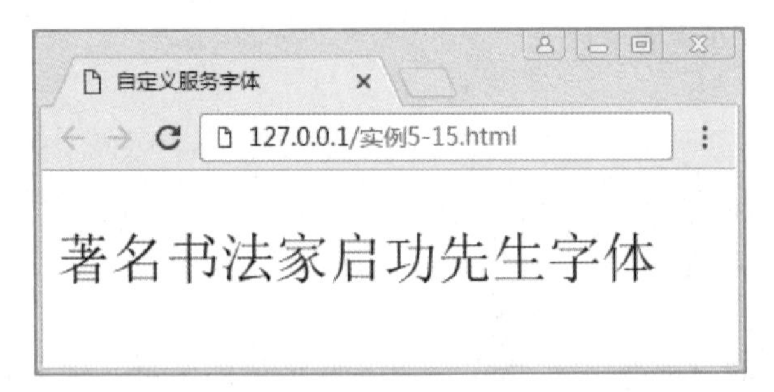

图 5-33　默认效果

项目实训：使用 CSS 制作导航菜单

【实训目的】

1. 掌握各类文本、字体的定义方法。
2. 掌握各类页面、元素背景的设置。
3. 掌握列表的使用方式以及 CSS 布局方法。

【实训内容】

网站上有各式各样的导航条。这些导航条基本上是用 CSS 来设计的。这里，展示几种用 CSS 设计的网站导航条，（如图 5-34 所示）供读者模仿学习。

同时，提供一个网站——酷站代码。这里有各类导航菜单，读者可以学习。

图 5-34　导航菜单效果

任务 6

运用盒子模型布局网页

PPT 任务 6 运用盒子模型布局网页

学习目标

【知识目标】

- 掌握盒子模型的原理。
- 掌握盒子模型的层次与宽高的计算。
- 掌握盒子的 border、margin、padding 的使用。
- 掌握盒子的 CSS3 新增属性。
- 掌握元素的类型与转换。
- 掌握浮动属性、清除属性、溢出处理。
- 掌握元素的定位方式。

【技能目标】

- 能正确应用盒子模型布局网页页面。
- 能根据网页页面效果，运用盒子模型与定位技术布局页面。

任务描述：使用盒子模型布局网站页面

掌握了 CSS3 的基本规则后，小王在进行页面布局时总感觉页面元素的位置无法控制，咨询了李经理后才发现，还需要学习盒子模型、浮动、定位等技术才能熟练控制网页的各个布局元素。所以，本任务就是综合运用盒子模型、浮动、定位等技术实现“门户网站”的 banner 部分的页面效果，如图 6-1 所示。

图 6-1 运用盒子模型布局的页面效果

知识准备

6.1 盒子模型

6.1.1 初识盒子模型

微课 6-1：
初识盒子模型

盒子模型是 CSS 中一个重要的概念，理解了盒子模型才能更好地排版。所有的 HTML 元素都可以被看作盒子，在 CSS 中，“box model”这一术语是用来设计和布局时使用的。CSS 盒模型本质上是一个盒子，封装周围的 HTML 元素，它包括外边距、边框、内边距和实际内容。

一个 iPad 盒子通常包含 iPad、填充模型和包装盒，如图 6-2 所示。如果把 iPad 想象成 HTML 元素，那么 iPad 盒子就是一个 CSS 盒子模型，其中 iPad 为 CSS 盒子模型的内容，填充模型的厚度为 CSS 盒子模型的内边距（padding），纸盒的厚度为 CSS 盒子模型的边框（border），当多个 iPad 盒子放在一起时，它们的距离就是 CSS 盒子模型的外边距（margin）。

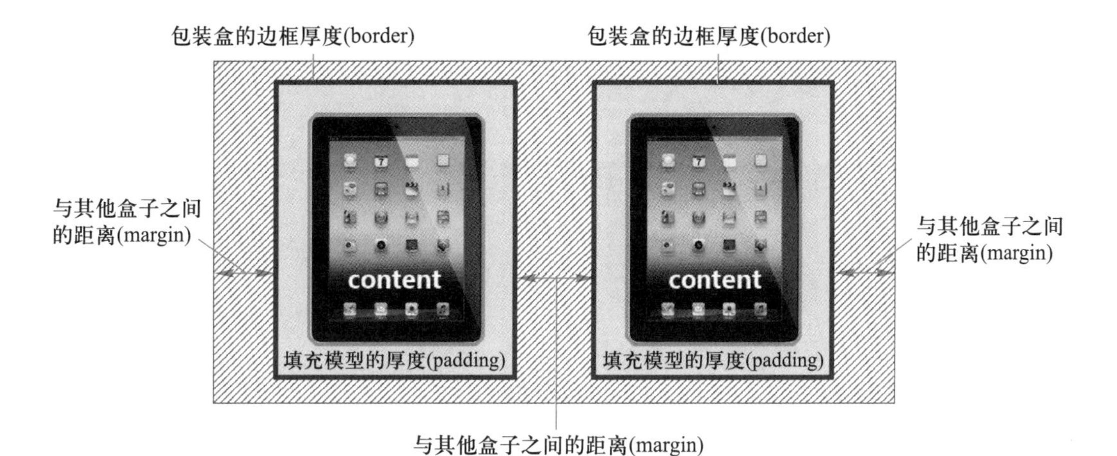

图 6-2　iPad 盒子的构成

【实例 6-1】认识盒子模型。

<style>标签中样式表定义的核心代码如下。

```
<style type="text/css">
    body{background-color:#fca90a;}
    .ipad{width:200px;                    /*设置盒子的宽度*/
        height:260px;                     /*设置盒子的高度*/
        border:10px solid #000;           /*设置盒子的边框*/
        padding:30px;                     /*设置盒子的内边距*/
        margin:40px;                      /*设置盒子的外边距*/
        background-color:#FF0;}           /*设置盒子的背景颜色*/
</style>
```

<body>标签中 HTML 结构核心代码如下。

```
<div class="ipad">
    <img src="img/ipad.png" />
</div>
```

实例 6-1 中，插入了一个 div 元素，并且插入了一个 img 图像元素，预览页面效果如图 6-3 所示。本例中的 div 就是一个盒子模型，ipad 图片就是内容，这里图片的宽度是 200px，高度是 260px，黄色区域内边距为 padding，黑色的边框为 border，橙色区域外边距为 marign，结构如图 6-4 所示。

图6-3 认识盒子模型

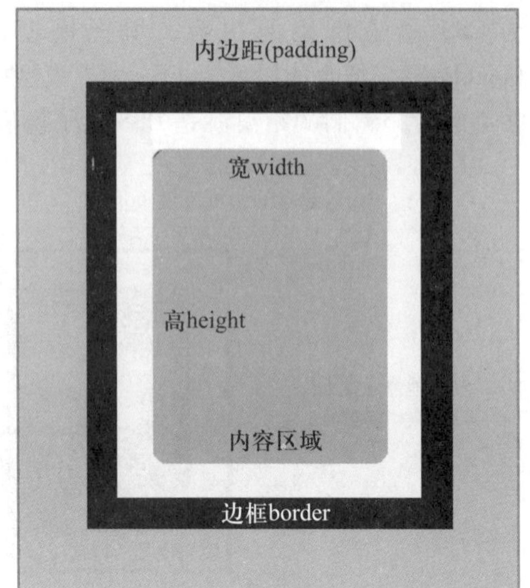

图6-4 盒子模型的基本结构

在前面学习的结构元素 header、nav、aside、section、article、footer 等，它们不仅是结构元素，也是一个个的盒子。

网页布局其实就是多个盒子的嵌套排列。通常，会使用 div 标签来作为容器进行网页布局。div 是英文 division 的缩写，意为“分割、区域”。<div>标记简单而言就是一个区块容器标记，可以将网页分割为独立的、不同的部分，以实现网页的规划和布局。

虽然盒子模型有内边距、边框、外边距、宽和高这些基本属性，但是并不要求每个元素都必须定义这些属性。

6.1.2 盒子模型的层次与宽高

微课6-2：盒子模型的层次与宽高

盒子结构的纵深顺序，自下而上为外边距、背景颜色、背景图像、内边距、内容、边框，如图6-5所示。

CSS 代码中的宽和高，指的是填充以内的内容范围。因此，可以得到以下结论：

盒子的总宽度=width+左、右内边距之和+左、右边框宽度之和+左、右外边距之和

盒子的总高度=height+上、下内边距之和+上、下边框宽度之和+上、下外边距之和

以实例6-1中的盒子为例，宽度的计算如图6-6所示。

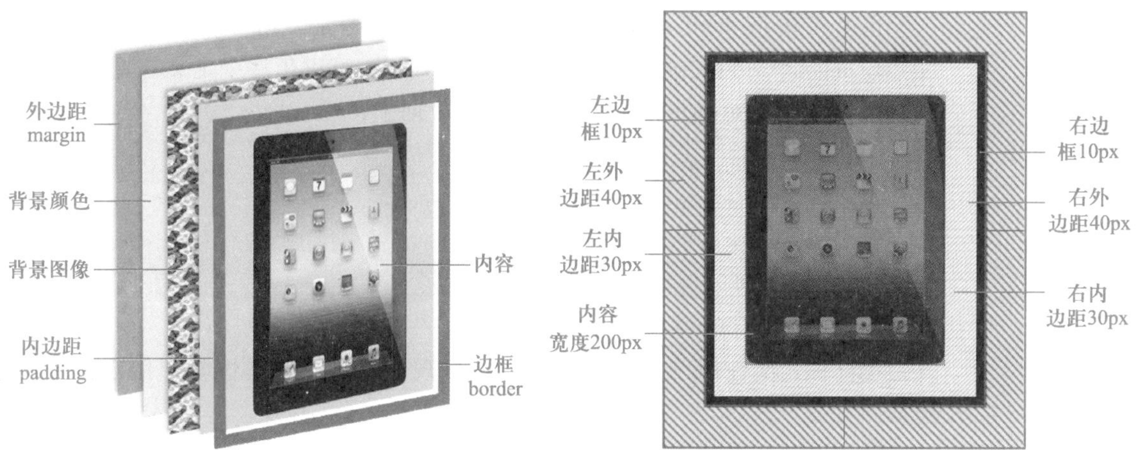

图6-5　盒子模型的层次关系　　　图6-6　元素总宽度的计算

所以，实例6-1中盒子的宽度为360像素，计算方法为200+30×2+10×2+40×2=360像素；高度为420像素，计算方法为260+30×2+10×2+40×2=420像素。

6.2　盒子模型的常用属性

6.2.1　边框border属性

微课6-3：
边框border属性

边框属性控制元素所占用空间的边缘，主要包括边框宽度、边框样式、边框颜色等，此外还有border的综合属性，在CSS3中添加了圆角边框、图片边框属性。

1. 边框宽度（border-width）

边框宽度用于设置元素边框的宽度值。

语法： border-width:上边框宽度值[右边框宽度值 下边框宽度值 左边框宽度值];

语法中，宽度是由数字和单位组成的长度值，不可为负值，常用取值单位为像素（px），并且遵循值复制的原则，值可以取1~4个，设置了1个值，应用于4个边框；设置了2个或3个值，省略的值与对边相等；设置了4个值，按照上、右、下、左的顺序显示结果。

例如：

“border-width:3px;”表示4个边框的宽度都为3像素。

“border-width:3px 6px;”表示上、下边框的宽度都为3像素，左、右边框的宽度都为6像素。

“border-width:3px 6px 9px;”表示上边框的宽度都为3像素，左、右边框的宽度都为6像素，下边框的宽度都为9像素。

也可以按照 border-top-width：宽度值、border-right-width：宽度值、border-bottom-width：宽度值、border-left-width：宽度值逐个定义。

例如，“border-width:3px 6px 9px;”等同于：

```
border-top-width:3px;
border-right-width:6px;
border-bottom-width:9px;
border-left-width:6px;
```

2. 边框样式（border-style）

边框样式属性用以定义边框的风格呈现样式，这个属性必须用于指定的边框。

语法： border-style:上边框样式[右边框样式 下边框样式 左边框样式];

样式的取值共有 9 种，其含义见表 6-1。

表 6-1　边框样式取值含义

属　性	含　义	属　性	含　义
none	不显示边框，为默认属性值	groove	边框带有立体感的沟槽
dotted	点线	ridge	边框成脊形
dashed	虚线	inset	使整个方框凹陷，即在外框内嵌入一个立体边框
solid	实线	outset	使整个方框凸起，即在外框内嵌入一个立体边框
double	双实线		

语法中，border-style 属性为综合属性设置四边样式，必须按上、右、下、左的顺时针顺序，省略时同样采用值复制的原则，即 1 个值为 4 边，2 个值为上下/左右，3 个值为上/左右/下。也可以分别定义 border-top-style、border-right-style、border-bottom-style、border-left-style 的样式。表 6-1 中的 solid（实线）、dashed（虚线）、dotted（点线）、double（双实线）较为常用。

同样，border-style 也可以按照 border-top-style：样式、border-right-style：样式、border-bottom-style：样式、border-left-style：样式逐个定义。

3. 边框颜色（border-color）

边框颜色属性用于定义边框的颜色。

语法： border-color：上边框颜色值［右边框颜色值　下边框颜色值　左边框颜色值］;

语法格式中，border-color 的属性值同样复合颜色的定义法：预定义的颜色值、十六进制#RRGGBB 和 RGB 代码 rgb(r,g,b)三种，其中十六进制#RRGGBB 使用最多。

border-color 的值可以取 1～4 个，设置了 1 个值，应用于 4 个边框；设置了 2 个或 3 个值，省略的值与对边相等；设置了 4 个值，按照上、右、下、左的顺序显示结果。

同样，border-color 也可以按照 border-top-color：颜色值、border-right-color：颜色值、border-bottom-color：颜色值、border-left-color：颜色值逐个定义。

4. 边框综合属性（border）

使用边框的边框宽度 border-width、样式 border-style 和颜色 border-color 属性分别编写一个元素的边框样式代码比较烦琐，为了编写更为简洁的代码，可以使用边框的综合属性。

语法： border:<边框宽度>|<边框样式>|<颜色>

在复合属性中，边框属性 border 能同时设置 4 种边框。如果只需要给出一组边框的宽度、样式与颜色，可以通过 border-top、border-right、border-bottom、border-left 分别设置。

例如，“border:1px solid #F00;”表示元素的 4 个边框都是 1 像素红色的实线。当网页中只需要元素的底部边框为 1 像素红色的实线时，代码修改为“border-bottom:1px solid #F00;”。

【实例 6-2】border 边框属性的设置。

<style>标签中样式表定义的核心代码如下。

```
<style type="text/css">
    p{   line-height:160%;
        text-indent:2em;
        border-width:2px;                              /*定义边框的宽度*/
        border-style:dotted solid;                     /*定义边框的样式*/
        border-color:#00F #FCA90A #F00;                /*定义边框的颜色*/
    }
    img{border:4px double #FCA90A;}
</style>
```

<body>标签中 HTML 结构的核心代码如下。

```
<body>
    <h2>西岳华山</h2>
    <p>
        <img src="img/huashan.jpg" align="left">
        华山,古称“西岳”,是我国著名的五岳之一,位于陕西省华阴市境内,距西安120千米,秦、晋、豫黄河金三角交汇处,南接秦岭,北瞰黄渭,扼大西北进出中原之门户,素有“奇险天下第一山”之称。华山系一块完整硕大的花岗岩体构成,其历史衍化可追溯至27亿年前,《山海经》载:“太华之山,削成而四方,其高五千仞,其广十里。
    </p>
</body>
```

实例6-2中，插入了1个p元素，并且插入了1个img图像元素。代码“border-width：2px;”使用了1个参数，实现了p元素四边的宽度都为2像素；代码“border-style：dotted solid;”使用了2个参数，实现了左右边框的样式为实线，上下边框的样式为虚线；代码“border-color：#00F #FCA90A #F00;”使用了3个参数，实现了上边框颜色为蓝色（#00F），左右边框颜色为橙色（#FCA90A），下边框颜色为红色（#F00）。在img标签选择器中通过“border:4px double #FCA90A;”实现了图片4个边框宽为4像素、双实线、橙色（#FCA90A）的效果，预览页面效果如图6-7所示。

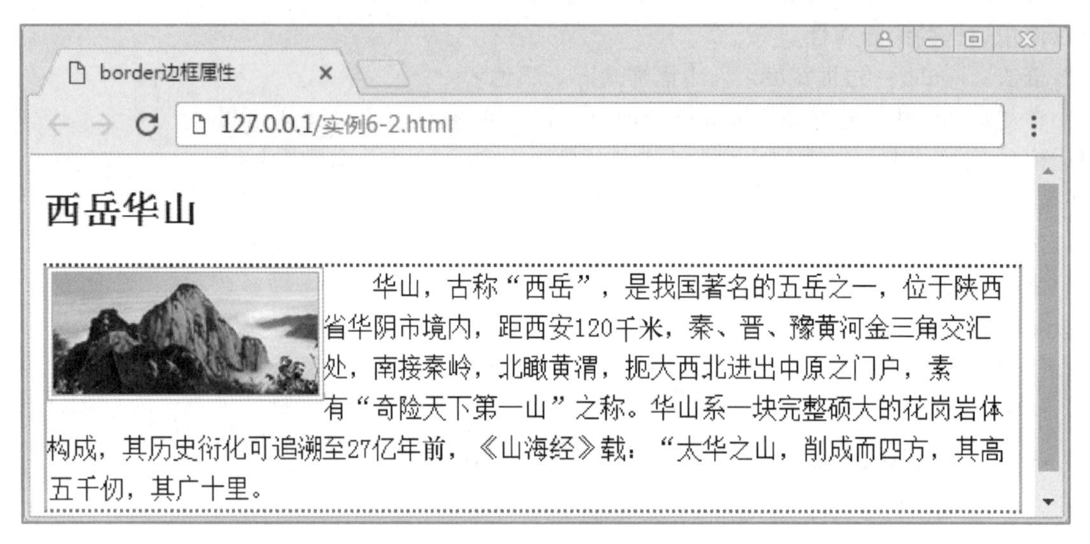

图6-7　边框属性的使用

6.2.2　边距属性

微课6-4：
边距属性

CSS的边距属性分为内边距（padding）和外边距（marign）两种。

1. 内边距（padding）

内边距主要用来调整内容在盒子中的值，指的是元素内容与边框border之间的距离，也被常称为内填充。

语法： padding:上内边距值[右内边距值 下内边距值 左内边距值]；

在CSS中padding属性用于设置内边距，它在一个复合属性语法格式中。边距值由数字和单位组成的长度值，不可为负值，常用取值单位为像素px，数值也可以是百分比，使用百分比时，内边距的宽度值随着父元素宽度width的变化而变化，与height无关。

padding也遵循值复制的原则，值可以取1～4个，设置了1个值，应用于4个内边距相等；设置了2个或3个值，省略的值与对应的内边距相等；设置了4个值，按照上、右、下、左的顺序设置4个内边距。

当只对某个方向的内边距进行设置时，可以通过 padding-top（上内边距）、padding-right（右内边距）、padding-bottom（下内边距）、padding-left（左内边距）分别设置。

2. 外边距（margin）

margin 指的是元素边框与相邻元素之间的距离。

语法： margin:上外边距值[右外边距值 下外边距值 左外边距值]；

在 CSS 中 margin 属性用于设置外边距，它是一个复合属性，与内边框 padding 的用法类似。当只需要对某个方向的外边距进行设置时，可以通过 margin-top（上外边距）、margin-right（右外边距）、margin-bottom（下外边距）、margin-left（左外边距）分别设置。

使用 margin 应注意以下两点；

① margin 可以使用负值，使相邻元素重叠。

② 当使用盒元素进行布局时，使用了宽度属性，同时将 margin 的左、右外边距设置为 auto 时，可以实现盒元素的居中。

【实例 6-3】 内外边距的使用。

<style>标签中样式表定义的核心代码如下。

```
<style type="text/css">
    div{ line-height:160%;
        text-indent:2em;
        border:1px solid #FF0000;
        width:600px;            /*设置 div 的宽 width*/
        margin:0 auto;          /*配合 div 的宽 width,设置 margin,实现水平居中*/
        padding:10px;           /*设置上右下左的内边距都为 10px*/
    }
    h2{  font-family:"微软雅黑";
        color:#FFF;
        background:#F00;
        padding:10px 0px;       /*设置上下的内边距为 10px,左右为 0px*/
    }
    img{ border:4px double #F00;     /*设置图片的边框样式*/
        margin:10px 20px;       /*设置图片的上下外边距为 10px,左右外边距为 20px*/
    padding:5px 10px;           /*设置图片的上下的内边距为 5x,左右为 10px*/
    }
</style>
```

<body>标签中 HTML 结构核心代码如下。

```
<body>
    <div>
```

```
            <h2>西岳华山</h2>
            <img src="img/huashan.jpg" align="left">
            华山，古称“西岳”，是我国著名的五岳之一，位于陕西省华阴市境内，距西安
120 千米，秦、晋、豫黄河金三角交汇处，南接秦岭，北瞰黄渭，扼大西北进出中原之门户，素
有“奇险天下第一山”之称。华山系一块完整硕大的花岗岩体构成，其历史衍化可追溯至 27
亿年前，《山海经》载：“太华之山，削成而四方，其高五千仞，其广十里。
        </div>
    </body>
```

实例 6-3 中，通过设置 div 的宽度“width:600px;”和“margin:0 auto;”实现了 div 的水平居中，通过设置“padding:10px 0px;”，调整了 h2 元素的行高，通过“margin:10px 20px;”调整了图片与文字之间的距离，通过“padding:5px 10px;”调整了图片与双线边框之间的距离，预览页面效果如图 6-8所示。

图 6-8　内外边距的使用

6.2.3　CSS3 新增属性

CSS3 中新增加了圆角边框、图片边框、盒子阴影等属性。

1. 圆角边框

微课 6-5：
CSS3 新增圆角边框

在 CSS3 中，使用 border-radius 属性实现了矩形边框的圆角化。

语法： border-radius:半径值 1/半径值 2;

语法中，border-radius 的属性值包含 2 个参数，取值可以为像素值或百分比。其中“半径值 1”表示圆角的水平半径，“半径值 2”表示圆角的垂直半

径，两个参数之间用“/”隔开。

【实例 6-4】圆角边框属性的设置。

<style>标签中样式表定义的核心代码如下。

```
<style type="text/css">
    img{
        width:400px;
        height:400px;
        border:4px solid #4087d0;
        border-radius:160px/80px;/*分别设置水平半径为 160px、垂直半径为 80px*/
    }
</style>
```

<body>标签中 HTML 结构的核心代码如下。

```
<body>
    <img src="img/st.jpg">
</body>
```

实例 6-4 中，设置了水平半径 160px、垂直半径 80px，预览页面效果如图 6-9所示。参数在图中的示意如图 6-10 所示。

图 6-9　圆角边框的设置

图 6-10　圆角边框的参数示意图

在定义 border-radius 属性时，如果只保留一个参数。

例如：border-radius：200px；

由于图片自身的宽、高都为 400px，所以整体图片显示为圆形，如图 6-11 所示。

图 6-11 设置一个参数的效果

border-radius 也遵循值复制的原则，值可以取 1 ~4 个，设置 1 个值时，4 个圆角具有相同的弧度；设置了 2 个值时，左上与右下的圆角半径使用第 1 个值，右上与左下使用第 2 个参数，如“border-radius:80px 0px;”，此时页面效果如图 6-12 所示。

还可以设置 3 个数值，左上圆角半径使用第 1 个值，右上与左下使用第 2 个参数，右下圆角半径使用第 3 个值；设置 4 个值时，按照左上、右上、右下、左下的顺时针方向的 4 个圆角半径分别显示 4 个数值。

2. 图片边框

微课 6-6：CSS3 新增图片边框

在 CSS3 中，使用图片边框 border-image 实现对区域整体添加一个图片边框。border-image 属性是综合属性，还包括 border-image-source、border-image-slice、border-image-width、border-image-outset 以及 border-image-repeat 等属性，属性名称及其含义见表 6-2。

图 6-12　设置两个数值的效果

表 6-2　图片边框的属性与含义

属性名称	含　义
border-image-source	指定图片路径
border-image-slice	指定边框图像顶部、右侧、底部左侧内偏移量
border-image-width	指定边框宽度，可以设置 1 ~ 4 个值
border-image-outset	指定背景向盒子外部延伸的距离，可以设置 1 ~ 4 个值
border-image-repeat	指定背景图片的平铺方式，stretch 表示拉伸、repeat 表示重复、round 表示环绕

这些属性的使用语法如下：

border-image-source:none | 图片路径;

border-image-slice:图像顶部、右侧、底部左侧内偏移值（像素或百分比）;

border-image-width:边框的宽度值（像素）;

border-image-outset:数值;

border-image-repeat:stretch | repeat | round;

综合属性语法如下：

border-image:border-image-source border-image-slice/border-image-width/ border-image-outset border-image-repeat;

【实例 6-5】图片边框的使用。

<style>标签中样式表定义的核心代码如下。

```
<style type="text/css">
    div{
        width:500px;
        height:500px;
        background-color:#cafc32;
        border-image-source:url(img/bg.png);    /*设置边框图片的 url 路径*/
        border-image-slice:33%;                 /*设置边框图片的内偏移量*/
        border-image-width:100px;               /*设置边框宽度*/
        border-image-outset:0px;                /*设置边框图片区域超出边框量*/
        border-image-repeat:repeat;             /*设置边框图片的平铺方式*/
    }
</style>
```

<body>标签中 HTML 结构的核心代码如下。

```
<body>
    <div></div>
</body>
```

实例 6-5 中设置了图片、内偏移、边框宽度、图像区域超出量、图片的平铺方式等，图片素材如图 6-13 所示，运行实例 6-5 代码后，页面效果如图 6-14 所示。

图 6-13　边框图片素材

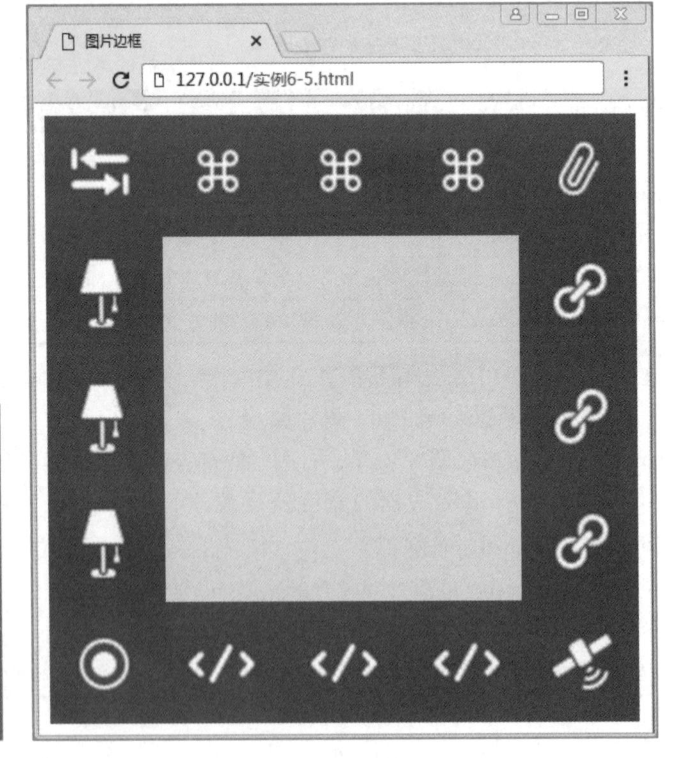

图 6-14　边框图片使用的效果

通过比较图6-13和图6-14，边框图片素材的四角位置（即左上、右上、左下、右下的位置）和盒子边框四角位置的数字是吻合的。也就是说，在使用 border-image 属性设置边框图片时，会将素材分割成9个区域，即图6-13中的9个区域。在显示时，将左上、右上、左下、右下作为四角位置的图片，将左中、上中、右中、下中作为四边的图片填充。

如果使用 border-image 综合属性表达时，代码如下：

```
border-image:url(img/bg.png) 33%/100px/0px repeat;
```

考虑浏览器的兼容性问题，代码修改如下：

```
-moz-border-image:url(img/bg.png) 33%/100px/0px repeat;   /*兼容 Chrome/safari*/
-webkit-border-image:url(img/bg.png) 33%/100px/0px repeat;   /*兼容 Firefox*/
```

详细代码，请浏览素材代码“实例6-5-1.html”。

3. 阴影效果（box-shadow）

CSS 中的 box-shadow 属性可以实现阴影效果。

微课6-7：CSS3新增阴影效果

语法： box-shadow:水平阴影值 垂直阴影值 模糊距离值 阴影大小值 颜色 阴影类型;

语法中，水平阴影值表示元素水平阴影位置，可以为负值（必选属性）；垂直阴影值表示元素垂直阴影位置，可以为负值（必选属性）；模糊距离值表示阴影模糊半径（可选属性）；阴影大小值表示阴影扩展半径，不能为负值（可选属性）；颜色表示阴影的颜色（可选属性）；阴影类型主要包含内阴影（inset）/外阴影（默认）（可选属性）。

【实例6-6】阴影效果 box-shadow。

<style>标签中样式表定义的核心代码如下。

```
<style type="text/css">
img{
    border:10px solid #EEE;
    border-radius:50%;                          /*分别设置水平半径、垂直半径各50%*/
    box-shadow:20px 20px 30px 20px #4087D0;      /*设置图片的阴影效果*/
    }
</style>
```

<body>标签中 HTML 结构的核心代码如下。

```
<body>
    <img src="img/st.jpg">
</body>
```

实例6-6中，设置了水平阴影20px、垂直阴影20px，阴影模糊半径30px；阴影大小20px，阴影颜色为蓝色（#4087D0），默认为外阴影，预览页面效果如图6-15所示。

如果设置内阴影，则需要设置内边距 padding，否则看不到内阴影的效果。

图 6-15　默认的外阴影效果

例如将代码修改为：

```
padding:30px;                                    /* 设置内边距为 30px */
box-shadow:0px 0px 15px 15px #4087D0 inset;      /* 设置图片的内阴影效果 */
```

新设置的内阴影，由于在水平与垂直方向都设置为 0px，从而产生了向内的阴影的立体效果，预览页面效果如图 6-16 所示。详细代码，请浏览素材代码“实例 6-6-1. html”。

注意：box-shadow 向框添加一个或多个阴影。该属性是由逗号分隔的阴影列表，每个阴影由 2～4 个长度值、可选的颜色值以及可选的 inset 关键词来规定。省略长度的值是 0。

微课 6-8：CSS3 新增 box-sizing 属性

4. box-sizing 属性

CSS 中盒子的实际宽等于 width 的值、左右内边距值、左右边框宽度值、左右外边距值之和，高度也一样。这样容易出现当一个盒子的实际宽度确定之后，如果添加或者修改了边框或内边距，从而影响盒子的实际宽度，为了不影响整体布局，通常会通过调整 width 属性值，来保证盒子总宽度保持不变。运用 CSS3 的 box-sizing 属性可以解决这个问题。

图 6-16　内阴影效果

box-sizing 属性用于定义盒子的宽度 width 和高度值 height 是否包含元素的内边距和边框。

语法： box-sizing:content-box/border-box;

语法中，box-sizing 属性的取值及其含义见表 6-3。

表 6-3　box-sizing 属性的取值及其含义

属性名称	含　义
content-box	宽度和高度分别应用到元素的内容框； 在宽度和高度之外绘制元素的内边距和边框
border-box	为元素设定的宽度和高度决定了元素的边框盒； 就是说，为元素指定的任何内边距 padding 和边框 border 都将在已设定的宽度和高度内进行绘制； 通过从已设定的宽度和高度分别减去边框和内边距才能得到内容的宽度和高度

【实例 6-7】box-sizing 属性。

<style>标签中样式表定义的核心代码如下。

```
<style type="text/css">
.box1{width:500px;
     height:50px;
     margin:5px 0;
     border:10px solid #4087D0;
     padding:0 50px;
     box-sizing:border-box;                /*设置 box-sizing 为 border-box*/
     }
.box2{width:500px;
     height:50px ;
     margin:5px 0;
     border:10px solid #4087D0;
     padding:0 50px;
     box-sizing:content-box;               /*设置 box-sizing 为 content-box*/
     }
</style>
```

<body>标签中 HTML 结构的核心代码如下。

```
<body>
     <div class="box1">box-sizing 设置 border-box 值</div>
     <div class="box2">box-sizing 设置 content-box 值</div>
</body>
```

实例 6-7 中，box1 和 box2 都设置了 width 为 500px，height 为 50px，但是由于 box1 的 box-sizing 设置了 border-box 值，使得 width 包含了左、右边框的和 20px，左、右内边距的值 100px，所以 box1 的实际内容宽度为 380px；height 包含了上、下边框的 20px，所以文本内容的实际高度为 30px。由于 box2 的 box-sizing 设置了 content-box 值，所以遵循 CSS 中常规的计算方法，盒子 box2 的实际宽等于 width 设置的宽 500px、左与右内边距值的和 100px、左与右边框宽值之和 20px 的总和，也就是 620px。预览页面效果如图 6-17 所示。

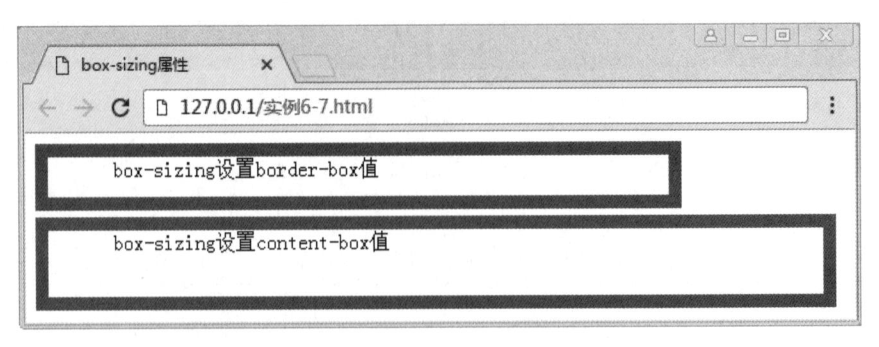

图 6-17　box-sizing 属性页面效果

6.3 元素的浮动与定位

6.3.1 元素的类型与转换

1. 元素的类型

HTML用于布局网页页面的元素主要分为块级元素、行内元素和行内块级元素。

微课6-9：元素的类型

（1）块级元素（又名块状元素、块元素）

块状元素在网页中就是以块的形式显示，所谓块状就是元素显示为矩形区域，主要用于网页布局和网页结构的搭建。具有以下特点。

- 默认情况下，块状元素都会占据一行，通俗地说，两个相邻块状元素不会出现并列显示的现象；默认情况下，块状元素会按顺序自上而下排列。

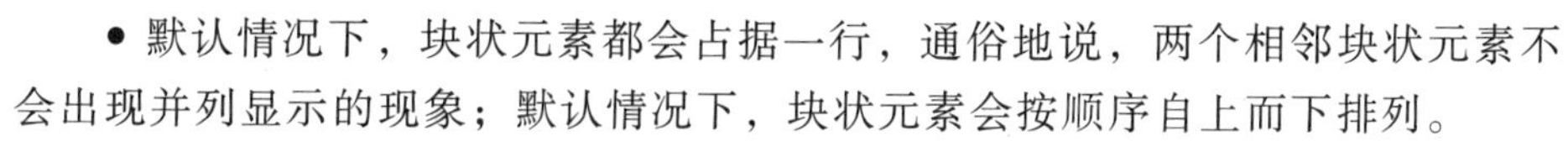

- 块状元素都可以定义自己的宽度和高度，还可以设置行高、边距等。
- 元素宽度在不设置的情况下，是它本身父容器的100%（和父元素的宽度一致），除非设定一个宽度。

常见的块元素有<div>、<dl>、<dt>、<dd>、<ol>、<ul>、<fieldset>、<h1～h6>、<p>、<form>、<iframe>、<colgroup>、<table>、<tr>、<td>等，其中<div>标签是最典型的块级元素，被广泛应用于页面布局。

通过代码“display:block;”将元素设置为块级元素。

（2）行内元素（inline）

行内元素也称内联元素，是始终在行内逐个进行显示的，常用于控制页面中文本的样式。具有以下特点。

- 和其他元素都在一行上。
- 元素的高度、宽度、行高及顶部和底部边距不可设置。
- 元素的宽度就是它包含的文字或图片的宽度，不可改变。

常见的行内元素有<a>、<samp>、<strong>、<b>、<em>、<i>、<del>、<s>、<ins>、<u>、<span>等。其中<span>标记是最典型的行内元素。<span>与</span>之间只能包含文本和各种文本的修饰标签，如加粗标记<strong>、倾斜标记<em>等，<span>中还可以嵌套多层<span>。

通过代码“display:inline;”将元素设置为行内元素。

（3）行内块级元素

行内块级元素（inline-block）就是同时具备行内元素、块级元素的特点。本质仍是行内元素，但是可以设置width及height属性。

例如<img>、<input>标签就是这种行内块级标签。

通过代码“display:inline-block;”将元素设置为行内块级元素。

【实例6-8】元素的类型使用。

<style>标签中样式表定义的核心代码如下。

```
<style type="text/css">
div,h2,p{background-color:#eafc8f; height:40px;}    /*定义块级元素的样式*/
b,span,em{background-color:green; color:white;}     /*定义行内元素的样式*/
a{                                                  /*定义行内块级元素的样式*/
    width:100px;
    height:50px;
    background-color:pink;
    display:inline-block;
}
</style>
```

<body>标签中HTML结构的核心代码如下。

```
<body>
    <div>块元素 1</div>
    <h2>块元素 1</h2>
    <p>段落块
        <b>行内元素 1</b><span>行内元素 2</span><em>行内元素 3</em>
    </p>
    <a href="#">行内块元素 1</a><a href="#">行内块元素 2</a><a href="#">行内块元素 3</a>
</body>
```

运行实例6-8代码，预览页面效果如图6-18所示。

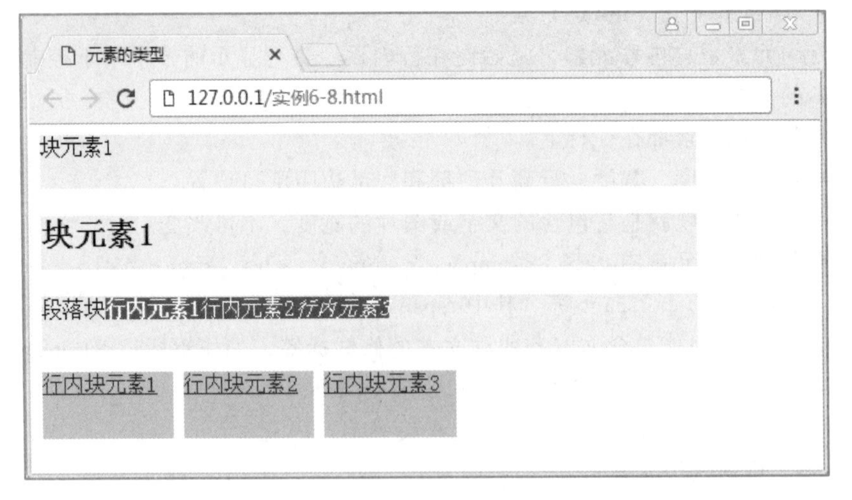

图6-18　不同类型的元素效果

通过实例6-8可以看到行内元素与块级元素直观上的区别。

- 行内元素会在一条直线上排列，都是同一行的，水平方向排列。块级元素各占据一行，垂直方向排列。块级元素从新行开始结束接着一个断行。
- 块级元素可以包含行内元素和块级元素。行内元素不能包含块级元素。

- 行内元素与块级元素属性的不同，主要是在盒模型属性上。行内元素设置 width 无效，height 无效（可以设置 line-height），margin 上下无效，padding 上下无效。

2. 元素的类型转换

盒子模型可通过 display 属性来改变默认的显示类型。

语法： display:inline | block | inline-block | none;

微课 6-10：元素的类型转换

inline：此元素将显示为行内元素（行内元素默认的 display 属性值）。

block：此元素将显示为块元素（块元素默认的 display 属性值）。

inline-block：此元素将显示为行内块元素，可以对其设置宽高和对齐等属性，但是该元素不会独占一行（行内块级元素的 display 属性值）。

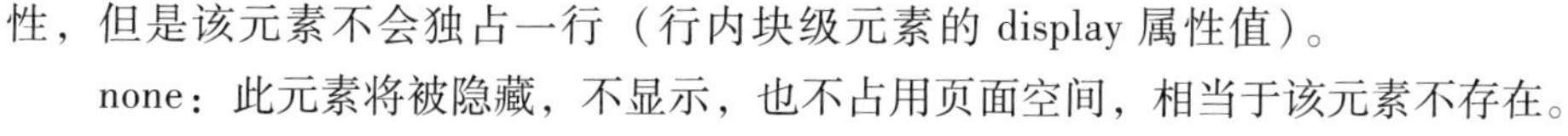

none：此元素将被隐藏，不显示，也不占用页面空间，相当于该元素不存在。

【实例 6-9】元素类型的转换，整个代码如下。

```
<! DOCTYPE html>
<html>
    <head>
        <meta charset="utf-8"/>
        <title>元素类型的转换</title>
    </head>
    <body>
        <div>块元素 1</div>
        <div>块元素 2</div>
        <div>块元素 3</div>
        <a href="http://www.baidu.com">百度网</a>
        <a href="https://www.taobao.com">淘宝网</a>
        <a href="http://www.qq.com">腾讯网</a>
    </body>
</html>
```

此时，3 个 div 元素为块元素，所以它们分别显示为 3 行；3 个 a 元素为行元素，所以它们显示为 1 行，运行实例 6-9 代码，预览页面效果如图 6-19 所示。

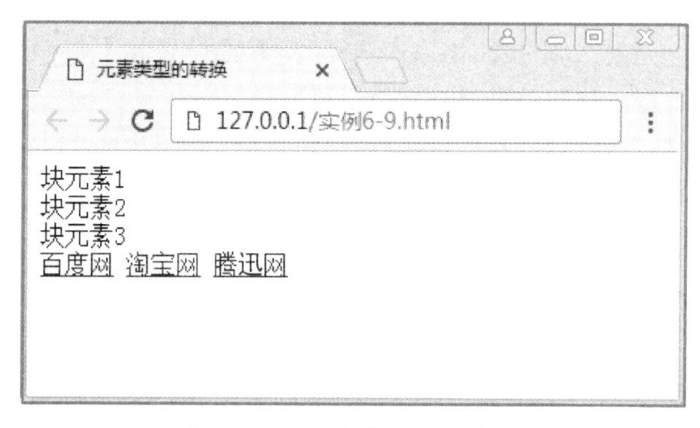

图 6-19　元素默认呈现效果

如果将实例6-9.html另存为实例6-9-1.html，然后将div定义为内元素，而将a定义为块元素，则3个div会变成1行，而3个a元素会分别变成3行，代码如下：

```
<style type="text/css">
    div{
        background-color:#eafc8f;
        display:inline;                /*将块级元素 div 转换为行内元素*/
    }
    a{
        width:100px;
        height:40px;
        margin:5px 0;
        background-color:pink;
        display:block;                 /*将行内元素 a 转换为块级元素*/
    }
</style>
```

运行代码实例6-9-1.html，页面效果如图6-20所示。

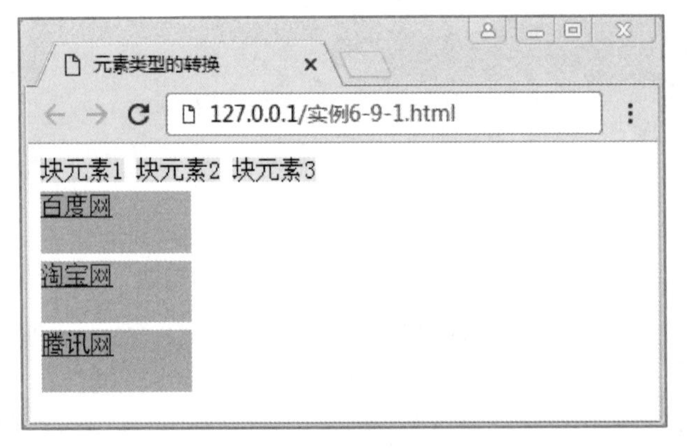

图6-20 元素的转换效果

如果再将实例6-9-1.html另存为实例6-9-2.html，再次将div与a元素都转换为行内块元素，则3个div与3个a元素都放置在1行，当宽度不够时，会自动放置在2行，代码修改如下：

```
<style type="text/css">
    div,a{
        width:100px;
        height:40px;
        margin:5px 5px;
        background-color:#eafc8f;
        display:inline-block;          /*将块与行内元素转换为行内块元素*/
```

```
        }
</style>
```

运行代码（实例 6-9-2. html），页面效果如图 6-21 所示。

图 6-21　块元素与行内元素都转换为行内块元素的效果

6. 3. 2　浮动属性（float）

微课 6-11：
浮动属性 float

在 CSS 中，通过 float 属性定义元素向哪个方向浮动。应用了浮动后元素会脱离标准文档流的控制，移动到其父元素中指定位置。

语法： float:none | left | right;

语法中，属性值 none 表示元素不浮动，默认值。属性值 left 表示元素向左浮动，属性值 right 表示元素向右浮动。

【实例 6-10】 float 浮动属性的使用。

<style>标签中样式表定义的核心代码如下。

```
<style type="text/css">
    div{ width:100px;
        height:50px;
        margin:5px;
        padding:10px;
        background-color:#eafc8f;
        border:1px solid red; }
    #box1{width:100px; }
    #box2{width:200px; }
</style>
```

<body>标签中 HTML 结构核心代码如下。

```
<body>
    <div id="box1">块元素 1</div>
    <div id="box2">块元素 2</div>
    <p>属性定义元素在哪个方向浮动。以往这个属性总应用于图像,使文本围绕在
图像周围,不过在 CSS 中,任何元素都可以浮动。浮动元素会生成一个块级框,而不论它本
身是何种元素。</p>
```

```
</body>
```

此时，所有元素均不设置 float 属性，2 个块级 div 元素以及 p 元素占据页面整行，也就是等同于默认值 none，运行【实例 6-10】代码，预览页面效果如图 6-22 所示。

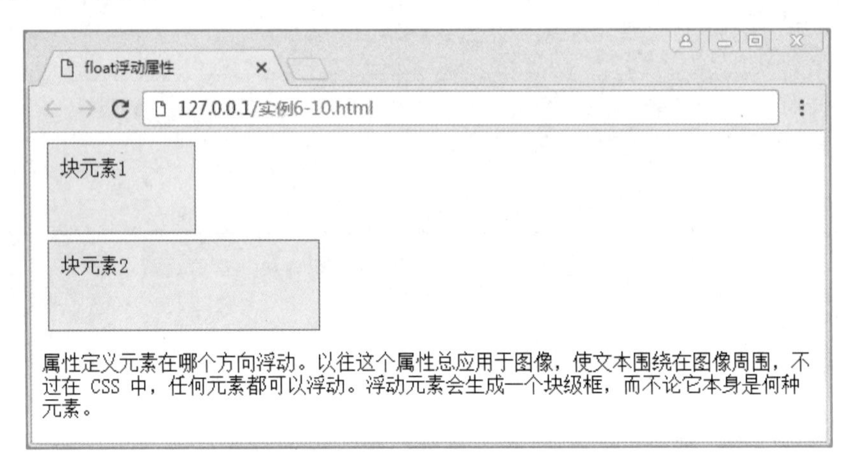

图 6-22　不设置浮动时的页面效果

将“实例 6-10. html”另存为“实例 6-10-1. html”，设置 box1 元素为左浮动。则 CSS 代码如下。

```
#box1{
    width:100px;
    float:left;              /*设置其为左浮动*/
    }
```

运行代码（实例 6-10-1. html），页面效果如图 6-23 所示。

图 6-23　设置 box1 的左浮动效果

在图 6-23 中，因为给 box1 设置了左浮动后，box1 浮动到了 box2 的左侧，也就是说 box1 不再受文档流控制，出现在了一个新的层上，而此时，box2 放置在了 box1 的正下方。

将“实例 6-10-1. html”另存为“实例 6-10-2. html”，继续给 box2 也设

置左浮动，CSS代码如下。

```
#box2{
    width:200px;
    float:left;              /*设置其为左浮动*/
    }
```

运行代码（实例6-10-2.html），页面效果如图6-24所示。

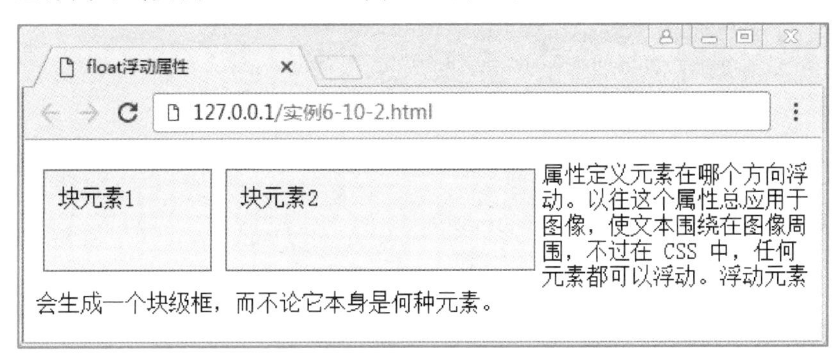

图6-24 设置box2的左浮动效果

此时，由于box1与box2都设置了左浮动，使得boxl、box2两个盒子整齐地排列在同一行，同时，p段落中的文本将环绕box1与box2，可以实现图文混排的网页效果。

将“实例6-10-2.html”另存为“实例6-10-3.html”，然后，将box2的float属性设置为“right”时，那么box2将浮动到屏幕右侧，CSS代码如下。

```
#box2{
    width:200px;
    float:right;              /*设置其为右浮动*/
    }
```

运行代码（实例6-10-3.html），页面效果如图6-25所示。

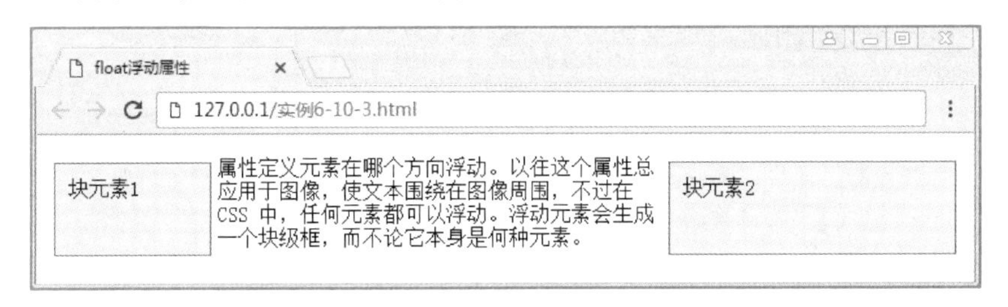

图6-25 设置box2的右浮动效果

6.3.3 清除浮动属性（clear）

微课6-12：
清除浮动属性clear

在CSS中，清除浮动属性clear定义了元素的哪一侧不允许出现浮动元素。

语法： clear:left | right | both;

语法中，属性值 left 表示不允许左侧有浮动元素，属性值 right 表示不允许右侧有浮动元素，属性值 both 同时清除左右两侧浮动的影响。

【实例 6-11】clear 清除浮动属性的使用。

<style>标签中样式表定义的核心代码如下。

```
<style type="text/css">
    div{ margin:5px 5px;
        padding:10px;
        background-color:#eafc8f;
        border:1px solid red; }
    #box1{width:100px;
        height:30px;
        float:left; }
    #box2{width:200px;
        height:60px;
        float:right; }
    #box3{line-height:160%;}
</style>
```

<body>标签中 HTML 结构核心代码如下。

```
<body>
    <div id="box1">块元素 1</div>
    <div id="box2">块元素 2</div>
    <div id="box3">属性定义元素在哪个方向浮动。以往这个属性总应用于图像,使文本围绕在图像周围,不过在 CSS 中,任何元素都可以浮动。浮动元素会生成一个块级框,而不论它本身是何种元素。</div>
</body>
```

运行【实例 6-11】代码，预览页面效果如图 6-26 所示。

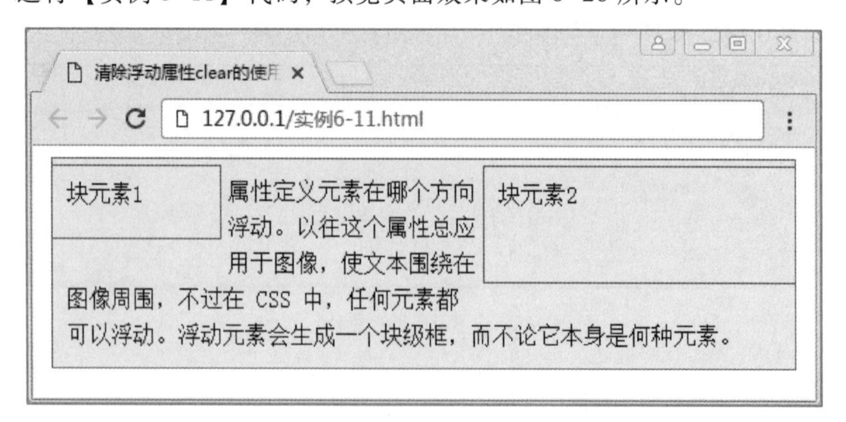

图 6-26　不设置清除浮动时的页面效果

将“实例 6-11. html”另存为“实例 6-11-1. html”，针对盒子 box3，如果清除左侧的浮动，CSS 代码如下。

```
#box3{
        line-height:160%;
        clear:left;                  /* 设置清除左浮动属性 */
    }
```

运行代码（实例 6-11-1. html），页面效果如图 6-27 所示。

图 6-27　清除 box3 元素的左浮动后的效果

将“实例 6-11-1. html”另存为“实例 6-11-2. html”，针对盒子 box3，如果清除右侧的浮动，CSS 代码如下。

```
#box3{
        line-height:160%;
        clear:right;                  /* 设置清除右浮动属性 */
    }
```

运行代码（实例 6-11-2. html），页面效果如图 6-28 所示。

图 6-28　清除 box3 元素的右浮动后的效果

也可以设置为 both 时，可以清除左右两侧的浮动。

6.3.4　元素的定位

微课 6-13：
元素的定位

在 CSS 页面布局时，通过 position 属性定义来设置元素的定位模式。

语法： position:static | relative | absolute | fixed;

语法中，static 表示静态定位，是默认的定位方式；relative 表示相对定位，相对于其原文档流的位置进行定位；absolute 表示绝对定位，相对于其上一个已经定位的父元素进行定位；fixed 表示固定定位，相对于浏览器窗口进行定位。

在确定了定位模式后，还要配合偏移的边缘属性来定义元素的具体位置，在 CSS 中主要通过 top、right、bottom 和 left 来精确定义定位元素的位置，具体含义见表 6-4。

表 6-4 边偏移属性及含义

名称	含义
top	规定元素的顶部边缘。定义元素相对于其父元素上边线的距离
right	右侧偏移量，定义元素相对于其父元素右边线的距离
bottom	底部偏移量，定义元素相对于其父元素下边线的距离
left	左侧偏移量，定义元素相对于其父元素左边线的距离

当多个元素同时设置定位时，定位元素之间有可能会发生重叠，在 CSS 中，要想调整重叠定位元素的堆叠顺序，可以对定位元素应用 z-index 层叠等级属性，其取值可为正整数、负整数和 0。

以下是几种定位方式。

1. 静态定位（static）

静态定位 static 是元素的默认定位方式，各个元素遵循 HTML 文档流中默认的位置。所以通常都省略在代码中写出来。

注意：在静态定位状态下，无法通过边偏移属性（top、right、bottom 和 left）来改变元素的位置。

【实例 6-12】静态定位 static 的使用。

<style>标签中样式表定义的核心代码如下。

```
<style type="text/css">
    section{
        border:1px solid red;
        background-color:#EEEEEE; }
    div{ width:400px;
        height:50px;
        margin:5px 5px;
        padding:10px;
        border:1px solid red; }
    #box1{background-color:#eafc8f;}
    #box2{
        background-color:#FFFF00;
        position:static;            /*设置静态定位,默认情况下可以省略*/
```

```
        left:25px;              /* 设置距离父元素左边线 25px */
        top:25px;               /* 设置距离父元素顶部边线 25px */
    }
    #box3{background-color:#dff4fb;}
</style>
```

<body>标签中 HTML 结构核心代码如下。

```
<section>
    <div id="box1">区块 1</div>
    <div id="box2">区块 2</div>
    <div id="box3">区块 3</div>
</section>
```

在【实例 6-12】中，没有 box1 和 box3 定义定位方式，而给元素 box2 定义了 static 定位方式，同时定义了 left 和 top 的值都为 25px，实际由于 static 为系统默认的定位方式，所以，box2 的 static 定位方式没有实际意义，尤其是 left 和 top 的设置，在 static 模式下是不起作用的，预览页面效果如图 6-29 所示。

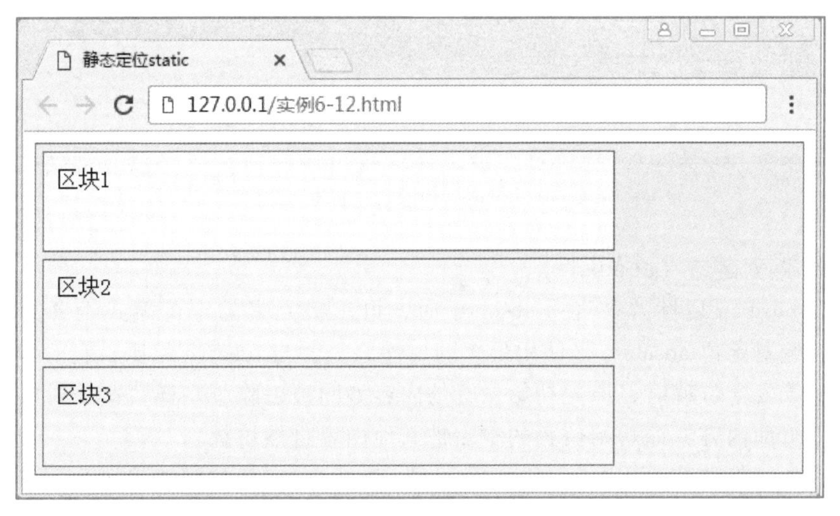

图 6-29　static 静态定位的页面效果

2. 相对定位（relative）

相对定位表示它相对的参照物就是它在 static 状态下的位置，即默认的位置，通过 top、right、bottom 和 left 属性来控制它们的位置。

例如，将【实例 6-12】中 box2 的 static 定位模式修改为 relative，CSS 代码如下。

```
#box2{
    background-color:#eafc8f;
```

```
    position:relative;                    /* 设置相对定位 */
    left:25px;
    top:25px;
}
```

将修改后的“实例 6-12. html”另存为“实例 6-12-1. html”，运行代码，结构就会发生变化，区块 2 初始的位置被保留，只是会偏离原先的位置（向右偏移 25px，向下偏移 25px），而偏移后的初始位置，为一片空白，预览页面效果如图 6-30 所示。

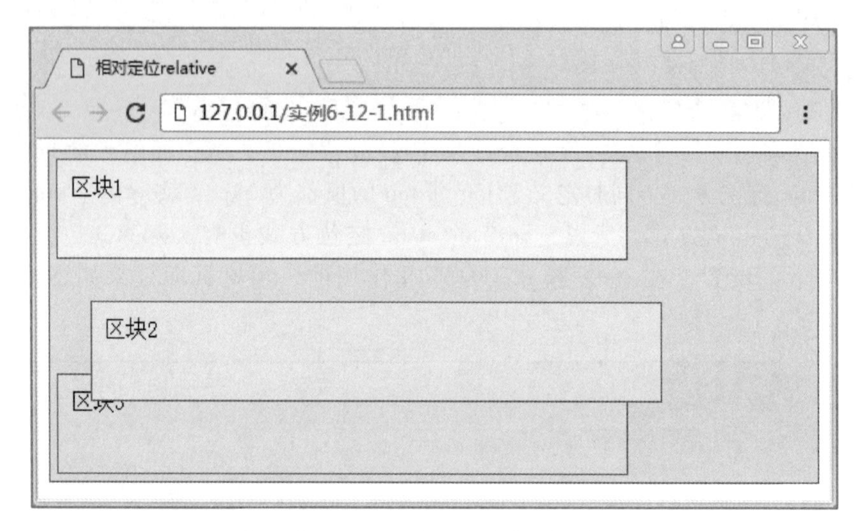

图 6-30　relative 相对定位的页面效果

3. 绝对定位（absolute）

当 position 属性的取值为 absolute 时，可以将元素的定位模式设置为绝对定位。绝对定位 absolute 是使用最多的属性之一。与 relative 相比，它的特点在于当对象发生位移时，原先初始位置的内容如同被去除了一样，这个对象独立于其他页面内容，而初始位置的空白被其他内容自然填补。

例如，将“实例 6-12-1. html”中 box2 的 static 定位模式修改为 absolute，CSS 代码如下。

```
#box2{
    background-color:#eafc8f;
    position:absolute;                    /* 设置绝对定位 */
    left:25px;
    top:25px;
}
```

将修改后的“实例 6-12-1. html”另存为“实例 6-12-2. html”，运行代码，结构就会发生变化，区块 2 独立于其他页面内容被分离出来，由于父元素 section 是默认的 static 定位，则区块 2 所发生的位移是相对于浏览器窗口向右偏移25px，向下偏移25px，而偏移后的初始位置被区块3所占领，预览页面效果如图6-31所示。

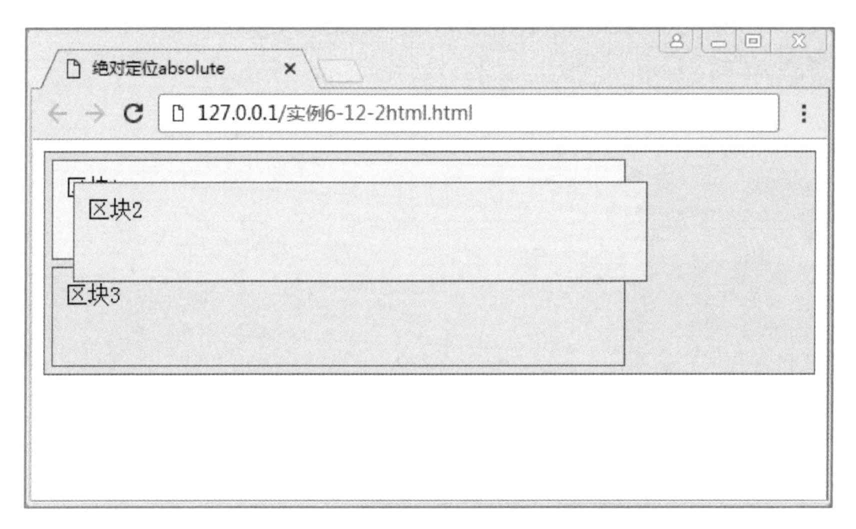

图6-31　absolute绝对定位的页面效果

尤其需要注意的是，绝对定位是将元素依据最近的已经定位（绝对、固定或相对定位）的父元素进行定位，若所有父元素都没有定位，则依据body根元素（浏览器窗口）进行定位。

所以，当区域2的父元素section的定位方式发生变化时，区块2的位置也会发生变化。

例如，将“实例6-12-2.html”另存为“实例6-12-3.html”，父元素section的定位模式修改为absolute，CSS代码如下。

```
section{
    border:1px solid red;
    background-color:#EEEEEE;
    position:relative;                    /*设置相对定位*/
    top:50px;                             /*设置距离body边框顶部边线50px*/
    }
```

而box2元素的定位方式仍为绝对定位。

```
#box2{
    background-color:#eafc8f;
    position:absolute;                 /*设置绝对定位*/
    left:25px;                         /*设置距离父元素左边线25px*/
    top:25px;                          /*设置距离父元素顶部边线25px*/
    }
```

由于父元素section的定位方式为相对定位，相对body的上边缘向下偏移了50px，所以对区块2的定位方式会产生影响，使得区块2会相对于它的父元素向下偏移25px，向右偏移25px，所以在垂直方向，相对于body向下偏移了75px，运行“实例6-12-3.html”，预览页面效果如图6-32所示。

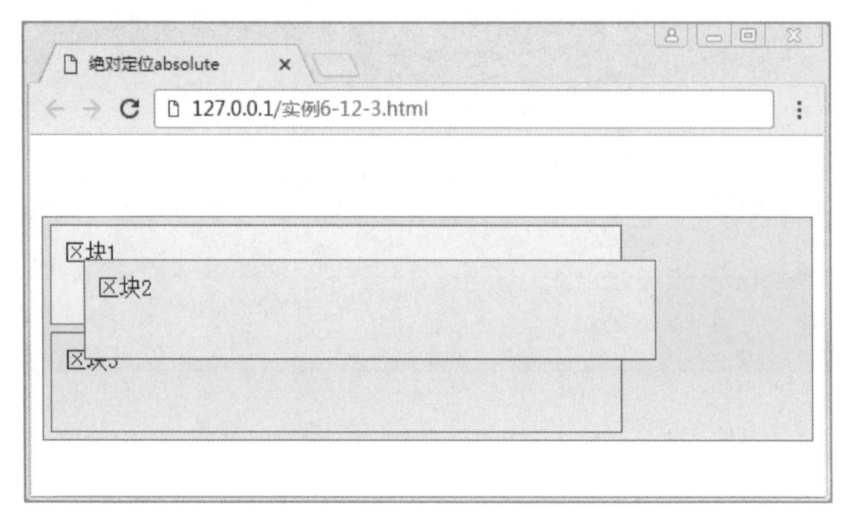

图6-32 absolute绝对定位的页面效果

4. 固定定位（fixed）

固定定位是绝对定位的一种特殊形式，它以浏览器窗口作为参照物来定义网页元素。当页面长度超出浏览器窗口时，页面会出现滚动条，绝对定位下的元素会随着页面一起移动，而固定定位下的页面元素不会随着页面滚动，会始终显示在浏览器窗口的固定位置。

6.3.5 overflow溢出属性

微课6-14：overflow溢出属性

在CSS中，overflow属性主要应用在当盒子内的元素超出盒子自身的大小时，内容就会溢出，如果想要规范溢出内容的显示方式，就需要使用overflow属性。

语法： overflow:visible | hidden | auto | scroll;

语法中，属性值visible为默认值，表示内容不会被修剪，会呈现在元素框之外；hidden表示溢出内容会被修剪，并且被修剪的内容是不可见的；auto表示在需要时产生滚动条，即自适应所要显示的内容；scroll表示溢出内容会被修剪，且浏览器会始终显示滚动条。

【实例6-13】overflow属性的使用。

<style>标签中样式表定义的核心代码如下。

```
<style type="text/css">
    p{ width:520px;
       height:60px;
       margin:5px 5px;
       padding:10px;
```

```
        border:1px solid red;
        background-color:#EEEEEE;
        line-height:160% ;
        text-indent:2em;
        overflow:visible;              /* 溢出内容在元素框之外,但可以显示 */
    }
</style>
```

<body>标签中 HTML 结构核心代码如下。

```
<body>
<p>层叠样式表(英文全称:Cascading Style Sheets)是一种用来表现 HTML(标准通用标记语言的一个应用)或 XML(标准通用标记语言的一个子集)等文件样式的计算机语言。CSS 不仅可以静态地修饰网页,还可以配合各种脚本语言动态地对网页各元素进行格式化。</p>
</body>
```

运行【实例 6-13】代码，页面效果如图 6-33 所示。由于 p 元素的宽 520px、高 60px 的区域不能完全显示内部的文本内容，出现了溢出现象，默认情况下 overflow 设置为 visible，溢出部分能正常显示，不会被裁剪。通常情况下，并没有必要设定 overflow 的属性为 visible，除非需要覆盖它在其他地方设定的值时。

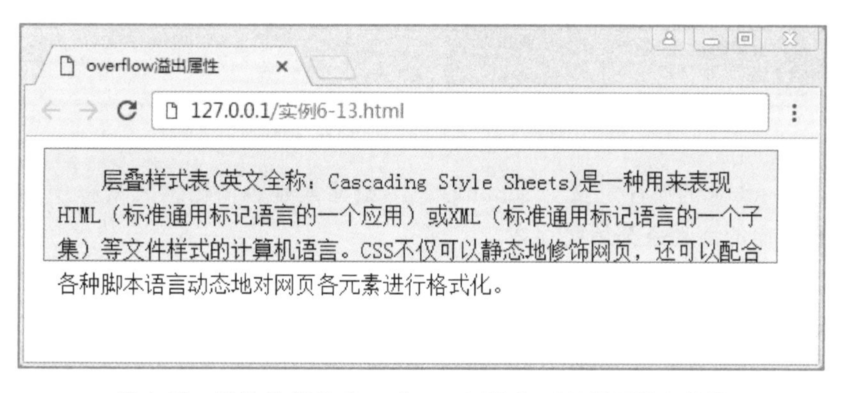

图 6-33　默认状态下 “overflow：visible” 时的页面溢出效果

如果将【实例 6-13】中的代码 “overflow:visible;” 修改为 “overflow:hidden;” 则可以实现将溢出部分隐藏。

将 “实例 6-13. html” 另存为 “实例 6-13-1. html”，修改代码如下。

```
overflow:hidden;          /* 将 p 区域溢出部分隐藏 */
```

运行 “实例 6-13-1. html” 代码，页面效果如图 6-34 所示。

当 overflow 的属件定义为 auto 时，可以实现元素框能够自适应其内容的多少，溢出时出现滚动条，不溢出时滚动条消失。

将 “实例 6-13-1. html” 另存为 “实例 6-13-2. html”，修改代码如下。

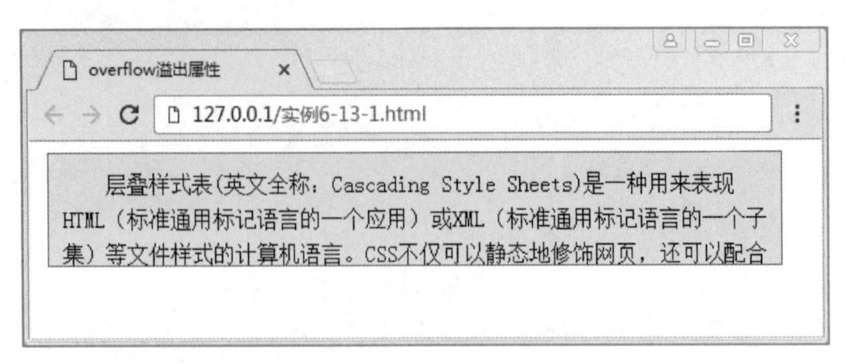

图 6-34 设置“overflow:hidden”时的页面溢出效果

```
overflow:auto;            /* p 区域的滚动条会随着内容的多少决定是否显示 */
```

运行“实例 6-13-2. html”，页面效果如图 6-35 所示。在 p 元素边框的右侧产生了垂直的滚动条，拖动滚动条即可查看溢出的内容。当 p 中文本不断减少时，滚动条就会消失。

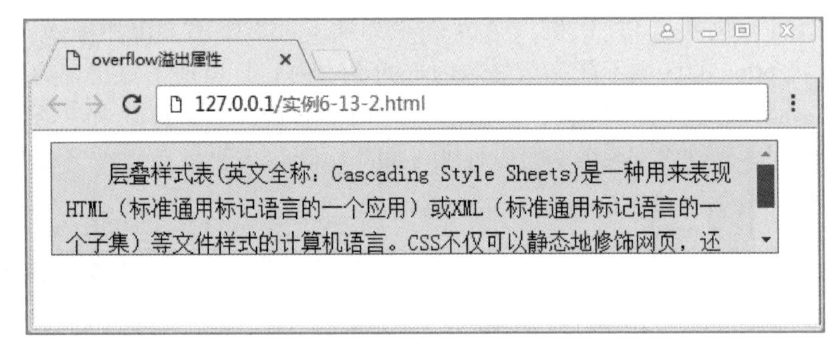

图 6-35 设置“overflow:auto”时的页面溢出效果

当 overflow 的属性定义为 scroll 时，不论元素是否溢出，元素框中的水平和竖直方向的滚动条都始终存在。

将“实例 6-13-2. html”另存为“实例 6-13-3. html”，修改代码如下。

```
overflow:scroll;            /* 始终显示滚动条 */
```

运行“实例 6-13-3. html”，页面效果如图 6-36 所示，可以发现，图 6-36 中同时出现了水平和竖直方向的滚动条。

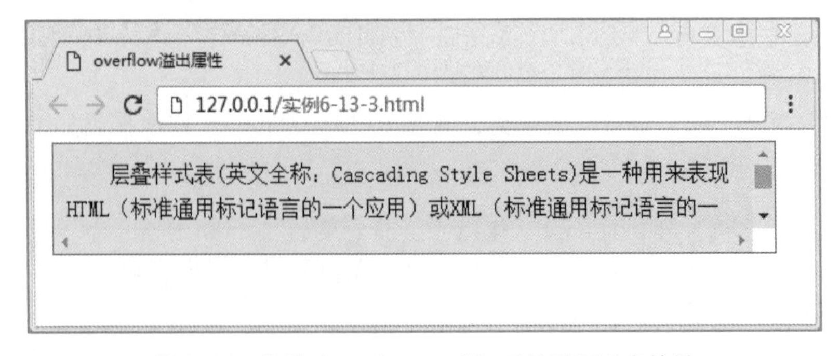

图 6-36 设置“overflow:scroll”时的页面溢出效果

6.4　综合实例：数字化教学资源平台网站布局

1. 页面效果与结构分析

依据“数字化教学资源平台网站布局”的网站界面，如图6-37所示，应用盒子模型、浮动与定位方式的技术完成页面布局，基本的结构分析如图6-38所示。

图6-37　数字化教学资源平台页面最终效果

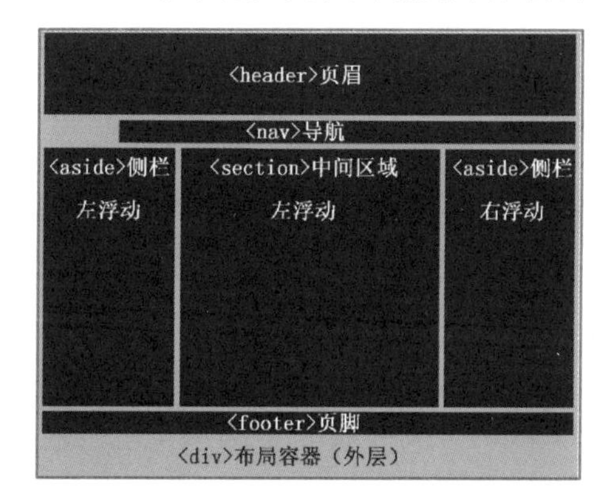

图6-38　数字化教学资源平台页面布局的结构示意图

微课6-15：
首页头部的信息和基础样式的实现

2. 首页头部的信息和基础样式的实现

首先新建一个HTML文件（命名index.html），其代码程序如下：

```
<! DOCTYPE html>
<html>
    <head>
        <meta charset="utf-8" />
        <title>数字化教学资源平台网站</title>
        <link href="style/main.css" type="text/css" rel="stylesheet" />
    </head>
    <body>
    </body>
</html>
```

在<head>标签中使用link元素附加外部style文件夹下的main.css样式表文件。

新建一个CSS文件命名为main.css，保存在style文件夹，来定义页面的基础样式，其代码如下所示。

```
* {   /*通配符样式,定义了页面元素内外边距、颜色、字体大小、行高、列表样式、装饰等*/
    margin:0px;
    padding:0px;
    color:#58595B;
    font-size:13px;
    line-height:150%;
    list-style:none;
    text-decoration:none; }
body{background-color:#5c5c5c;}              /*定义页面的背景颜色*/
img{border:none;}                            /*定义所有图片无边框*/
a {color:#ffffff; }                          /*定义超链接的颜色为白色*/
a:link{text-decoration:none;}                /*定义所有图片无边框*/
a:hover {text-decoration:underline;}         /*定义超链接鼠标滑过的效果*/
.clear{                                      /*定义页面中通用的清除浮动的样式*/
    line-height:1px;
    clear:both;
    visibility:hidden;}
```

在基础样式中，使用通配符样式，定义了页面元素内外边距、颜色、字体大小、行高、列表样式、装饰等。为所有图片定义为无边框。

在<body>标签中定义一个基本的容器<div>来放置所有的页面元素，HTML代码如下。

```
<div id="main">
</div>
```

在 main. css 中为其定义的样式文件如下。

```
#main{                                    /* 整体页面的容器 */
width:820px;                              /* 定义页面内容的宽 */
margin:0 auto;                            /* 定义页面居中 */
background-color:#ffffff;                 /* 定义页面的背景颜色 */
}
```

3. 首页头部的分析与 HTML 结构实现

首先还是对头部的效果图进行分析，其目的是区分页面中内容和修饰的部分。头部的效果图如图 6-39 所示。

微课 6-16：首页顶部的 HTML 结构与 CSS 实现

图 6-39　页面头部效果图

从图 6-39 可以看出，头部主要分为两个部分，其中导航列表以上的部分可以采用背景图片的方式实现。导航菜单部分，左侧可以用一个圆角图片背景实现，其余部分可以用一个重复的渐变背景图片实现。每个导航内容之间的白色分割线，可以用背景图片来实现，也可以采用页面添加代码实现。

在制作头部之前，分析一下现在页面所要显示的效果。此时页面定义背景色为#5c5c5c（灰色），而从效果图可以看出，页面的主题部分是白色。所以首先要增加一个用于显示背景颜色的父元素。下面将头部分成 header 和 nav 两个部分，分别制作，其 HTML 结构代码如下。

```
<header id="header">
    <! --头部 logo 和 banner 所在的部分-->
    <div class="link"><a href="#">网站地图 </a> | <a href="#">联系我们</a></div>
</header>
<nav id="menu">
    <div class="menulist">
        <div class="menucontent">
            <ul>
                <li><a href="#">首页</a></li>
                <li> | </li>
                <li><a href="#">核心课程</a></li>
                <li> | </li>
                <li><a href="#">在线课程 </a></li>
```

```
                <li>｜</li>
                <li><a href="#">教学案例</a></li>
                <li>｜</li>
                <li><a href="#">拓展模块</a></li>
                <li>｜</li>
                <li><a href="#">关于我们</a></li>
            </ul>
        </div>
    </div>
    <div class="menuleft"></div>
    <div class="clear"></div>
</nav>
```

首先，定义了 header 部分，这里只定义了两个链接。然后，定义了 nav 导航，其中包含一个列表，列表项都是一些导航链接。

其中，定义 menulist 元素用来显示导航列表的背景；menuleft 元素用来制作导航列表左侧圆角（也可以使用 HTML 的 border-radius 属性来实现），分隔各个导航内容的“｜”，是修饰的一部分。按照 CSS 布局的本质，可以制作成背景图片，也可以尝试使用背景图片来实现。

4. 首页头部的 CSS 代码的编写

制作完页面结构之后，就可以编写 CSS 部分了。在编写 CSS 部分时，如果发现结构部分存在不合理的地方，要及时修改。

（1）header 部分的样式

header 部分的样式主要用来显示头部的背景图片，同时还要控制元素的居中显示，所以要定义元素的 margin 属性和合适的高度、宽度。同时，由于在 header 部分还存在着两个导航文本，所以要控制 link 元素的位置，使导航的文本显示在正确的位置上。具体代码如下所示：

```
#header{ width:790px; height:155px;           /*定义 header 的宽度与高度*/
    margin:0 auto;                            /*定义 header 居中*/
    background:url(../images/top.jpg) no-repeat right top;}
                                              /*定义 header 区域的背景*/
.link{
    float:right;                              /*定义元素右浮动*/
    margin:5px 5px 0 0;                       /*定义元素的外边距*/
    color:#ffffff;}                           /*定义元素内文本的颜色*/
```

定义完以上样式后，页面的显示效果如图 6-40 所示。

从图 6-40 可以看出，此时头部已经显示正常了，但是下面导航列表的文本却没有了。这是由于在基础样式中定义链接的颜色为白色，同时页面的背景颜色也是白色造成的。

图 6-40　定义了头部样式后的效果图

（2） menu 部分的样式

menu 部分包括两个部分，一个是左侧的圆角框，另一个是导航列表部分。具体代码如下：

```
#menu{ width:790px;margin:0 auto; padding:10px 0 5px 0;}   /* 定义菜单的宽度、位置
                                                              居中、内边距 */
.menulist{                              /* 定义导航列表的背景 */
    width:620px;                        /* 定义导航列表的宽度 */
    height:28px;                        /* 定义导航列表的高度 */
    float:right;                        /* 定义导航列表右浮动 */
    background:url(../images/index_20.gif) repeat-x;}   /* 定义导航列表的背景 */
.menuleft{                              /* 实现导航列表左侧的圆角形状 */
    width:13px;                         /* 定义左侧圆角形状的宽度 */
    height:28px;                        /* 定义左侧圆角形状的高度 */
    float:right;                        /* 定义右浮动 */
    background:url(../images/index_19.gif) no-repeat;}
                                                  /* 定义背景图实现圆角效果 */
.menucontent ul{margin-left:50px;}  /* 定义导航 ul 的左外边距 */
.menucontent ul li{                     /* 定义导航列表项的样式 */
    color:#ffffff;                      /* 定义 li 中的"|"分隔线为白色 */
    font-weight:bold;                   /* 定义 li 中文字字体加粗 */
    float:left;                         /* 定义 li 为左浮动 */
    margin:5px 0 0 10px;}               /* 定义 li 为外边距 */
```

上述代码中，首先要定义的就是 nav 导航元素的宽度和水平居中。接着要是导航列表处于 menu 的右侧，所以还要使用浮动属性控制导航元素的位置。

为了精确定位列表的位置，还要使用相应的内边距与外边距属性。同时还要定义导航列表的链接样式，使导航文本能正常显示。定义了以上样式后，页面的显示效果如图 6-39 所示。

微课 6-17：网页主体部分的 HTML 结构与 CSS 实现

5. 制作首页的主体部分

（1） 主体部分分析与结构实现

从图 6-38 可以看出，整个主体部分需要分为左、中、右 3 个区域，需要定义 3 个元素通过浮动来实现这个布局。左侧边栏内容分为 2 个部分，分别为

“在线开放课程” 和 “专题学习网站”。中间内容分为 2 个部分，分别为 “展示图片” 部分和 “教学案例库” 部分。右侧边栏也可以分为 2 个部分，“关于我们” 部分和 “欢迎图片” 部分。

所以，主体结构的 HTML 代码如下：

```
<section id="content">
    <aside class="left"></aside>
    <section class="middle"></section>
    <aside class="right"></aside>
</section>
```

针对这个结构，CSS 代码实现如下：

```
#content{                          /*主体部分的外层容器*/
    width:790px;                   /*定义宽度*/
    margin:0 auto 16px;            /*定义外边距*/
    padding-top:5px;}              /*定义内边距*/
.left{                             /*定义主体部分左侧边栏*/
    width:191px;
    float:left;}                   /*定义左浮动*/
.middle{                           /*定义主体部分中间区域*/
    width: 390px;
    float:left;                    /*定义左浮动*/
    margin-left:18px;}
.right{                            /*定义主体部分右侧边栏*/
    width: 171px;
    float:right;}                  /*定义左浮动*/
```

（2） 制作主体左侧部分的结构与样式

主体左侧部分的结构可以分为下面 2 个部分来制作。

① 在线开放课程列表部分的结构。

在线开放课程列表部分主要由圆角、列表标题和列表内容构成。具体结构程序如下：

```
<div class="course_lefttop"></div>
<div class="course_lefttitle">
    <span class="titlewhite"><a href="#">在线开放课程</a></span>
</div>
<div class="course_leftcontent">
  <ul>
        <li><a href="#">网页制作与网站设计 1</a></li>
        <li><a href="#">网页制作与网站设计 2</a></li>
        <li><a href="#">网页制作与网站设计 3</a></li>
        <li><a href="#">网页制作与网站设计 4</a></li>
```

```
            <li><a href="#">网页制作与网站设计 5</a></li>
    </ul>
</div>
```

左侧边栏中“在线开放课程”栏目使用列表来实现5个超链接。

在主体结构制作中。将标题部分分成几种颜色进行独立控制，所以使用一个 span 元素来进行控制。因为页面中间部分还有“在线开放课程”部分，所以在左侧部分的类名中加入了 left 字样用来区分。

CSS 代码如下。

```
.titlewhite{ margin-left:18px; font-size:14px; color:#ffffff; font-weight:bold; font-family:"微软雅黑";}
.course_lefttop{                          /*定义左边栏顶部的圆角边框效果*/
    height:5px;
    background:url(../images/index_37.gif) no-repeat;}
.course_lefttitle{                        /*定义左边栏标题栏文字效果*/
    background-color:#006699;
    height:20px;}
.course_leftcontent{                      /*定义左边栏标题栏文字内容*/
        height:140px;
        background-color:#e0edf3;
        padding:10px 0 14px 10px;}
.course_leftcontent li{                   /*定义左边栏标题栏文字内容*/
    margin-bottom:10px;
    padding-left:20px;
    background:url(../images/ar.gif) no-repeat left;}
.course_leftcontent li a{ color:#539CC0;}
```

② 专题学习网站部分的结构。

专题学习网站部分也是由标题和内容两大部分构成的，其中为了确定高度和背景。要将内容部分放到一个父元素之中。具体代码如下；

```
<div class="studytitle">
    <span class="titlewhite">专题学习网站</span>
</div>
<div class="studycontentbig">
    <div class="studycontent">
        <div class="studycontenttitle"><a href="#">计算机应用技术</a></div>
        <a href="#">计算机应用技术专题学习网站介绍</a>
    </div>
    ……
    <div class="studycontent">
        <div class="studycontenttitle"><a href="#">计算机应用技术</a></div>
```

```
        <a href="#">计算机应用技术专题学习网站介绍</a>
    </div>
</div>
```

“专题学习网站”这个模块分为两个部分，上面为标题，下面为每一模块具体的信息描述。标题模块由 studytitle 来定义，内容模块由 studycontent 来定义。CSS 代码如下。

```
.studytitle{                                          /*定义标题栏文字样式*/
    margin:16px 0 0;
    background-color:#006699;
    padding:5px;}
.studycontentbig{                                     /*定义专题学习网站内容区域
                                                        样式*/
    height:300px;
    padding:5px 0 3px 7px;
    background-color:#CDE3EC;}
.studycontent{                                        /*定义子内容样式*/
    width:170px;
    border-top:#666666 1px dashed;
    padding:3px 0 15px 0;}
.studycontenttitle a{ color:#024592; font-weight:bold;} /*定义标题超链接样式*/
.studycontent a{color:#58595B;}                       /*定义超链接样式*/
```

（3）制作主体中间部分的结构与样式

中间部分的结构可以分为“展示图片”和“教学实例库”两个部分。

①“展示图片”部分的结构。

“展示图片”部分的结构比较简单，可以不用任何包含元素，直接放在 middle 元素之中。由于 img 元素是内联元素，因此还要增加一个附加的 clear 元素（或者定义展示图片为块元素）来换行显示，具体程序代码如下：

```
<div class="middle">
    <img src="images/show.jpg" class="middle_show" alt="pic" />
    <div class="clear"></div>
</div>
```

图片的宽度和高度属于图片的表现部分，不定义在 img 元素中，CSS 样式如下。

```
.middle img{ float:left;}
.middle_show{width:390px;   height:227px;}
```

注意：图片使用了左浮动，为了不对其他元素产生影响，所以使用了清除浮动的专用的 div 元素。

②“教学实例库”标题部分。

标题部分的 HTML 结构代码如下：

```
<div class="middletitle">
    <span class="titlered">教学案例库</span>
</div>
```

其 CSS 样式定义如下。

```
.middletitle{width:390px;margin:16px 0 8px;background-color: #e5e5e5;}
.titlered{margin-left:15px;font-size:15px;font-weight:bold;color:#cc0000;font-family:
"微软雅黑";}
```

③“教学实例库”展示部分。

“教学实例库”展示部分主要由几个重复的部分组成，其中为了制作各个展示内容之间的分隔线，将5个展示的内容分成3类，左侧内容、右侧内容和底部中间内容。每个展示部分的图片、标题和内容，都使用相同的样式。具体 HTML 结构代码如下：

```
<div class="middlecontentbig">
    <! --==============教学案例左侧内容================-->
    <div class="middleleft">
        <img src="images/pic1.jpg" />
        <div class="piccontent">
            <div class="pictitle"><a href="#">网页制作</a></div>
            <a href="#">专业教学案例库相关内容介绍</a>
        </div>
    </div>
    <! --==============教学案例右侧内容================-->
    <div class="middleright">
        <img src="images/pic2.jpg" width="81" height="81" alt="pic" />
        <div class="piccontent">
            <div class="pictitle"><a href="#">网页制作</a></div>
            <a href="#">专业教学案例库相关内容介绍</a>
        </div>
    </div>
    <div class="clear"></div>
```

其 CSS 样式定义如下。

```
.middleleft{                          /*定义教学案例库左侧的样式*/
    width:194px;
    float:left;
    padding-bottom:5px;
    border-right:#666666 1px dashed;
    border-bottom:#666666 1px dashed;}
```

```
.middleright{                    /*定义教学案例库右侧的样式*/
    width:194px;
    float:left;
    padding-bottom:5px;
    border-bottom:#666666 1px dashed;}
.middleright img{margin-left:10px;}   /*定义教学案例库中图片的样式*/
.piccontent{                     /*定义子元素样式*/
    width:90px;
    height:80px;
    float:left;
    line-height:20px;
    margin:3px 0 4px 10px;}
.pictitle a{font-weight:bold;}        /*定义超链接的样式*/
```

(4) 制作主体右边栏的结构与样式

主体右侧部分的结构可以分为两个部分,“关于我们”的部分和“欢迎图片”的部分。

“关于我们”的结构设计与实现。

“关于我们”部分的结构大致可以分为:头部圆角、标题、内容、更多、底部圆角等部分。具体的结构程序如下:

```
<aside class="right">
    <div class="home_right">
        <div class="aboutustop"></div>
        <div class="aboutustitle"><span class="titlered">关于我们</span></div>
        <div class="aboutuscontent">欢迎访问我们的数字化教学资源平台站点!
</div>
        <div class="aboutusmore">
            <div class="more"><a href="#">more<img src="images/index_144.gif"
alt="pic" /></a>
            </div>
            <div class="clear"></div>
        </div>
        <div class="aboutusbottom"></div>
        <div class="welcomepic"><img src="images/velcome.jpg"/></div>
        <div class="welcomecontent"><a href="#">欢迎访问本站</a></div>
    </div>
</aside>
```

其CSS样式定义如下。

```
.right{width: 171px; float:right;}
.right a{ color:#58595B;}
```

```
    . home_right{ width:171px;}
    . aboutustop{ height: 6px; background: url ( . . /images/index _ 29. gif ) no - repeat; font -
size:0;}
    . aboutustitle{ height:20px;background-color:#CDE3EC;}
    . aboutuscontent { background-color:#cde3ec;
                   height: 176px; padding:0 10px; line - height: 18px; background - color: #
cde3ec}
    . aboutusmore{ background-color:#cde3ec;}
    . more{ float:right;margin:0 10px 10px 0;}
    . aboutusbottom{ height:4px;     font-size:0px;background:url(. . /images/index_53. gif)
no-repeat;}
    . welcomecontent { background - color: # E0EDF3; height: 36px; text - align: center;
padding:10px;}
    . welcomepic{ margin-top:16px;}
```

（5）页脚的设计与实现

微课 6-18：页脚的实现

首页的底部相对来说简单一些，主要由 3 个部分组成，分别是左侧的圆角、中间的内容、右侧的圆角。具体的结构程序如下：

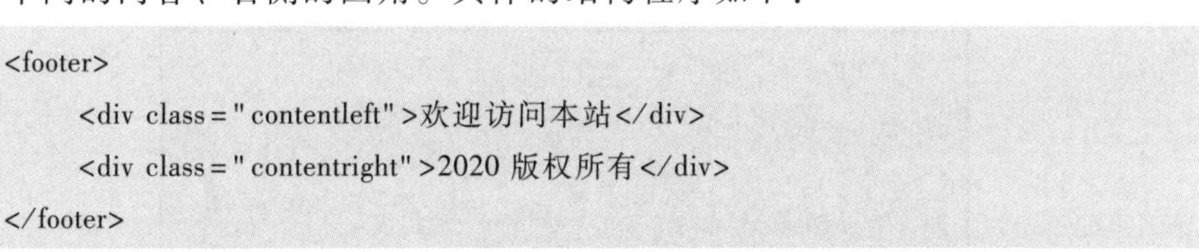

```
<footer>
    <div class="contentleft">欢迎访问本站</div>
    <div class="contentright">2020 版权所有</div>
</footer>
```

其 CSS 样式定义如下。

```
footer{                                   /*定义页脚的样式*/
    margin:0 auto;
    width:790px;
    height:25px;
    border-radius: 5px;
    background-color:#006599;}
. contentleft{                            /*定义页脚左侧文本的样式*/
    color:#FFFFFF;
    font-weight:bold;
    float:left;
    margin:3px 0 0 10px;}
. contentright{                           /*定义页脚右侧文本的样式*/
    color:#FFFFFF;
    font-weight:bold;
    float:right;
    margin:3px 10px 0 0;}
```

 任务实施：使用盒子模型布局网站 banner 部分

在任务 5 实现 banner 区域的基础上，综合运用盒子模型、浮动、定位等技术实现“门户网站”的 banner 部分的页面效果，如图 6-41 所示。

图 6-41　门户网站<banner>区域的页面效果

微课 6-19：
任务实施：
使用盒子模型布局
网站 banner 部分

1. 任务分析

根据如图 6-41 所示页面效果，绘制技术实现结构图如图 6-42 所示。

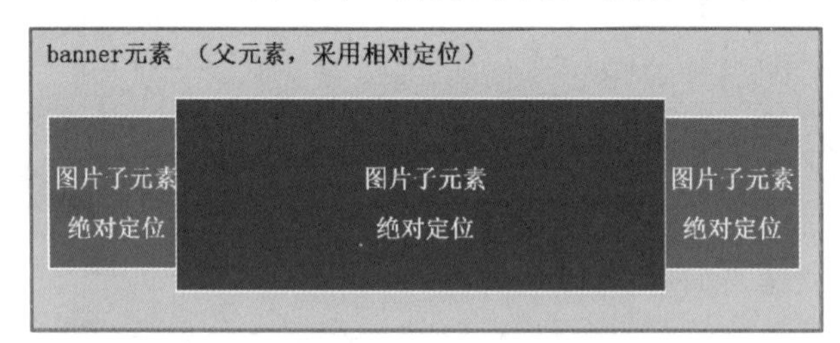

图 6-42　banner 区域布局与定位示意图

完成项目要分为以下两步。

第 1 步：编写<banner>区域的 HTML 结构代码。

第 2 步：编写<banner>区域的 CSS 代码，通过定位确定 3 幅图片的位置，通过 box-shadow 属性设置图片的阴影效果。

2. 编写页面<banner>区域 HTML 代码

编写 banner 区域中的 HTML 代码结构如下：

```
<section class="banner">
    <ul>
        <li class="active"><img src="images/banner/banner1.jpg"></li>
        <li class="left"><img src="images/banner/banner3.jpg"></li>
        <li class="right"><img src="images/banner/banner2.jpg"></li>
    </ul>
</section>
```

3. 编写<banner>区域样式

针对 banner 中的 ul 与 li 元素，以及包含的 img 元素，编写的 CSS 代码

如下。

```
.banner { position: relative; background: #eaeaea; }/* 定义 banner 为相对定位及背景
                                                      颜色 */
.banner > ul {                  /* 定义 ul 的样式 */
    position: relative;         /* 定义为相对定位 */
    width: 1200px;              /* 定义宽度 */
    height: 400px;              /* 定义高度 */
    margin: 0 auto;             /* 定义 ul 居中 */
    padding-top: 10px; }
.banner > ul > li {             /* 定义 li 的基础样式 */
    position: absolute;         /* 定义 ul 中的 li 元素都为绝对定位 */
    width: 610px;               /* 定义宽度 */
    height: 300px;              /* 定义高度 */
    overflow: hidden; }         /* 定义溢出方式为隐藏 */
.banner > ul > li.active {      /* 定义中间显示的大图片的样式 */
    z-index: 2;                 /* 定义元素的层叠关系 */
    top: 15px;                  /* 定义元素的位移位置,距上边框 15 像素 */
    right: 0;                   /* 定义元素的位移位置,左右都为 0 时实现水平居中 */
    left: 0;
    width: 760px;               /* 定义元素的宽度 */
    height: 360px;              /* 定义元素的高度 */
    margin:auto;                /* 定义元素的外边距 */
    border: 1px solid #fff;     /* 定义元素的边框 */
    box-shadow: 0 30px 140px 22px rgba(0, 0, 0, .35); /* 定义元素的阴影效果 */
    }
.banner > ul > li.left {        /* 定义左侧显示的大图片的样式 */
    z-index: 1;top: 0; bottom: 0; left: 0;margin: auto;
    box-shadow: 0 3px 7px 0 rgba(0, 0, 0, .35); }
.banner > ul > li.right {       /* 定义右侧显示的大图片的样式 */
    z-index: 1; top: 0; right: 0; bottom: 0; margin: auto;
    box-shadow: 0 3px 7px 0 rgba(0, 0, 0, .35); }
.banner > ul > li > img {       /* 定义 li 中图片元素的样式 */
    position: absolute;         /* 定义为绝对定位 */
    left: -30%;                 /* 定义图片从 30% 的位置显示 */
    height: 100%; }             /* 定义图片高度,保证整个图片显示 */
```

任务拓展

微课 6-20:页面主体区域的实现

1. 页面主体区域的实现

页面中主体区域的效果如图 6-43 所示。

图 6-43　页面主体部分的效果

主体区域的 HTML 代码如下。

```
<section class="main">
<aside>
    <h1>公告通知<samp>招标信息</samp></h1>
    <dl>
        <dt>教育装备产业集群信息服务平台招标公告</dt>
        <dd><img src="images/Course/05_05.png"></dd>
        <dd>计算机学院对教育装备产业集群信息服务平台项目进行公开招标,欢迎符合条件的投标.项目名称及编号:教育装备产业集群信息服务平台(ITZ2017-131)</dd>
    </dl>
    …
</aside>
<article>
    <h1>学院介绍<samp>你理想的大学校园</samp></h1>
    <p>学校占地 1000 亩,坐落在风景秀美...</p>
    <img src="images/article.jpg">
    <p>学校师资结构合理,素质优良。现有教职工 600 余人...</p>
</article>
</section>
```

主体区域的 CSS 样式表核心代码如下。

```
.main { position: relative; width: 1200px; height: 473px; margin: 34px auto 0; }
.main h1 { font-size: 30px; font-family:微软雅黑; font-weight: lighter; margin-bottom: 23px; }
.main h1 > samp { font-size: 20px; font-family:微软雅黑; color: #7c7c7c; }
.main > aside { float: left; width: 450px; }
.main > aside > dl { position: relative; display: block; height: 74px; margin-bottom: 17px; }
.main > aside > dl > dt { position: absolute; top: -1px; left: 92px; font-size: 16px; font-weight: bold; line-height: 16px; text-decoration: underline; }
```

```
.main > aside > dl > dd:first-of-type { position: absolute; left: 0; }
.main > aside > dl > dd:last-of-type { position: absolute; top: 20px; left: 90px; line-height:150%; }
.main > article { float: right; width: 720px; overflow: hidden; }
.main > article > p { margin-bottom: 15px; line-height:150%; text-indent:2em; }
.main > article > img { margin-bottom: 15px; border:1px solid #CCC;}
```

微课 6-21：页脚区域的实现

2. 页脚区域的实现

页脚区域的页面效果如图 6-44 所示。

图 6-44　页脚区域的页面效果

页脚区域的 HTML 代码如下。

```
<footer>
    <div class="container">
        <p>Copyright© 2020    All Rights Reserved. </p>
        <span>
            <img src="images/icon/weichat.png">
            <img src="images/icon/sina.png">
            <img src="images/icon/qq.png">
        </span>
    </div>
</footer>
```

页脚区域的 CSS 样式表核心代码如下。

```
footer { position: relative; background: #4685c6; }
footer:before { position: absolute; z-index: -1; top: -6px; left: 0; width: 100%; height: 6px; content: ''; background: #d6d6d6; }
footer > .container { width: 1200px; height: 64px; margin: 0 auto; }
footer > .container > p { line-height: 64px; float: left; color: #fff; }
footer > .container > span { float: right; margin: 14px 40px; }
footer > .container > span > img { margin-left: 4px; opacity: .7; }
footer > .container > span > img:hover { opacity: 1; cursor: pointer; }
```

项目实训：运用盒子模型与定位布局企业网站

【实训目的】

1. 掌握盒子模型与定位的方法。
2. 掌握 HTML+CSS 的页面布局的方法与技巧。

【实训内容】

根据“中青在线”的“中国好青年”栏目页面的效果，使用 HTML+CSS 模仿实现该页面的布局页面，如图 6-45 所示。

图 6-45 “中国好青年”栏目页面的效果

任务 7

运用影音多媒体

PPT　任务 7 运用影音多媒体

学习目标

【知识目标】

- 了解视频、音频相关格式。
- 掌握滚动字幕标签<marquee>的使用。
- 掌握<embed>标签的使用方法。
- 掌握<video>标签的使用方法。
- 掌握<audio>标签的使用方法。

【技能目标】

- 能结合浏览器的支持情况，恰当地选择视频格式。
- 能根据网页页面效果，编写 CSS 编写视频播放样式效果。

任务描述：门户网站 banner 中的视频展示

通过学习 HTML5 的盒子模型、浮动与定位，小王掌握了基本网页的页面布局，同时，小王发现学校在招生宣传时需要用到学校的宣传视频，那么，在 HTML5 中应该如何恰当地使用多媒体技术呢？项目组李经理告诉他需要恰当运用 video 和 audio 标签，所以，本任务就是在门户页面恰当地添加多媒体元素，如图 7-1 所示。

图 7-1　门户网站<banner>区域的视频页面效果

知识准备

7.1　多媒体对象基本知识

微课 7-1：常用的视频与音频格式

HTML5 提供的视频、音频嵌入方式简单易用，主要通过 video 和 audio 标签在页面中嵌入视频或音频文件，这需要正确选择音频与视频格式。

7.1.1　视频格式

在 HTML5 中嵌入的视频格式主要包括 Ogg、MPEG4、WebM 等，见表 7-1。

表 7-1　视 频 格 式

格式名称	格式介绍
Ogg	带有 Theora 视频编码和 Vorbis 音频编码的 Ogg 文件
MPEG4	带有 H.264 视频编码和 AAC 音频编码的 MPEG4 文件
WebM	带有 VP8 视频编码和 Vorbis 音频编码的 WebM 文件

7.1.2　音频格式

在 HTML5 中嵌入的音频格式主要包括 Vorbis、MP3、WAV 等，见表 7-2。

表 7-2　音 频 格 式

格式名称	格式介绍
Ogg Vorbis	类似 AAC 的另一种免费、开源的音频编码，是用于代替 MP3 的下一代音频压缩技术
MP3	一种音频压缩技术，其全称是动态影像专家标准音频层面（Moving Picture Experts Group Audio Layer III），简称为 MP3，它被设计用来大幅度地降低音频数据量
WAV	录音时用的标准的 Windows 文件格式，文件的拓展名为 WAV，数据本身的格式为 PCM 或压缩型，属于无损音乐格式的一种

7.2　插入多媒体对象

7.2.1　滚动字幕标签<marquee>

微课 7-2：滚动字幕标签

<marquee>标签可以实现元素在网页中移动的效果，以达到动感十足的视觉效果。<marquee>标签是一个成对的标签。

语法：<marquee 属性 1=value1 属性 2=value2 …>滚动内容</marquee>

<marquee>标签有很多属性，用来定义元素的移动方式，见表 7-3。

表 7-3　<marquee>的属性

属　性	描　述
direction	设定文字的滚动方向，left 表示向左，right 表示向右，up 表示向上滚动
loop	设定文字滚动次数，其值是正整数或 infinite 表示无限次，或者为-1 也为无限次，默认为无限循环
height	设定字幕高度
width	设定字幕宽度
scrollamount	指定每次移动的速度，数值越大速度越快
scrolldelay	文字每一次滚动的停顿时间，单位是毫秒，时间越短滚动越快
align	指定滚动文字与滚动屏幕的垂直对齐方式，取值 top、middle、bottom
bgcolor	设定文字卷动范围的背景颜色
hspace	指定字幕左右空白区域的大小
vspace	指定字幕上下空白区域的大小

【实例 7-1】使用 marquee 制作图像滚动效果，代码如下。

```
<marquee direction="left" scrollamount="2" scrolldelay="50" direction="left">
    <a href="http://www.ec.js.edu.cn/"><img src="img/1.jpg" border="0" /></a>
    <a href="http://www.tech.net.cn/web/index.aspx"><img src="img/2.jpg" border="0" /></a>
    <a href="http://www.chinazy.org/"><img src="img/3.jpg" border="0" /></a>
    <a href="http://www.jsgjxh.cn/"><img src="img/4.jpg" border="0" /></a>
    <a href="http://www.jsvler.net/"><img src="img/5.jpg" border="0" /></a>
    <a href="http://www.jseic.gov.cn/"><img src="img/6.jpg" border="0" /></a>
</marquee>
```

页面效果如图 7-2 所示。

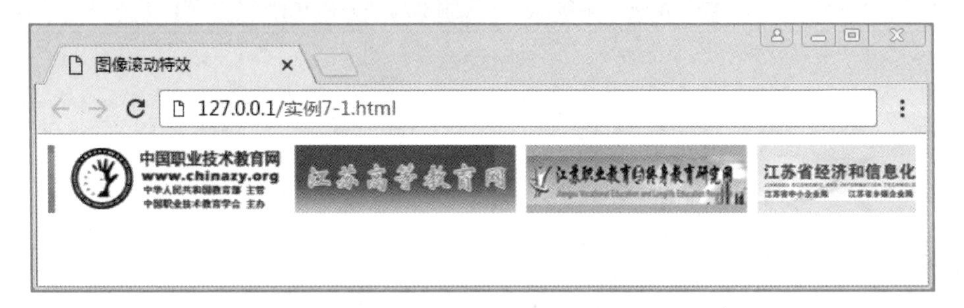

图 7-2　图像滚动页面效果

如果想实现鼠标放在图像上时图片将会静止，鼠标移开后图像继续滚动的效果，代码可以修改为：

```
<marquee onMouseOver="this.stop()" onMouseOut="this.start()" scrollamount="2" scrolldelay="50">
```

微课 7-3：插入多媒体文件<embed>标签

7.2.2　插入多媒体文件<embed>标签

在网页中可以用<embed>标签插入各类多媒体元素，如可以插入音乐和视频等。

语法：<embed src="路径"属性 1=value1 属性 2=value2 …></embed>

embed 元素的常用属性见表 7-4。

表 7-4　embed 元素的常用属性

属　性	描　述
scr	设定媒体文件的路径
autostart=true/false	媒体文件是否传送后就自动播放，true 是要，false 是不要，默认为 false
loop=true/false	设定播放的重复次数，loop=6 就表示重复 6 次，true 表示无限次播放，false 表示播放一次停止
startime="分:秒"	设定音乐的开始播放时间，如 20 s 后播放 startime=00：20

续表

属　　性	描　　述
volume = 0-100	设定音量的大小，如没设定，就用系统音量
width/height	设定播放空间面板的大小
hidden = true	隐藏播放控件面板
control = console/smallconsole	设定播放控件面板的外观

1. 插入音乐

【实例 7-2】实现网页中插入音乐，核心代码如下。

```
<embed src="sound/gsls.mp3" width="300" height="100" loop="false"></embed>
```

运行【实例 7-2】代码，页面效果如图 7-3 所示。

图 7-3　网页中的音乐应用

2. 插入视频

【实例 7-3】实现网页中插入视频，核心代码如下。

```
<embed src="video/1.mp4" width="500" height="260"></embed>
```

运行【实例 7-3】代码，页面效果如图 7-4 所示。

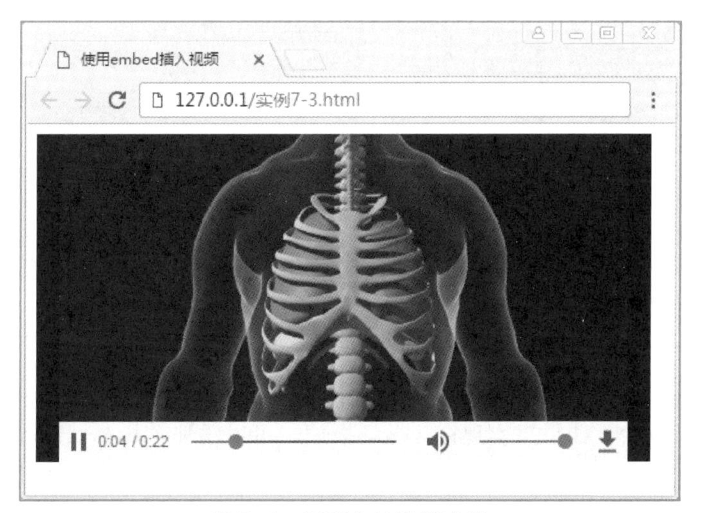

图 7-4　网页中的视频应用

微课 7-4：
HTML5 插入视频

7.2.3 HTML5 插入视频

HTML5 中，使用 video 标签来定义播放视频文件。

语法：<video src="视频的路径" controls="controls"></video>

HTML5 中，video 元素支持 3 种视频格式 Ogg、WebM 和 MPEG4，src 属性用于设置视频文件的路径，controls 属性用于为视频提供播放控件，这两个属性是 video 元素的基本属性。并且<video>和</video>之间还可以插入文字，用于在不支持 video 元素的浏览器中显示。

注意：Internet Explorer8 以及更早的版本不支持<video>标签。

在 video 元素中还可以添加其他属性，可以优化视频的播放效果，具体见表 7-5。

表 7-5　video 元素的常见属性

属　性	值	描　述
width/height	数值	设定播放空间面板的大小（宽度与高度）
autoplay	autoplay	当页面载入完成后自动播放视频
loop	loop	视频结束时重新开始播放
preload	preload	如果出现该属性，则视频在页面加载时进行加载，并预备播放。如果使用 autoplay，则忽略该属性
poster	poster	当视频缓冲不足时，该属性值链接一个图像，并将该图像按照一定的比例显示出来

【实例 7-4】实现网页中插入视频，核心代码如下。

```
<body>
    <video src="video/1.mp4" width="640" height="360" controls="controls">
        本浏览器不支持该视频，推荐使用 Chrome、Firefox 浏览器。
    </video>
</body>
```

运行【实例 7-4】代码，页面效果如图 7-5 所示。可以看出嵌入的视频包含了视频播放控件，控件中包括播放按钮、播放进度条、音量控制条、全屏按钮等。视频初始状体下是不能自动播放的，需要点击图 7-5 中的“播放”按钮视频才能播放，如图 7-6 所示。

如果想实现视频自动播放，可以在<video>标签中加入“autoplay='autoplay'”属性，如果想实现视频循环播放，可以添加“loop='loop'”属性。

虽然 HTML5 支持 Ogg、MPEG4 和 WebM 的视频格式，但不同的浏览器对视频支持的情况不同，浏览器支持的视频格式见表 7-6。

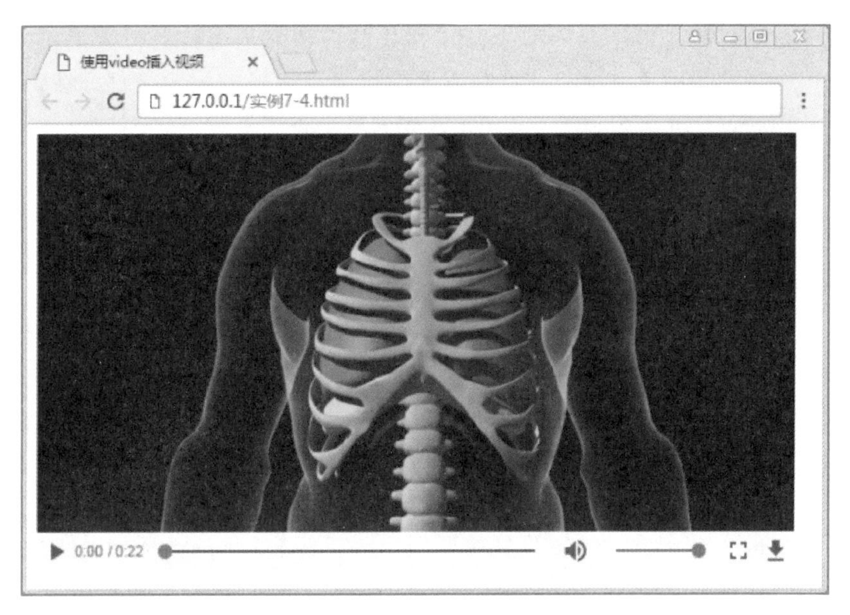

图 7-5　video 元素中嵌入视频

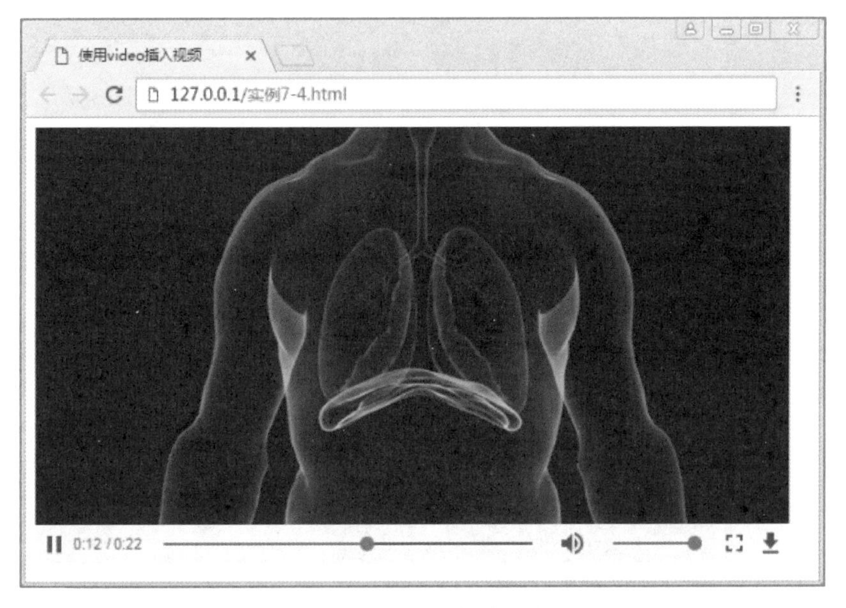

图 7-6　视频的播放状态

表 7-6　浏览器支持的视频格式

视频格式	IE9	Firefox	Opera	Chrome	Safari
Ogg		3.5+支持	10.5+支持	5.0+支持	
MPEG4	9.0+支持	4.0+支持	10.5+支持	5.0+支持	3.0+支持
WebM		4.0+支持	10.6+支持	6.0+支持	

目前，主流浏览器对 MP4 格式的视频都是支持的，为了使视频能够在各个浏览器中正常播放，往往需要提供多种格式的视频文件。在 HTML5 中，运用 source 元素可以为 video 元素提供多个备用文件。运用 source 元素添加视频的语法如下。

```
<video controls="controls">
    <source src="视频的路径" type="媒体文件类型/格式">
    <source src="视频的路径" type="媒体文件类型/格式">
    ……
</video>
```

语法中，可以指定多个 source 元素为浏览器提供备用的视频文件，首选 source 中的第 1 个元素，如果第 1 个视频不支持，则选择第 2 个备选的视频文件，依次类推。source 元素一般设置两个属性。src 属性主要用于指定媒体文件的 URL 地址；type 属性主要用于指定媒体文件的类型与文件格式。

【实例 7-5】运用 source 元素在网页中插入视频，核心代码如下。

```
<video controls="controls">
    <source src="video/2. mp4"  type="video/mp4"></source>
    <source src="video/2. ogg"  type="video/ogg"></source>
    <source src="video/2. webm"  type="video/webm"></source>
</video>
```

运行【实例 7-5】代码，页面效果如图 7-7 所示。

图 7-7　运用 source 元素在网页中插入视频

实际上，只要这 3 个视频格式浏览器能播放，浏览者在视觉上是没有直接区别。

在视频格式需求不能满足的情况下，可以通过视频格式转换工具来实现，如格式工厂、狸窝全能视频转换器、Total Video Audio Converter 等工具。

7.2.4 HTML5 插入音频

微课 7-5：HTML5 插入音频

HTML5 中，使用 audio 标签来定义播放视频文件。

语法：<audio src="音频的路径" controls="controls"></video>

HTML5 中，audio 元素支持 3 种视频格式 Ogg、MP3 和 WAV，src 属性用于设置音频文件的路径，controls 属性用于为音频提供播放控件，这两个属性是 audio 元素的基本属性。并且<audio>和</audio>之间还可以插入文字，用于在不支持 audio 元素的浏览器中显示。在 audio 元素中还可以添加其他属性，可以优化视频的播放效果，具体见表 7-7。

注意：Internet Explorer 8 以及更早的版本不支持<audio>标签。

表 7-7 audio 元素的常见属性

属性	值	描述
autoplay	autoplay	当页面载入完成后自动播放音频
loop	loop	音频结束时重新开始播放音频
preload	preload	如果出现该属性，则音频在页面加载时进行加载，并预备播放，如果使用 autoplay，则忽略该属性

【实例 7-6】实现网页中插入音频，核心代码如下。

```
<body>
    <audio src="sound/gsls.mp3" controls="controls">
        您的浏览器不支持 audio 标签。
    </audio>
</body>
```

运行【实例 7-6】代码，页面效果如图 7-8 所示。

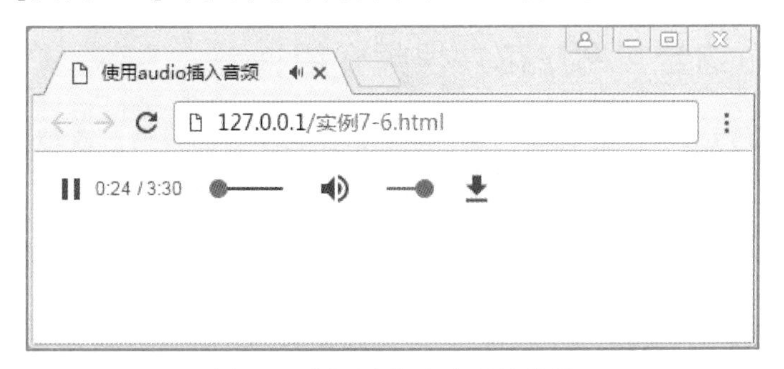

图 7-8 网页中插入音频的效果

虽然 HTML5 支持 Ogg、MP3 和 WAV 的视频格式，但不同的浏览器对音频支持的情况不同，浏览器支持的音频格式见表 7-8。

表 7-8 浏览器支持的音频格式

视频格式	IE9	Firefox	Opera	Chrome	Safari
Ogg Vorbis		3.5+支持	10.5+支持	5.0+支持	
MP3	9.0+支持			5.0+支持	3.0+支持
WAV		4.0+支持	10.6+支持		3.0+支持

目前，主流浏览器对 MP3 格式的音频基本都是支持的，为了使音频能够在各个浏览器中正常播放，往往需要提供多种格式的视频文件。在 HTML5 中，运用 source 元素可以为 audio 元素提供多个备用文件。

运用 source 元素添加视频的语法。

```
<audio controls="controls">
    <source src="音频的路径" type="媒体文件类型/格式">
    <source src="音频的路径" type="媒体文件类型/格式">
    ……
</audio>
```

语法中，可以指定多个 source 元素为浏览器提供备用的视频文件，首选 source 中的第 1 个元素，如果第 1 个视频不支持，则选择第 2 个备选的视频文件，依次类推。source 元素一般设置两个属性。src 属性主要用于指定媒体文件的 URL 地址；type 属性主要用于指定媒体文件的类型与文件格式。

【实例 7-7】运用 source 元素在网页中插入音频，核心代码如下。

```
<audio controls="controls" width="640">
    <source src="sound/gsls.mp3" type="audio/mp3"></source>
    <source src="sound/gsls.ogg" type="audio/ogg"></source>
    <source src="sound/gsls.wav" type="audio/wav"></source>
</audio>
```

微课 7-6：综合实例花卉视频介绍

7.3 综合实例：花卉视频介绍

通过 HTML5 中多媒体技术的应用，综合运用盒子模型、浮动、定位等技术制作一个“金华佛手”介绍的视频页面，如图 7-9 所示。

1. 页面结构分析

通过图 7-9 分析，整个页面有 1 个大的容器，这个容器设置了背景图片，这个背景是动态，应该是一个视频文件，可以使用 video 标签实现，然后在容器内包含了 3 个子容器，分别放置文本介绍的标题、花卉介绍、一体机背景图片；同时，在背景的上方又放置了 1 个介绍花卉的视频。实现这个文档结构，除了使用多媒体 video 元素外，还需要使用一个元素用来定位。首先，需要设置一个外层容器 DIV 元素的定位模式为相对定位，然后，再分别设置子元素的定位模式为绝对定位，这样逐层元素控制位置。最后考虑的一个因素就是元素的层叠关系了，需要考虑几个元素的 z-index 属性，背景元素默认置于底层，而 3 个子元素应该高于底层，例如 z-index 设置为 1，而最后插入的视频可以设置 z-index 为 2，对应的结构设计如图 7-10 所示。

图 7-9　实现花卉视频的页面效果

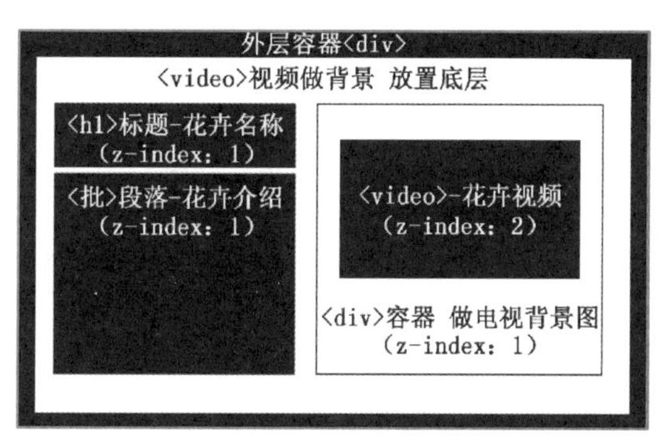

图 7-10　HTML 逻辑结构图

2. HTML 结构代码设计

通过对图片的分析，设计的 HTML 代码如下。

```
<body>
    <div id="content">
        <video src="video/x.mp4" autoplay="autoplay" loop="loop"></video>
```

```
            <h1 id="title">金华佛手</h1>
            <p id="textcontent">金华佛手历史悠久,栽培佛手繁盛时期始于明末清初。具有久远、深厚的文化内涵和历史底蕴,历代文人将金佛手入诗入画,表达福寿、吉祥、丰收喜悦之意。在清代古典名著《三侠五义》中曾经写道白玉堂爱吃佛手疙疸下酒。还可以用来做麻糍。</p>
            <div id="videobg">
                <video id="videofs" controls="controls">
                    <source src="video/2.mp4" type="video/mp4"></source>
                    <source src="video/2.ogg" type="video/ogg"></source>
                    <source src="video/2.webm" type="video/webm"></source>
                </video>
            </div>
        </div>
    </body>
```

代码中，“<div id='content'>” 实现外层容器，将来通过 id 选择器 content 来控制外层容器的页面效果，第 1 个 video 元素实现视频背景，<h1>标签实现文本标题，<p>标签实现花卉的描述，“<div id='videobg'>” 实现内层容器，实现花卉视频的背景，最后一个 video 实现花卉视频的介绍。

3. CSS 样式设计

通过对整体效果的分析，依据 HTML 结构，CSS 样式代码设计如下。

```
#content{                                  /*定义外层容器的样式*/
    width: 1280px;                         /*定义容器的宽度*/
    height: 720px;                         /*定义容器的高度*/
    background-color: #aad8d3;             /*定义容器的背景颜色*/
    padding: 40px;                         /*定义容器的内边距*/
    margin:0 auto;                         /*通过外边距定义容器的水平居中*/
    position: relative;}                   /*定义外层容器的定位模式为相对定位*/
#content video{                            /*定义视频的样式*/
    display: block;                        /*定义 video 为块元素*/
    border: 1px solid #FFF;                /*定义 video 的边框*/
    margin-top:40px;                       /*定义 video 的上边距*/
    width: 1280px;                         /*定义 video 的宽度*/
    height: 720px;                         /*定义 video 的高度*/
    margin: 0 auto; }                      /*通过外边距定义容器的水平居中*/
#content #title{                           /*定义标题的样式*/
    width: 320px;                          /*定义标题的宽度*/
    height: 100px;                         /*定义标题的高度*/
    position: absolute;                    /*定义标题的定位方式为绝对定位*/
    left: 100px;          /*定义标题相对于父元素向右位移 100px*/
    top: 120px;           /*定义标题相对于父元素向下位移 120px*/
```

```
        z-index: 1;                                  /* 定义标题的层叠顺序为 1 */
        border: 1px solid #FFF;                      /* 定义标题的边框效果 */
        color: #0c8881;                              /* 定义标题的文本颜色 */
        font: bold 40px/100px "微软雅黑";             /* 定义标题的字体样式 */
        text-align: center;                          /* 定义标题的文本水平居中 */
        background-color: rgba(255,255,255,0.7);     /* 定义标题半透明 */
        box-shadow: 5px 5px 5px #0C8881;}            /* 定义标题的阴影效果 */
    #content #textcontent{                           /* 定义段落内容的样式 */
        width: 280px;                                /* 定义段落内容的宽度 */
        height: 300px;                               /* 定义段落内容的高度 */
        position: absolute;                          /* 定义段落的定位方式为绝对定位 */
        left: 100px;                       /* 定义段落相对于父元素向右位移 100px */
        top: 250px;                        /* 定义段落相对于父元素向下位移 250px */
        z-index: 1;                                  /* 定义段落的层叠顺序为 1 */
        border: 1px solid #FFF;                      /* 定义段落的边框效果 */
        padding: 20px;                               /* 定义段落的内边距 */
        color: #0c8881;                              /* 定义段落的文本颜色 */
        font: 20px/32px "微软雅黑";                   /* 定义段落的字体样式 */
        text-indent: 2em;                            /* 定义段落的文本缩进 */
        background-color: rgba(255,255,255,0.7);     /* 定义段落半透明 */
        box-shadow: 5px 5px 5px #0C8881; }           /* 定义段落的阴影效果 */
    #content #videobg{                               /* 定义视频背景样式 */
        width: 634px;                                /* 定义容器的宽度 */
        height: 554px;                               /* 定义容器的高度 */
        position: absolute;                          /* 定义容器的定位方式为绝对定位 */
        right: 150px;                  /* 定义容器相对于父元素向左位移 150px */
        top: 150px;                    /* 定义容器相对于父元素向下位移 150px */
        z-index: 1;                                  /* 定义容器的层叠顺序为 1 */
        background: url(images/iMac.png) no-repeat; }  /* 定义容器的背景 */
    #content #videobg #videofs{                      /* 定义视频样式 */
        width: 570px;                                /* 定义视频的宽度 */
        height: 332px;                               /* 定义视频的高度 */
        position: absolute;                          /* 定义容器的定位方式为绝对定位 */
        left: 32px;                        /* 定义视频相对于父元素向右位移 32px */
        top: 30px;                         /* 定义视频相对于父元素向下位移 30px */
        z-index: 2; }                                /* 定义容器的层叠顺序为 2 */
```

运行代码，页面效果如图 7-9 所示。

任务实施：门户网站 banner 中的视频展示

在任务 6 实现 banner 区域的基础上，运用插入多媒体元素的方法在 banner 区域中，将中间的图片元素更换为视频元素，如图 7-1 所示。

微课 7-7：
任务实施：门户网站 banner 中的视频展示

1. 任务分析

根据如图 7-1 所示页面效果，绘制技术实现结构图如图 7-11 所示。

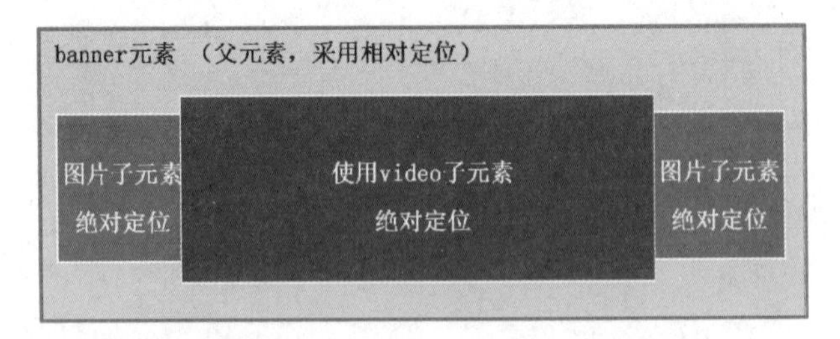

图 7-11 banner 区域布局与定位示意图

由于在任务 6 中，已经完成了基本页面布局，所以，只需要对页面局部进行修改即可。

第 1 步：修改<banner>区域的 HTML 结构代码，插入新的 video 元素。

第 2 步：编写插入 video 元素后的 CSS 样式表。

2. 修改 HTML 结构代码

修改编写 banner 区域中的 HTML 代码结构如下。

```
<section class="banner">
    <ul>
        <li class="active">
            <video  autoplay="autoplay"  controls="controls">
                <source src="video/1.mp4"  type="video/mp4"></source>
                <source src="video/1.ogg"  type="video/ogg"></source>
                <source src="video/1.webm"  type="video/webm"></source>
            </video>
        </li>
        <li class="left"><img src="images/banner/banner3.jpg"></li>
        <li class="right"><img src="images/banner/banner2.jpg"></li>
    </ul>
</section>
```

修改的核心是将第一 li 元素中的图片元素更换为了 video 元素。

3. 给 video 元素编写 CSS 代码

给新添加的 video 元素主要定义了宽与高，代码如下。

```
.banner >ul>li.active> video {    width: 760px;    height: 360px;}
```

微课 7-8：
通过网络 URL 地址调用网络多媒体文件

任务拓展

1. 通过网络 URL 地址调用网络多媒体文件

如果知道一个网络视频的地址，也可以直接通过 URL 地址调用的方式打开视频，例如，视频地址“http://www.w3school.com.cn/i/movie.ogg”，调用方式如下。

【实例 7-8】调用网络 URL 地址浏览视频，核心代码如下。

```
<video src="http://www.w3school.com.cn/i/movie.ogg"  controls="controls">
    本浏览器不支持该 Video 视频。
</video>
```

运行【实例 7-8】代码，页面效果如图 7-12 所示。

图 7-12　【实例 7-8】预览页面效果

2. 调用网页多媒体文件

微课 7-9：调用网页多媒体文件

也可以指定一个完整的 URL 地址，直接调用到网页页面。

下面以获取优酷网络视频的 URL 地址为例，介绍调用互联网多媒体文件的方法。

第 1 步，获取音频、视频文件的 URL，打开优酷网站（http://v.youku.com/），在搜索栏中搜索“百年巨匠”，点击“齐白石”，就会看到该视频，如图 7-13 所示。

第 2 步，单击下方“分享给朋友”的下拉按钮，弹出如图 7-14 所示的代码下载界面，如图 7-15 所示。

第 3 步，从图 7-15 中“通用代码”“flash 代码”“html 代码”中选择一种即可，如【实例 7-9】复制了 HTML 代码。

【实例 7-9】调用网页多媒体文件，核心代码。

```
<body>
<embed src='http://player.youku.com/player.php/sid/XNTc1OTgzMjY0/v.swf' allowFullScreen='true' quality='high' width='480' height='400' align='middle' allowScriptAccess='always' type='application/x-shockwave-flash'></embed>
</body>
```

图 7-13 浏览视频页面

图 7-14 分享给朋友

运行【实例 7-9】代码，页面效果如图 7-15 所示。

图 7-15　【实例 7-9】预览页面效果

项目实训：使用 CSS 设计视频播放界面

【实训目的】

1. 掌握在 HTML 中插入视频的方法。
2. 掌握运用 CSS 设计视频播放的页面布局。

【实训内容】

通过 HTML5 中多媒体技术的应用，综合运用盒子模型、浮动、定位等技术制作一个“花卉视频”介绍的视频页面，如图 7-16 所示。

图 7-16　视频播放 UI 界面

任务 8

设计表单

PPT 任务 8 设计表单

学习目标

【知识目标】

- 了解表单基本概念。
- 掌握表单的组成。
- 掌握新增表单 input 元素的使用方法。
- 掌握 HTML5 表单元素属性的使用方法。
- 掌握新增的表单元素。

【技能目标】

- 能结合根据用户需要选择恰当的表单元素。
- 能根据表单页面效果，设计表单，编写 CSS 表单的样式。

任务描述：智慧校园信息门户的登录页表单设计

小王完成了门户页面的设计后，他打算完成门户登录界面的制作，而且对网站中的调查、订购、搜索等功能也非常感兴趣，本任务就是在实现智慧校园门户登录页面的布局与表单设计，如图 8-1 所示，通过本任务来深入学习 HTML 中表单及其表单元素的使用。

图 8-1　智慧校园信息门户的登录页面效果

知识准备

8.1　表单的基本概念

微课 8-1：
表单简介

8.1.1　表单简介

表单是 HTML 的一个重要组成部分，一般来说，网页通常会通过“表单”形式收集来自用户的信息，然后将表单数据返回服务器，以备登录或查询之用，从而实现 Web 搜索、注册、登录、问卷调查等功能。

一般表单的创建需要 3 个步骤：

第 1 步：决定要搜集的数据，即决定了表单需要搜集用户的哪些数据。

第 2 步：建立表单，根据第 1 步的要求选择合适的表单元素控件来创建表单。

第 3 步：设计表单处理程序——用于接受浏览者通过表单所输入的数据并将数据进行进一步处理。

举个简单的例子：模拟实现一个百度搜索的表单，在第 1 步，应该确定需要搜集“搜索信息”，第 2 步使用单行文本编辑框控件、“提交”按钮创建表单，第 3 步编写服务器端动态网页程序（通常由 ASP. NET、JSP、PHP 等技术实现）。

【实例 8-1】<body>标签中的 HTML 核心代码如下。

```
<body>
    <form action="http://www.baidu.com/s" target="_blank">
        输入搜索信息:<input type="text"  name="word" size="20" maxlength="60">
        <input type="submit" value="百度一下">
    </form>
</body>
```

运行【实例 8-1】代码，页面效果如图 8-2 所示，在搜索文本框中输入搜索信息“HTML5”，单击“百度一下”按钮，搜索结果如图 8-3 所示。

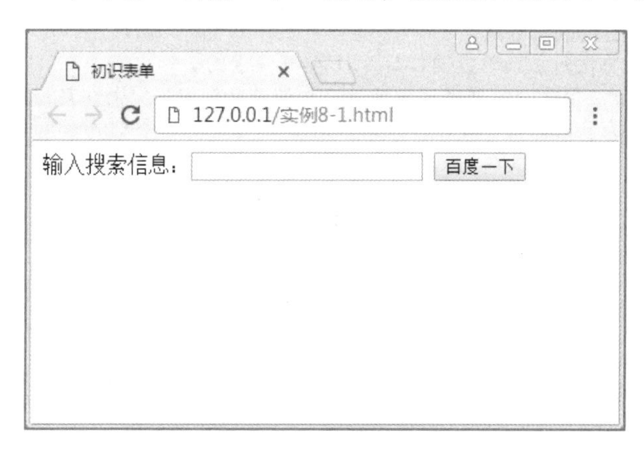

图 8-2 搜索的表单界面

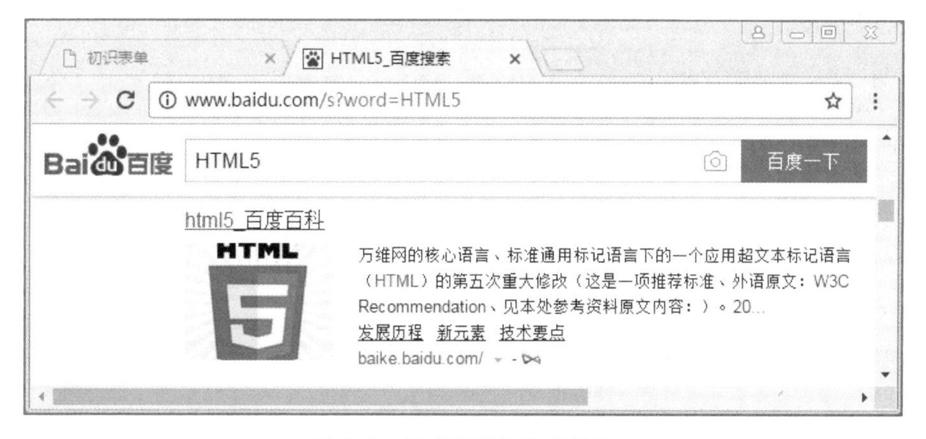

图 8-3 搜索结果的呈现界面

微课8-2：
表单标签

8.1.2 表单的组成

一个表单有表单标签、表单域、表单按钮3个基本组成部分。

1. 表单标签

表单标签具体包含了处理表单数据所用CGI程序的URL以及数据提交到服务器的方法。

语法：<form action="url" method="get|post" name="value">…</form>

表单的属性及其含义见表8-1。

表8-1 表单的属性及其含义

属性名称	含义
action=url	在表单收集到信息后，需要将信息传递给服务器进行处理，action属性用于指定接收并处理表单数据的服务器程序的url地址。 例如，【实例8-1】中：action="http://www.baidu.com/s"
method="get|post"	method属性用于设置表单数据的提交方式，其取值为get或post。 get方法为默认值，浏览器会与表单处理服务器建立连接，然后直接在一个传输步骤中发送所有的表单数据。 使用post方法时，表单数据是与URL分开发送的。 采用get方法提交的数据将显示在浏览器的地址栏中，保密性差，且有数据量的限制。而post方式的保密性好，并且无数据量的限制，所以使用method="post"可以大量地提交数据。 例如，实例8-1中，默认使用了get方法，所以，搜索结果的url为： http://www.baidu.com/s?word=HTML5
name	name属性用于指定表单的名称，以区分同一个页面中的多个表单。 例如，【实例8-1】中：因为只有一个form，所以没有命名

微课8-3：
表单域

<form>…</form>标签主要是规定了一个区域，在网页浏览时不显示。

2. 表单域

表单域，具体是指文本框、密码框、隐藏域、多行文本框、复选框、单选框、下拉选择框和文件上传框等各类控件。表单常用控件见表8-2。

表8-2 常用的表单域元素

属性	说明
input type="text"	单行文本输入框
input type="password"	密码输入框（输入的文字用*表示）
input type="radio"	单选框
input type="checkbox"	复选框
input type="hidden"	隐藏域
input type="file"	文件域
select	列表框
textarea	多行文本输入框

以上类型的输入区域有一个公共的属性 name，此属性给每一个输入区域一个名字。这个名字与输入区域是一一对应的，即一个输入区域对应一个名字。服务器就是通过调用某一输入区域的名字的 value 值来获取该区域的数据的。而 value 属性是另一个公共属性，它可以用来指定输入区域的默认值。表单域常用属性见表 8-3。

表 8-3　表单域常用属性

属　性	说　明
name	控件名称
type	控件的类型，如 radio、text、password、file 等
size	指定控件的宽度
value	用于设定输入默认值
maxlength	在单行文本的时候允许输入的最大字符数
src	插入图像的地址

（1）单行文本输入框<input type="text"/>

单行文本输入框允许用户输入一些简短的单行信息，如用户姓名。

语法：<input type="text" name="name" maxlength="value" size="value" value="value"/>

（2）密码输入框<input type="password"/>

密码输入框主要用于保密信息的输入，如密码。因为用户输入的时候，显示的不是输入的内容，而是“*”号。

语法：<input type="password" name="name" maxlength="value" size="value" />

（3）单选框<input type="radio"/>

单选框用于单项选择，例如问卷调查中的单选，或者选择性别等。在定义单选框时，必须为同一组中的选项指定相同的 name 值，这样“单选”才会生效。此外，可以对单选框应用 checked 属性，指定默认选中项。

语法：<input type="radio" name="field_name" value="value" checked>

（4）复选框<input type="checkbox"/>

复选框允许用户在一组选项中选择多个，例如问卷调查中的多选，或者选择兴趣爱好等。在定义复选框时，必须为同一组中的选项指定相同的 name 值，这样“复选”才会生效。此外，可以对复选选项应用 checked 属性，指定默认选中项。

语法：<input type="checkbox" name="name" value="value" checked/>

（5）隐藏域<input type="hidden"/>

隐藏域对于用户是不可见的，主要用于后台编程时使用。

语法：<input type="hidden" name=" name" value="value" />

（6）文件域<input type="file"/>

当定义文件域时，页面中将出现一个文本框和一个“浏览”按钮，用户可以通过填写文件路径或直接选择文件的方式，将文件提交给后台服务器。

语法：<input type="file" name="name" />

（7）列表框<select>

下拉列表框是一种最节省空间的方式，正常状态下只能看到一个选项，单击下拉按钮打开列表后才能看到全部选项。

列表框可以显示一定数量的选项，如果超出了这个数量，会自动出现滚动条，浏览者可以通过拖动滚动条来查看各选项。

通过<select>和<option>标签可以设计页面中的下拉列表框和列表框效果。

语法：

```
<select name="name" size="value" multiple>
    <option value="value" selected>选项 1</option>
    <option value="value">选项 2</option>
    …
</select>
```

这些属性的含义见表 8-4。

表 8-4　列表框标签的属性

属　　性	说　　明
name	菜单和列表的名称
size	显示选项的数目，当 size 为 1 时，为下拉列表框控件
multiple	列表中的项目多选，用户用 Ctrl 键来实现多选
value	选项值
selected	默认选项

（8）多行文本输入框（textarea）

多行文本输入框（textarea）主要用于输入较长的文本信息。

语法：

```
<textarea name="textfield_name" cols="value" rows="value" value="textfield_value">
…
</textarea>
```

这些属性的含义见表 8-5。

表 8-5　多行文本输入框的属性

属　　性	说　　明	属　　性	说　　明
name	多行输入框的名称	rows	多行输入框的行数
cols	多行输入框的宽度（列数）	value	多行输入框的默认值

3. 表单按钮

微课 8-4：
表单按钮

表单按钮提交按钮、复位按钮和一般按钮，用于将数据传送到服务器上的CGI 脚本或者取消输入，还可以用表单按钮来控制其他定义了处理脚本的处理工作。

（1）普通按钮<input type="button" />

表单中按钮起着至关重要的作用，按钮可以触发提交表单的动作，主要配合 Javascript 脚本使用。

语法：<input type=" button" name="name" />

（2）提交按钮<input type="submit" />

通过提交按钮可以将表单中的信息提交给表单中的 action 所指向的文件。

语法：<input type=" submit" name=" button_name" id=" button_id" value="提交">

【实例 8-1】中的“百度一下”按钮就是一个提交按钮。

（3）图片式提交按钮<input type="image" />

图片提交按钮是指可以在提交按钮位置上放置图片，这幅图片具有提交按钮的功能。

语法：<input type=" image" src=" 图片路径" value=" 提交" name=" button_name">

type="image"相当于 type="submit"，不同的是 type="images"以一个图片作为表单的按钮；src 属性表示图片的路径；name 为按钮名称。

（4）重置按钮<input type="reset" />

通过重置按钮将表单内容全部清除，恢复成默认的表单内容设定，重新填写。

语法：<input type="reset" value="重置">

【实例 8-2】表单的组成，HTML 核心代码如下。

```
<body>
    <form action="#" target="_blank" method="post">
        用户名(单行文本框):<input type="text"  name="word" /><br/>
        密码(密码框):<input type="password"  name="pass" /><br/>
        所受教育(单选):<input type="radio"  name="edu" value="高职" />高职
        <input type="radio"  name="edu" value="本科" />本科
        <input type="radio"  name="edu" value="硕士" />硕士<br/>
        期望的工作城市(多选):<input type="checkbox"  name="city" value="北京" />北京
        <input type="checkbox"  name="city" value="上海" />上海
        <input type="checkbox"  name="city" value="南京" />南京
        <input type="checkbox"  name="city" value="其他" />其他<br/>
        证件类型(列表框):
        <select name="Certificates" size="1">
```

```
        <option value="身份证" selected>身份证</option>
        <option value="护照">护照</option>
        <option value="军官证">军官证</option>
    </select><br/>
            证件附件(文件域):<input type="file"   name="filetype" /><br/>
            <input type="button" value="普通按钮" />
            <input type="reset" value="重置按钮" />
            <input type="submit" value="提交按钮" />
            <input type="image" src="img/button.jpg" />
        </form>
</body>
```

【实例 8-2】中根据需要定义了不同的表单域元素，运行程序，页面效果如图 8-4 所示。

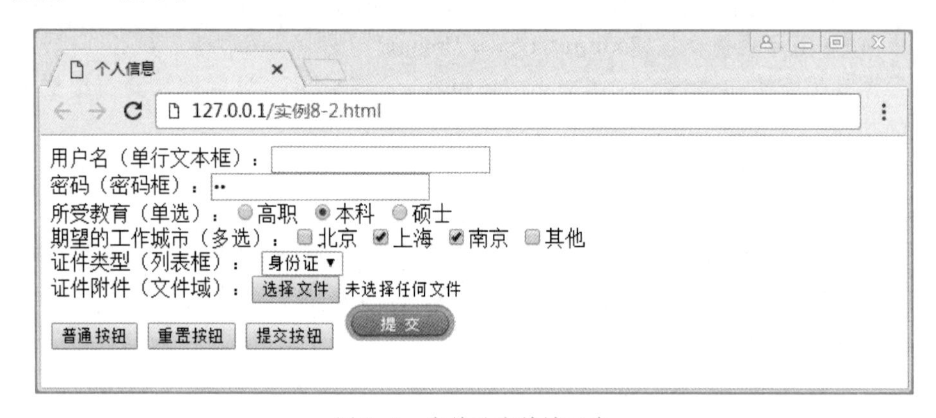

图 8-4　表单及表单域元素

8.2　HTML5 中新增的表单属性与元素

8.2.1　新增的 input 输入类型

微课 8-5：HTML5 新增的 input 输入类型

1. email 域<input type="email" />

email 域是一种专门用于输入 E-email 地址的文本输入框，在包含 E-mail 元素的表单提交时，能自动验证 E-email 域的值是否符合邮件地址格式。

语法：<input type="email" name="email _name" />

2. url 域<input type="url" />

url 类型用于输入 url 地址的输入域。当表单提交时会自动验证 url 域的值格式是否正确。

语法：<input type="url " name="url _name" />

3. number 域<input type=" number" />

number 域是用于提供输入数值的文本框，在提交表单时，会自动检查该输入框中的内容是否为数字。

语法： <input type=" number" name=" number _name" value=" value" min=" value" max=" value" step=" value" />

number 域的输入框可以对输入的数字进行限制，规定允许的最大值和最小值、合法的数字间隔或默认值等，value 指定输入框的默认值；max 指定输入框可以接受的最大的输入值；min 指定输入框可以接受的最小输入值；step 输入域合法的间隔，如果不设置，默认值是 1。

4. range 域<input type=" range" />

range 域用于应该包含一定范围内数字值的输入域，在网页中显示为滑动条。

语法： <input type=" range" name=" range_name" value=" value" min=" value" max=" value" step=" value" />

range 域与 number 域一样，通过 min 属性和 max 属性，可以设置最小值和最大值，通过 step 属性指定每次滑动的步幅。

5. 日期数据 Date Pickers

Date pickers 类型是指时间日期类型，HTML5 中提供了多个可供选取日期和时间的输入类型。

- Date 选取日、月和年。
- Month 选取月、年。
- Week 选取周和年。
- Time 选取时间(小时和分钟)。
- Datetime 选取时间、日、月和年(UTC 时间)。
- Datetime-local 选取时间、日、月和年(本地时间)。

在 input 标签中，用户分别通过 type 设置相应的类别即可。

语法：<input type=" 类型" name=" date_name" />

6. search 域<input type=" search" />

search 类型用于搜索域，比如站点搜索或者 Google 搜索。

语法： <input type=" search" name=" search_name" />

7. color 域<input type=" color" />

color 域对象用于选择颜色，实现一个 RGB 颜色值的输入。

语法： <input type=" color " name=" color_name" />

8. tel 域<input type=" tel" />

tel 域用于输入电话号码，tel 域通常会和 pattern 属性配合使用。

语法： <input type=" tel " name=" tel_name" />

【实例 8-3】新增的输入类型，HTML 核心代码如下。

```
<form action="#" target="_blank" method="post">
    请输入您的 E-mail(email 域):<input type="email" name="email_name" /><br/>
    请输入您的微博网址(url 域):<input type="url" name="url_name" /><br/>
    请输入您的年龄(number 域):<input type="number" name="number_name" value="18" min="15" max="30"/><br/>
    请调整背景音乐的音量(range 域):<input type="range" name="range _name" value="4" min="0" max="10"/><br/>
    选择您开学的日期(Date Pickers):<input type="date" name="date" /><br/>
    网页设计概念搜索(search 域):<input type="search" name="search_name" /><br/>
    你最喜欢的颜色(color 域):<input type="color" name="color_name" /><br/>
    请留下您的手机号码(tel 域):<input type="tel" name="tel_name" pattern="^\d{11}$" /><br/>
    <input type="submit" value="提交按钮" />
</form>
```

【实例 8-3】中依次定义了 email 域、url 域、number 域、range 域、日期类型、search 域、color 域和 tel 域，运行程序，页面效果如图 8-5 所示。这些新元素类型，在手机输入时，在苹果和安卓系统上都有便捷的输入识别，例如 email 域在手机端使用时，输入法能自动识别，输入法显示“@”符号，如果输入电话号码 tel 域时，能直接显示系列数字。在表单中输入所需的信息，如图 8-6 所示。

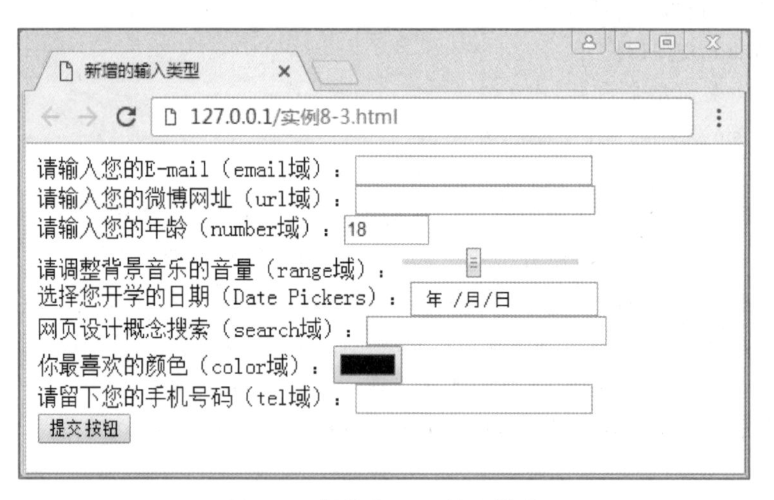

图 8-5 新增的 input 输入类型

由于 E-mail 域中的格式不规范，在点击“提交按钮”时，会出现提示信息，如图 8-7 所示，所以，需要在 email 域中包含“.”和“@”符号。如果在第 2 个 url 域中输入“www.jb6666.net”，点击“提交按钮”时，也会出现提示信息，如图 8-8 所示，所以，需要在 url 域中输入协议头“http://”，整个输入“http://www.jb6666.net”才能通过验证。

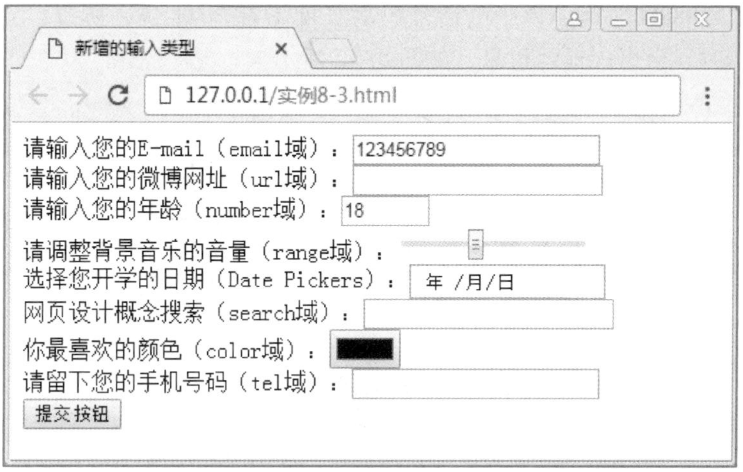

图 8-6 输入 email 信息

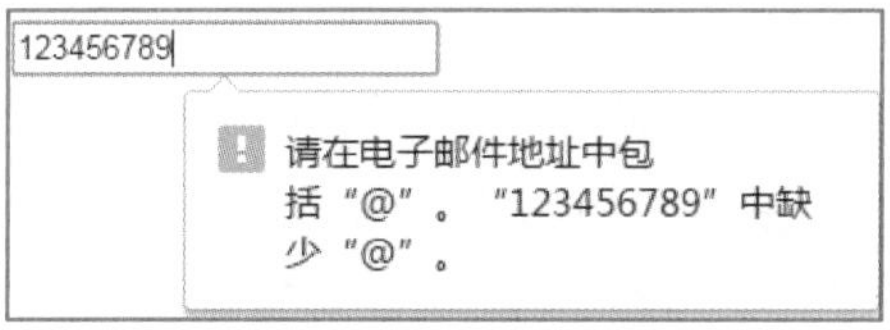

图 8-7 email 验证信息

图 8-8 输入 url 的验证信息

音量的控制通过滑块来控制，对于第 3 个 number 域中由于默认值设置为 18，最小值 15，最大值为 30，如果输入超出 30 的则同样提示，例如，输入 50，提示信息如图 8-9 所示，数值的改变也可以通过图 8-9 中的上下箭头进行微调。如果点击“Date Pickers”中的“年/月/日”元素，可以弹出如图 8-10 所示的日期选择控件，根据实际情况选择时间即可。search 域的输入和普通文本框类似，当输入文本后，会在文本框右侧多一个删除符号。

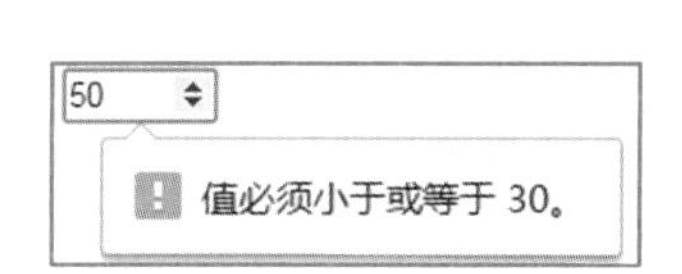

图 8-9 number 验证信息

图 8-10 输入日期数据

color 域的使用时，点击颜色文本框，会弹出“颜色”对话框，如图 8-11 所示，选择适当的颜色即可。对于 tel 域，由于 pattern 属性设置了“^\d{11}$”正则表达式，“^\d{11}$”表示“11 位的数字”，当在“tel 域”中输入电话号码“1388888”时，由于电话号码的长度不符合 11 位，所以，点击“提交按钮”时，会出现提示信息，如图 8-12 所示。

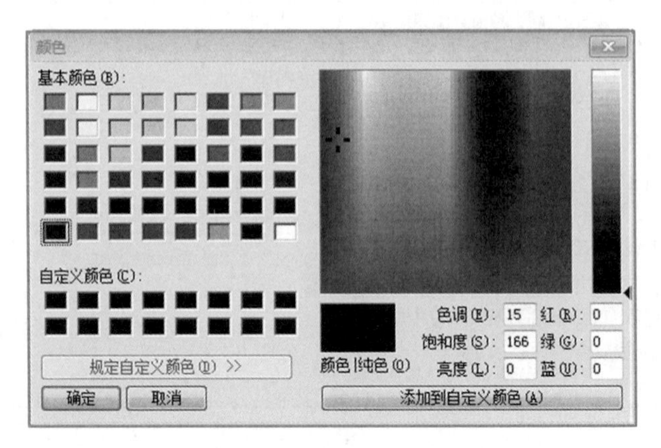

图 8-11 “颜色”对话框

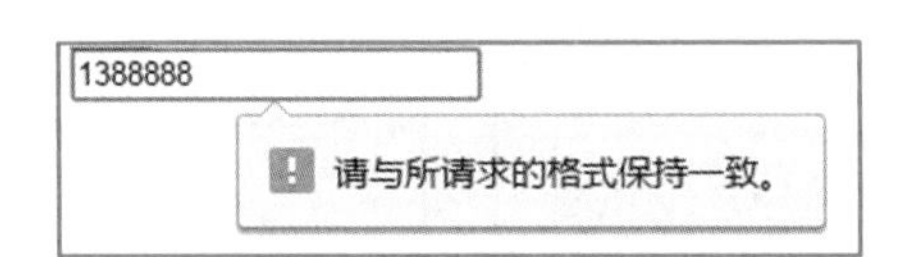

图 8-12 电话号码提示信息

8.2.2 新增的 form 属性

微课 8-6：form 新增 autocomplete 属性

1. autocomplete 属性

autocomplete 属性用于指定表单是否有自动完成功能，HTML5 新增的属性。“自动完成”是指将表单控件输入的内容记录下来，当再次输入时，会将输入的历史记录显示在一个下拉列表里，以实现自动完成输入。autocomplete 属性有 2 个值，on：表单有自动完成功能；off：表单无自动完成功能，这个属性默认为 on。

autocomplete 属性适用于<form>，以及下面的<input>类型：text、search、url、tel、email、password、date pickers、range 以及 color。

例如【实例 8-3】中输入 url 地址，当鼠标再次聚焦 url 元素时，则会自动提示上次输入的 url 地址，如图 8-13 所示。

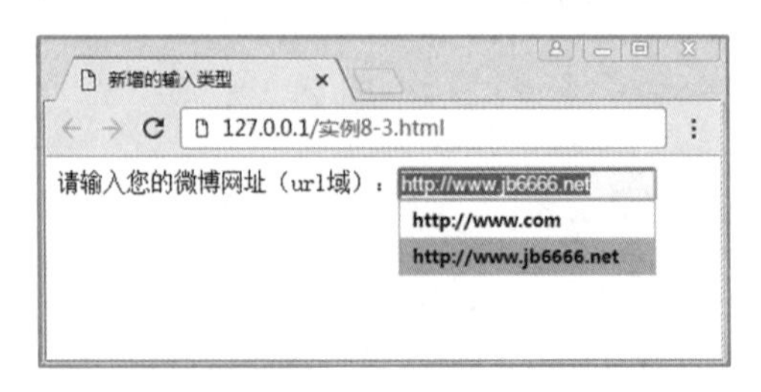

图 8-13 新增 autocomplete 属性的使用

2. novalidate 属性

微课 8-7：form 新增 novalidate 属性

指定在提交表单时取消对表单进行有效的检查，这是 HTML5 新增的属性。为表单设置该属性时，可以关闭整个表单的验证，这样可以使 form 内所有表单控件不被验证。

如果在【实例 8-3】的 form 表单中添加 novalidate 属性，所有元素在提交按钮时，将不通过验证直接提交页面。

例如：

```
<form action="#" target="_blank" method="post" novalidate="novalidate">
```

8.2.3　input 新增的属性

1. autofocus 属性

微课 8-8：autofocus 属性

autofocus 属性用于指定页面加载后是否自动获取焦点，例如，在访问百度主页时，页面中的搜索框会自动获取光标焦点，以便输入关键词。

【实例 8-4】autofocus 属性的使用，HTML 核心代码如下。

```
<form action="http://www.baidu.com/s" target="_blank">
    输入搜索信息:<input type="text"   name="word" autofocus="autofocus"/>
    <input type="submit" value="百度一下">
</form>
```

由于【实例 8-4】中搜索框设置了 autofocus 属性，所以，当页面预览时光标焦点将直接聚焦到搜索框中，如图 8-14 所示。

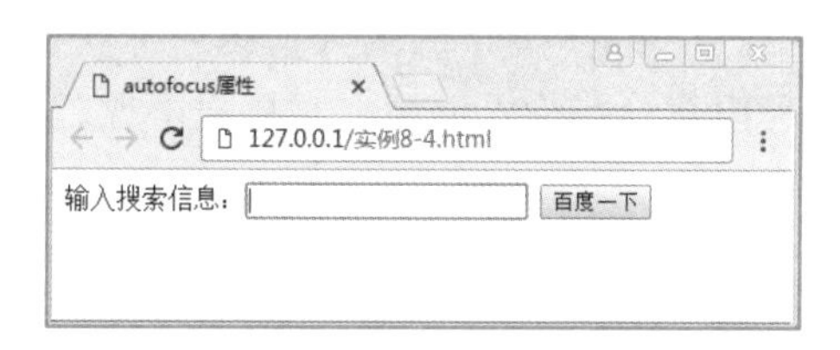

图 8-14　新增的 autofocus 属性的使用

2. multiple 属性

微课 8-9：multiple 属性

multiple 属性指定输入框可以选择多个值，该属性适用于 select 列表框元素，也适合于 email 域和 file 域的 input 元素。multiple 属性用于 email 类型的 input 元素时，表示可以向文本框中输入多个 E-mail 地址，多个地址之间通过逗号（，）隔开；multiple 属性用于 file 类型的 input 元素时，表示可以选择多个文件。

【实例 8-5】multiple 属性的使用，HTML 核心代码如下。

```
<form action="#" target="_blank">
    <select name="city" size="6" id="city" multiple="multiple">
```

```
        <option value="1">北京</option>
        <option value="2">上海</option>
        <option value="3">天津</option>
        <option value="4">重庆</option>
        <option value="5">桂林</option>
        <option value="6">长沙</option>
    </select>
</form>
```

运行【实例 8-5】代码，页面效果如图 8-15 所示，由于【实例 8-5】中列表框设置了 multiple 属性，所以，列表中的元素可以实现多选，如图 8-16 所示。

图 8-15　列表元素预览效果

图 8-16　应用 multiple 属性

如果删除 multiple 属性，则只能选择一项内容。

3. placeholder 属性

placeholder 属性用于为 input 类型的输入框提供相关提示信息，以描述输入框期待用户输入何种内容。在输入框为空时显式出现，而当输入框获得焦点时则会消失。

微课 8-10：placeholder 属性

【实例 8-6】placeholder 属性的使用，HTML 核心代码如下。

```
<form action="http://www.baidu.com/s" target="_blank">
    <input type="text"  name="word" placeholder="输入搜索信息:"/>
    <input type="submit" value="百度一下" />
</form>
```

运行【实例 8-6】代码，页面效果如图 8-17 所示，此时“输入搜索信息:”在文本框中，鼠标聚焦到文本框，输入“HTML5”后，提示文本自动消失，如图 8-18 所示。

微课 8-11：required 属性

4. required 属性

默认情况下，输入元素不会自动判断用户是否在输入框中输入了内容，如果开发者要求输入框的内容是必须填写的，那么需要为 input 元素指定 required 属性。required 属性用于规定输入框填写的内容不能为空，否则不允许用户提交表单。

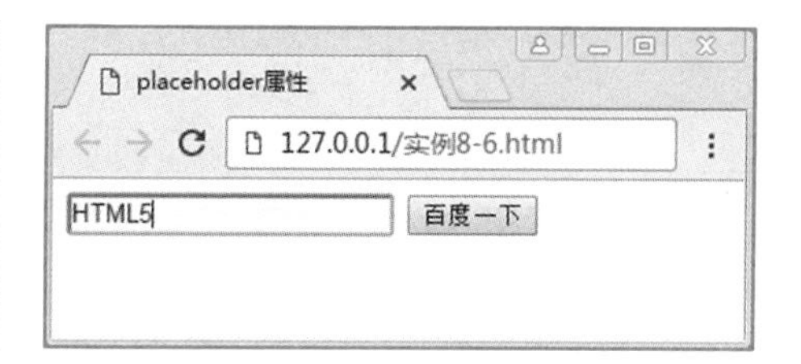

图 8-17　placeholder 属性预览效果　　　图 8-18　鼠标聚焦后的效果

【实例 8-7】required 属性的使用，HTML 核心代码如下。

```
<form action="http://www.baidu.com/s" target="_blank">
    <input type="text" name="word" placeholder="输入搜索信息(不能为空)"
required/>
    <input type="submit" value="百度一下" />
</form>
```

运行【实例 8-7】代码，当文本框为空时，点击“百度一下”按钮，则会出现信息提示，如图 8-19 所示。

图 8-19　required 属性的使用

8.2.4　新增的表单元素

1. datalist 元素

微课 8-12：新增 datalist 元素

datalist 元素规定输入框的选项列表，列表是通过 datalist 内的 option 元素进行创建。如果用户不希望从列表中选择某项，也可以自行输入其他内容。datalist 元素通常与 input 元素配合使用来定义 input 的取值。在使用<datalist>标记时，需要通过 id 属性为其指定一个唯一的标识，然后为 input 元素指定 list 属性。

【实例 8-8】datalist 的使用，HTML 核心代码如下。

```
<form action="http://www.baidu.com/s" target="_blank">
    <input type="text" name="word" list="datalistid" placeholder="请选择或输入搜
索信息"/>
    <datalist id=" datalistid">
        <option>HTML5</option>
        <option>CSS3</option>
```

```
            <option>Javascript</option>
            <option>XML</option>
        </datalist>
        <input type="submit"  value="百度一下" />
</form>
```

运行【实例8-8】代码，页面效果如图8-20所示，当鼠标聚焦到文本框后，文本框右侧会出现一个向下的箭头，如图8-21所示，点击箭头，即可浏览到datalist中定义的选项列表内容，如图8-22所示。

图8-20　使用datalist初始状态

图8-21　鼠标聚焦状态

图8-22　选择列表选项状态

微课8-13：
新增keygen元素

2. keygen元素

keygen元素用于表单的密钥生成器，能够使用户验证更为安全、可靠。当提交表单时会生成两个键：一个是私钥，它存储在客户端；另一个是公钥，它被发送到服务器，验证用户的客户端证书。

如果新的浏览器能够对元素的支持度再增强一些，则有望使其成为一种有用的安全标准。

【实例8-9】keygen密钥生成器的使用，HTML核心代码如下。

```
<form action="http://www.baidu.com/s"  target="_blank">
    <input type="text"   name="word"  placeholder="请选择或输入搜索信息" />
    加密强度<keygen name="securitylevel"  />
```

```
    <input type="submit" value="百度一下" />
</form>
```

运行【实例 8-9】代码，页面效果如图 8-23 所示，keygen 元素下拉菜单中可以选择密钥强度。

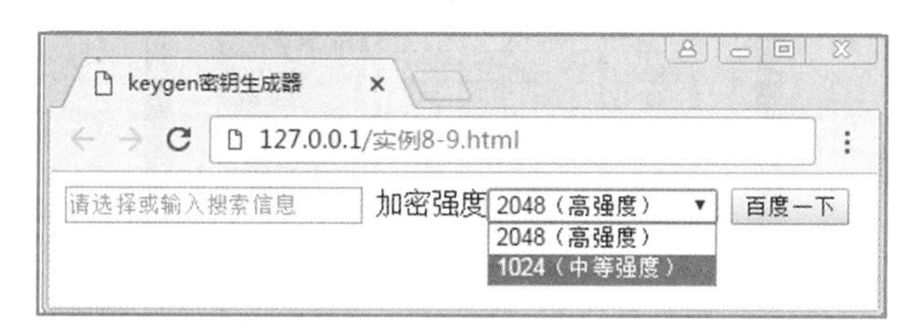

图 8-23　keygen 密钥生成器的使用

3. output 元素

output 元素与 input 元素是对应的，output 主要用于不同类型的输出，显示计算结果或脚本输出。

微课 8-14：综合实例用户注册页面的设计

8.3　综合实例：用户注册页面的设计

综合应用 HTML5 的表单与 CSS 综合设计一个用户注册页面，如图 8-24 所示。

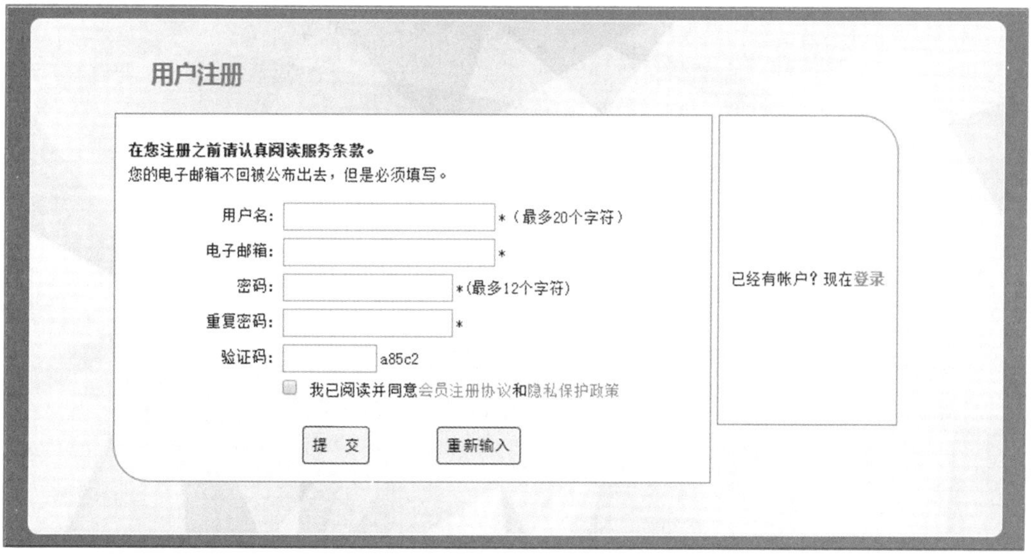

图 8-24　用户注册页面效果

1. 页面结构分析

通过图 8-24 分析，整个页面有 1 个大的容器，容器内部包含了标题标签 h2 和整个布局的内侧容器，里面包含了表单，表单内部左侧容器包含了系列表单域元素，每组元素外层由一个 div 容器构成，里面有 label 和 input 元素，以及说明文本，对应的结构设计如图 8-25 所示。

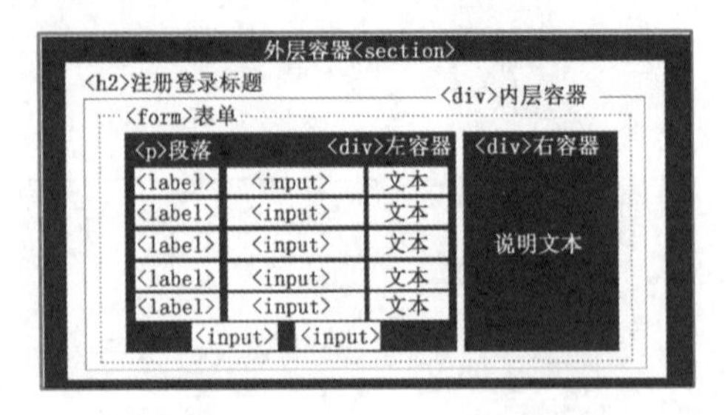

图 8-25　HTML 元素页面结构图

2. HTML 结构代码设计

通过对图片的分析，设计的 HTML 代码如下。

```
<section class="register_bk">
    <h2 class="register_text">用户注册</h2>
    <div class="formwrapper">
        <form action="#" method="post" name="apForm" >
        <div class="register_left">
            <p><strong>在您注册之前请认真阅读服务条款。</strong><br/>
                您的电子邮箱不会被公布出去,但是必须填写。</p>
          <div>
              <label for="Name">用户名:</label>
              <input type="text" name="Name" size="20" maxlendth="20"
autofocus required /> *（最多 20 个字符）
          </div>
          <div>
            <label for="Email">电子邮箱:</label>
            <input type="email" name="Email" id="Email" size="20" maxlength
="40" required /> *
          </div>
          <div>
              <label for="password">密码:</label>
              <input type="password" name="password" size="15" maxlength="
12" required /> *（最多 12 个字符）
          </div>
          <div>
              <label for="confirm">重复密码:</label>
              <input type="password" name="confirm" size="15" maxlength="12"
required /> *
          </div>
          <div>
```

```
                    <label for="yanz">验证码:</label>
                    <input type="text" name="yanzm" id="yanz" size="5" maxlength="
5" required />a85c2
                </div>
                <div>
                    <label for="Agree"></label>
                    <input type="checkbox" name="Agree" id="Agree" value="1"
required />
                    我已阅读并同意<a href="#">会员注册协议</a>和<a href="#">隐
私保护政策</a></div>
                <div class="enter">
                    <input name="create" type="submit" class="button" value="提
 交" />  
                    <input name="Submit" type="reset" class="button" value="重新输
入" />
                </div>
            </div>
            <div class="register_right">
                <div>已经有账户? 现在<a href="#" title="我已经注册账户">登录</a
></div>
            </div>
        </form>
    </div>
</section>
```

代码中，“<section class="register_bk">”实现外层容器，表单命名为apForm，第1个表单域“用户名”设置了autofocus和required属性，其他表单域根据需要也设置了required属性。

3. CSS 样式设计

通过对整体效果的分析，依据HTML结构，CSS样式代码设计如下。

```
* {margin:0; padding:0;}                          /*定义所有标记外内边框距离为0*/
body {font-size:13px; color:#000000; background:#1e9bdb;}/*设置body的基本样式*/
a {color:#1e9bdb;text-decoration:none;}           /*定义超链接的基本样式*/
a:hover {color:#F00;text-decoration:none;}        /*定义超链接鼠标滑过的样式*/
.register_bk {                                    /*定义外层容器的样式*/
    width:820px;                                  /*设置边框的宽度*/
    height:420px;                                 /*设置边框的高度*/
    background:url(../images/page_bg.jpg);        /*设置背景图片*/
    margin:50px auto;                             /*设置外边框距离*/
    border:1px solid #FFF;                        /*设置边框*/
    border-radius:8px;}                           /*设置边框圆角半径*/
```

```
.register_text {margin: 30px 100px 20px; color: #1e9bdb; font-family:"微软雅黑";}
/*标题样式*/
.formwrapper {width:720px;height:325px;margin:10px auto;} /*定义内层容器的样式*/
.formwrapper p {margin:10px 0;line-height:160%;}    /*定义内层容器段落的样式*/
.register_left {               /*定义左侧容器的样式*/
    width:480px;
    float:left;
    margin-left:20px;
    padding:10px;
    border:1px solid #1e9bdb;
    background-image: -webkit-linear-gradient(top,#FFFFFF,#fefad7); /*渐变填
                                                                     充*/
    border-radius:0px 0px 0px 30px;}        /*圆角边框*/
.register_left div {                        /*定义内层表单域容器的样式*/
    clear:left;
    margin-bottom:2px;}
.register_left label {                      /*定义所有 label 的样式*/
    float:left;
    width:120px;
    text-align:right;
    padding:4px;
    margin:1px;}
input {padding:2px;margin:2px;}             /*定义所有 input 的样式*/
input:focus {                               /*定义所有 input 获得焦点的样式*/
    border:1px solid #0699ce;
    background: rgba(250, 250, 0, 0.5);}/*透明填充*/
.register_right {                           /*定义右侧容器的样式*/
    width:150px;
    height:252px;
    float:left;
    margin-left:5px;
    text-align:center;
    line-height:268px;
    border:1px solid #1e9bdb;
    border-radius:0px 30px 0px 0px;         /*边框圆角*/
    background-image: -webkit-linear-gradient(top,#FFFFFF,#fefad7);} /*渐变填
                                                                      充*/
.button {                                   /*定义按钮的样式*/
    margin-top:20px;
    padding:7px;
    border-radius:3px;
```

```
        border:1px #333 solid;
        background-color: #EEE;
        font-family:"黑体";
        color:#000;}
.enter{text-align: center;}
```

运行代码，页面效果如图 8-24 所示。

任务实施：智慧校园信息门户的登录页表单设计

微课 8-15：
任务实施智慧校园信息门户的登录页表单设计

本任务是采用 HTML+CSS 的布局方式，结合表单设计的方法设计完成智慧校园信息门户的登录页面，如图 8-1 所示。

1. 任务分析

由于前面已经深入地学习了 HTML+CSS 的布局方法，在此就不进行整体页面的布局了，主要针对登录表单的构建，进行详细的阐述。根据如图 8-25 所示页面效果，登录表单的 HTML 结构设计示意图如图 8-26 所示。

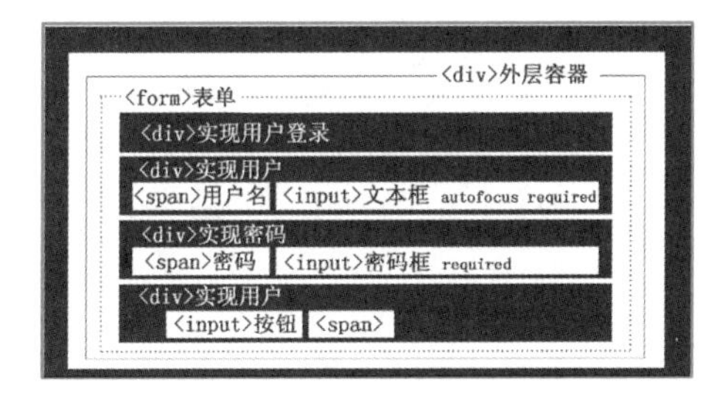

图 8-26　登录表单的界面与元素设计

第 1 步：设计登录表单的 HTML 结构代码。

第 2 步：给登录表单元素设计适合的 CSS 样式表。

2. 登录表单的 HTML 结构代码

依据图 8-26 中的分析，可以将整个 form 表单放置在一个大的 div 容器里，在 form 内部再次通过 4 个并列的 div 元素分别实现用户登录文本、用户名文本框、密码框和按钮元素，其 HTML 代码结构如下。

```
<div id="bottom_right">
    <form action="#">
        <div id="right_top"><span id="right_title">用户登录</span></div>
        <div id="list_user">
            <span id="user">用户名:</span>
            <input type="text" id="ipt1" placeholder="Username" autofocus
required />
        </div>
        <div id="list_user">
```

```
                <span id="user">密　　码:</span>
                <input type="password" id="ipt2" placeholder="Password" required />
            </div>
            <div id="list_dl">
                <input type="image" src="images/dl.png" />
                <span id="password"><a href="#">忘记密码？</a></span>
            </div>
        </form>
    </div>
```

3. 给表单设计 CSS 样式

针对 HTML 结构来设计 CSS 样式，代码如下。

```
#bottom_right{                                  /*定义外层样式*/
    width:308px;height:198px;                   /*定义容器的宽度与高度*/
    float:left;                                 /*定义浮动为左浮动*/
    margin-left:25px;                           /*定义左外边距*/
    background-color: #cce9fe;                  /*定义背景颜色*/
    border-radius: 20px;}                       /*定义圆角边框*/
#right_top{                                     /*定义内部第一个 div 容器的样式*/
    height:24px;
    margin-left:15px;                                   /*定义左外边距*/
    margin-top:13px;                                    /*定义上外边距*/
    background:url(../images/pos.png) no-repeat left;}  /*定义背景图片*/
#right_title{font-size:16px;color:#000;line-height:24px;margin-left:30px;} /*定义标题样式*/
#list_user{height:24px;margin-top:15px;margin-left:30px;} /*定义用户名、密码容器的样式*/
#ipt1{                                          /*定义表单元素用户名的样式*/
    border:1px solid #69befe;
    padding-left: 25px;
    background:#FFF url(../images/login.png) no-repeat; /*定义背景图片*/
    background-position: 5px -15px!important;} /*定义背景图片的位置*/
#ipt2{                                          /*定义表单元素密码的样式*/
    border:1px solid #69befe;
    padding-left: 25px;
    background:#FFF url(../images/login.png) no-repeat;  /*定义背景图片*/
    background-position: 5px -67px!important;} /*定义背景图片的位置*/
#user{color:#4d4e4e;}                           /*定义用户名、密码文本的样式*/
#list_dl{height:32px;margin:15px 0 0 30px;}     /*定义提交按钮容器的样式*/
#password a{color:#00529c;}                     /*定义超链接的样式*/
#password a:hover{color:#F00;}           /*定义超链接鼠标滑过状态的样式*/
```

任务拓展

1. 表单边框的应用

微课 8-16：
表单边框的应用

使用<fieldset></fieldset>标签将指定的表单字段框起来，使用<legend></legend>标签在方框的左上角填写说明文字。

【实例 8-10】表单边框的设置，核心代码如下。

```
<form id="form1" name="form1" method="post" action=" ">
    <fieldset>
        <legend>用户调查</legend>
        姓名:<input name="username" type="text" size="20" maxlength="18" /><br>
        网址:<input name="url" type="text" value="http://" size="40" /><br>
            <input type="submit" name="button" id="button" value="提交">
    </fieldset>
</form>
```

运行【实例 8-10】代码，页面效果如图 8-27 所示。

图 8-27　表单边框

2. 文本域标签<textarea>

微课 8-17：
文本域标签<textarea>

<textarea>标签主要用来创建多行文本输入框，其基本语法如下。

语法：

```
<textarea name="名称" rows="行数" cols="每行的字符数">
多行文本信息
</textarea>
```

其中，rows 是指文本域的行数，也就是高度值，当文本内容超出这一范围时会出现滚动条，cols 设置文本域的列数，也就是其宽度。

【实例 8-11】文本域标签的使用，HTML 核心代码如下。

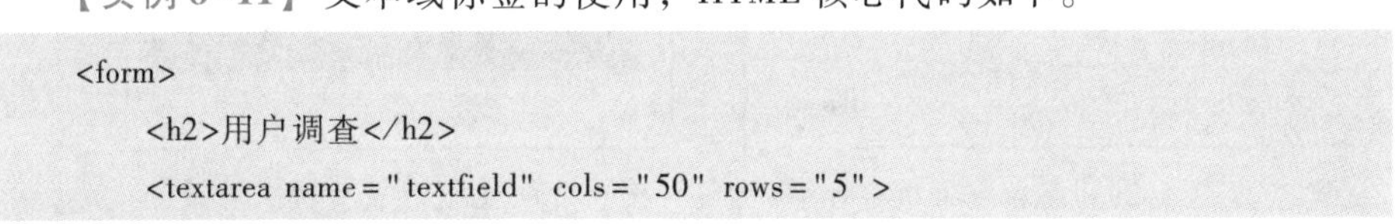

```
<form>
    <h2>用户调查</h2>
    <textarea name="textfield" cols="50" rows="5">
```

留言信息：

```
    </textarea>
    <input type="submit" name="button" value="提交" />
</form>
```

运行【实例 8-11】代码，页面效果如图 8-28 所示。

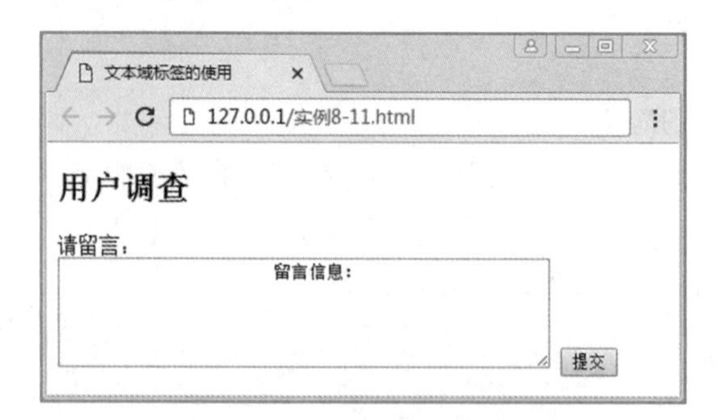

图 8-28　文本域标签的使用

 项目实训：表单模仿设计

【实训目的】

1. 掌握表单元素的定义方法与技巧。
2. 掌握 HTML5 新表单元素的使用方法。
3. 掌握 CSS 定义表单元素的方法。

【实训内容】

1. 打开 QQ 邮箱登录界面（https://mail.qq.com），页面效果如图 8-29 所示，使用 HTML 表单及表单元素模仿实现图 8-29 的登录页面效果。

2. 打开 QQ 邮箱注册界面（https://ssl.zc.qq.com/chs/index.html?type=1），页面效果如图 8-30 所示，使用 HTML 表单及表单元素模仿实现图 8-30 的注册页面效果。

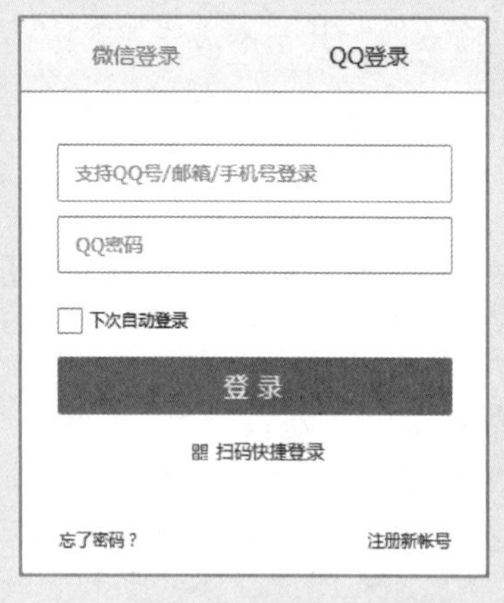

图 8-29　邮箱登录页面效果

欢迎注册QQ
每一天，乐在沟通。　免费靓号
昵称
密码
+86　手机号码
可通过该手机号找回密码
立即注册

图 8-30　邮箱注册页面表单设计

任务9

运用特殊效果

PPT 任务9运用特殊效果

学习目标

【知识目标】

- 掌握CSS3多列布局的方法。
- 掌握CSS3常用的transform转换方法。
- 掌握CSS3中transitions过渡的使用方法。
- 掌握animation动画的使用方法。

【技能目标】

- 能结合根据页面的需要选择恰当的CSS特效。
- 能根据表单页面效果，设计CSS3页面与动画效果，编写CSS表单的样式。

任务描述：交通示意图动画效果

完成了门户页面布局与登录等界面后，小王感觉进步很大，大有“撸起袖子加油干！”的劲头，李经理建议他学习 CSS3 的一些高级应用，并布置了一些任务，如应用转换、过渡、动画等特殊效果制作新生报到时从火车站到信息学院的交通示意动画效果，如图 9-1 所示。

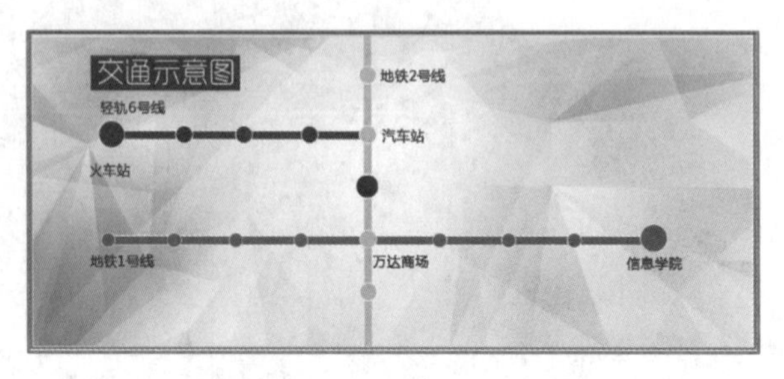

图 9-1　交通示意图动画效果

知识准备

9.1　CSS3 多列布局

9.1.1　认识 columns 多列布局

微课 9-1：认识 columns 多列布局

columns 是多列布局特性的基本属性，该属性可以同时定义每列的宽度和列数。

语法： columns:column-width | column-count;

语法中，column-width 设置对象每列的宽度；column-count 设置对象的列数。

注意：IE10 以上和 Opera 支持多列属性，Firefox 需要前缀-moz-，Chrome 和 Safari 需要前缀-webkit-。IE 9 以及更早的版本不支持多列属性。

columns 适合应用在网页中需要显示大量文本时，建议分列，方便阅读。如果使用浮动布局实现类似效果时容易出现：一是多列浮动显示不容易控制；二是多列显示后各列内容无法互通，这会为后期编辑带来不便。

【实例 9-1】多列布局 columns 的使用。

<style>标签中样式表定义的核心代码如下。

```
<style type="text/css">
body{font:14px/1.5" 微软雅黑";}
```

```
p{margin:0;padding:5px 10px;background:#eee;text-indent:2em;}
.test1{
    width:660px;
    border:1px solid #333333;
    padding:10px;
    columns:200px 3;                 /* 定义列宽 200px,列数为三列布局 */
    -moz-columns:200px 3;            /* Firefox 浏览器兼容代码 */
    -webkit-columns:200px 3;}        /* Chrome 和 Safari 浏览器兼容代码 */
</style>
```

<body>标签中 HTML 结构核心代码如下。

```
<h2>列数及列宽固定:</h2>
<div class="test1">
    <h3>荷塘月色(节选)</h3>
    <p>曲曲折折的荷塘上面,弥望的是田田的叶子……而叶子却更见风致了。</p>
</div>
```

运行【实例 9-1】代码，页面效果如图 9-2 所示。

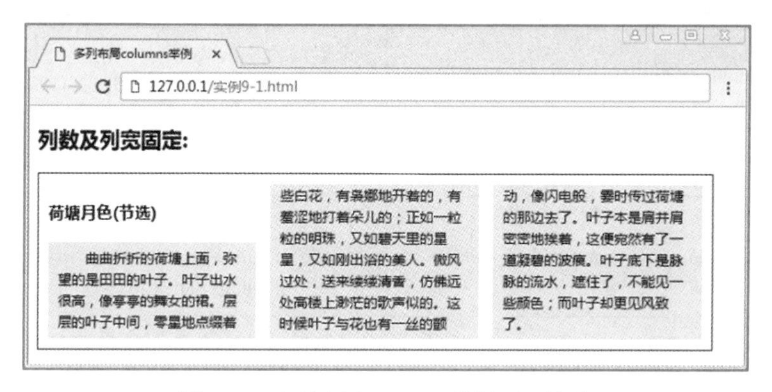

图 9-2　多列布局 columns 举例页面效果

如果列宽固定，不设置 column-count 列数，则文本内容会根据容器宽度液态分布列数，例如：

```
.test1{
    border:1px solid  #333333;
    padding:10px;
    columns:200px;                 /* 定义列宽 200px */
    -moz-columns:200px;            /* Firefox 浏览器兼容代码 */
    -webkit-columns:200px;}        /* Chrome 和 Safari 浏览器兼容代码 */
```

修改后，运行代码，页面效果如图 9-3 所示。

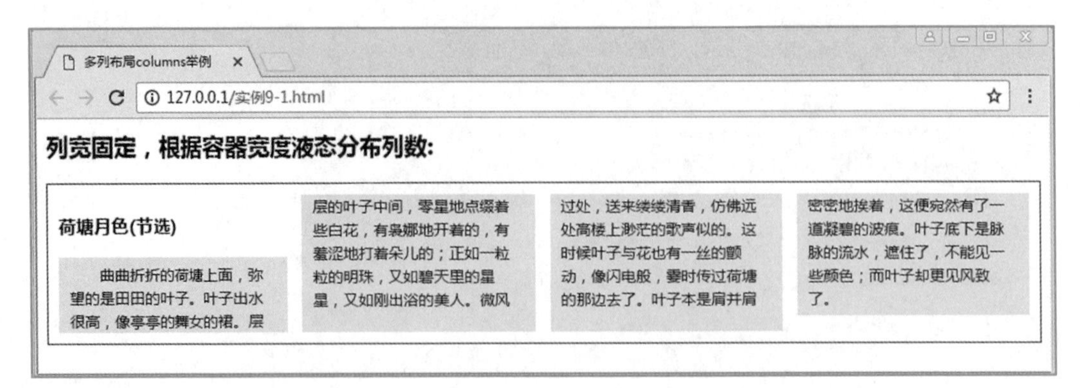

图 9-3　列宽固定，根据容器宽度液态分布列数

微课 9-2：
columns 的其他属性

9.1.2　columns 的其他属性

column 还包含其他的常用属性，见表 9-1。

表 9-1　column 的相关常用属性及其含义

<table>
<tr><th>属性名称</th><th>语　法</th><th>含　义</th></tr>
<tr><td>column-width</td><td>语法：column-width:<length> | auto;</td><td>设置或检索对象每列的宽度。
举例：column-width:300px;</td></tr>
<tr><td>column-count</td><td>语法：column-count:<integer> | auto;</td><td>设置或检索对象的列数。
举例：column-count:3;</td></tr>
<tr><td>column-gap</td><td>语法：column-gap:<length> | normal;</td><td>设置或检索对象的列与列之间的间隙。
举例：column-gap:normal;/*默认值*/
column-gap:40px;</td></tr>
<tr><td>column-rule</td><td>语法：column-rule:[column-rule-width] | [column-rule-style] | [column-rule-color];</td><td>设置或检索对象的列与列之间的边框。复合属性，相当于 border 属性。
举例：column-rule:1px solid #999;</td></tr>
<tr><td>column-span</td><td>语法：column-span:none | all;</td><td>设置或检索对象元素是否横跨所有列。
举例：column-span:all;</td></tr>
</table>

除了 column-width、column-count、column-gap、column-rule、column-span 等常用属性以外，还有 column-fill、column-break-before、column-break-after、column-break-inside 等属性，读者可自行学习。

【实例 9-2】多列布局 columns 举例。

<style>标签中样式表定义的核心代码如下。

```
<style type="text/css">
body{font:14px/1.5"微软雅黑";color:#FFF;}
p{margin:0;padding:5px 10px;background:#1caa0d;text-indent:2em;}
```

```
.test1{
    width:660px;
    border:1px solid #1caa0d;
    padding:10px;
    column-count:2;                          /*定义列数为2*/
    column-width:300px;                      /*定义列宽200px*/
    column-gap:50px;                         /*定义列间隙50px*/
    column-rule:1px dashed #1caa0d;}         /*定义列列之间的边框*/
.test1>h2{color:#1caa0d;column-span:all;}    /*定义元素横跨所有列*/
</style>
```

<body>标签中 HTML 结构核心代码如下。

```
<div class="test1">
    <h2>列宽固定,根据容器宽度液态分布列数:</h2>
    <p>曲曲折折的荷塘上面,此处省略200字……而叶子却更见风致了。</p>
</div>
```

运行【实例 9-2】代码，页面效果如图 9-4 所示。

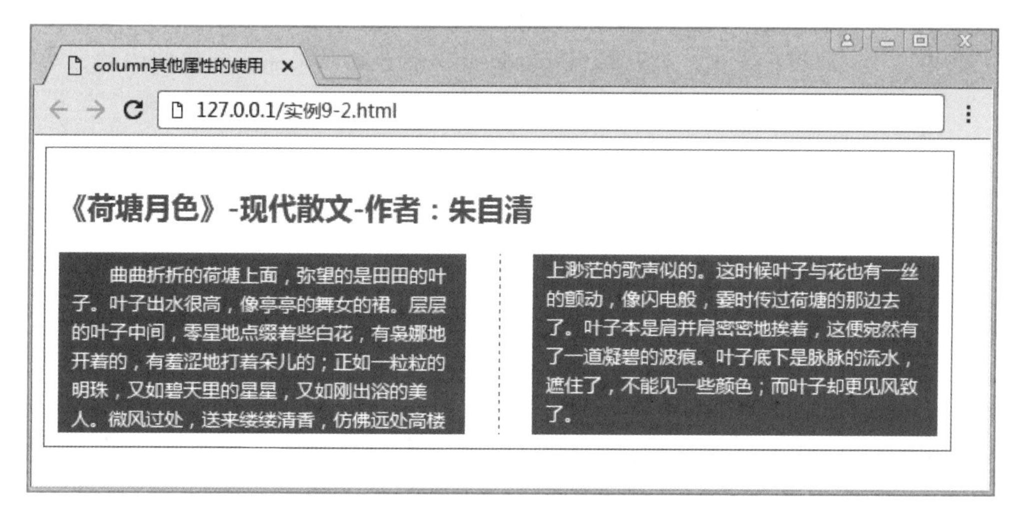

图 9-4 column 其他常用属性实现多列布局

值得注意的是这些属性的兼容性。column-width、column-count、column-gap、column-rule 这些属性 Internet Explorer 10 以上 和 Opera 都支持，Firefox 需要前缀 -moz-，Chrome 和 Safari 需要前缀 -webkit-。

column-span 属性只有 Internet Explorer 10 和 Opera 支持。Safari 和 Chrome 支持替代的 -webkit-column-span 属性。

由于 Internet Explorer 9 之前的浏览器不支持该属性，页面预览该程序时，页面效果如图 9-5 所示。

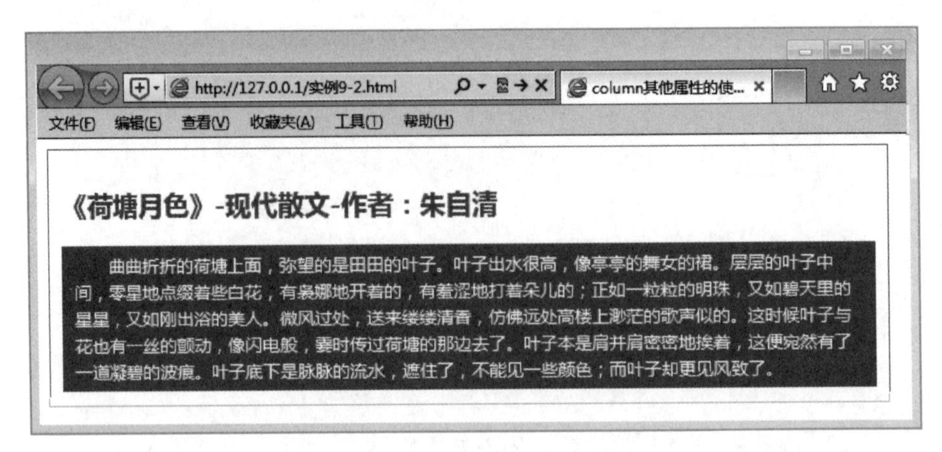

图 9-5　IE9 浏览器下的页面效果

9.2　CSS3 转换

微课 9-3：transform 简介

9.2.1　transform 简介

在 CSS3 中，可以利用 transform 功能来实现文字或图像的旋转、缩放、倾斜、移动等变形处理，结合即将学习的过渡和动画属性产生一些新的动画效果。

语法： transform:none | transform-function;

transform 属性的默认值为 none，适用于内联元素和块元素，表示不进行变形。transform-function 用于设置变形函数，可以是一个或多个变形函数列表。transform-function 常用函数及含义见表 9-2。

表 9-2　transform-function 常用函数及含义

函数名称	含　义
translate()	移动元素对象，即基于 X 和 Y 坐标重新定位元素
scale()	缩放元素对象，可以使任意元素对象尺寸发生变化，取值包括正数、负数和小数
rotate()	旋转元素对象，取值为一个度数值
skew()	倾斜元素对象，取值为一个度数值
matrix()	定义矩形变换，即基于 X 和 Y 坐标重新定位元素的位置

注意：IE10、Firefox、Opera 支持 transition 属性。Chrome 和 Safari 需要前缀-webkit-，IE 9 需要前缀-ms-。

9.2.2　常用的 transform 变形方法

1. 移动方法 translate()

微课 9-4：
移动方法
translate()

在 CSS3 中，使用 translate()方法来实现图像或文字的移动。

语法： transform:translate(x,y);

语法中，x 指元素在水平方向上移动的距离，y 指元素在垂直方向上移动的距离。当使用一个参数时表示 X 轴上移动的距离，x 和 y 可以为负值，表示反方向移动元素。

translate()移动函数示意图如图 9-6 所示。

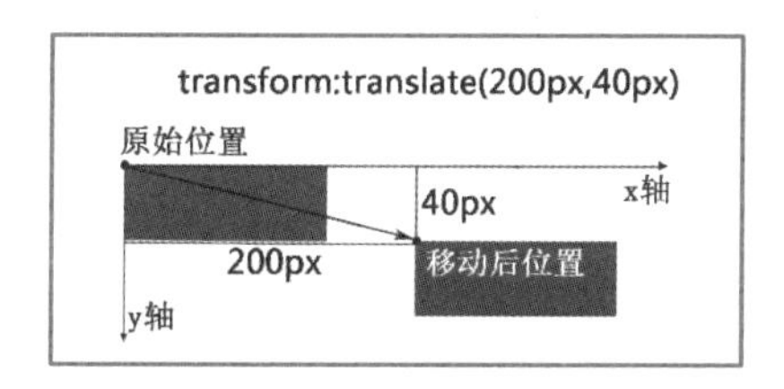

图 9-6　translate()移动函数示意图

【实例 9-3】translate 移动变形的使用。

<style>标签中样式表定义的核心代码如下。

```
<style type="text/css">
body {background:url(img/bg.jpg);font-family:"微软雅黑";}
div {width:300px;text-align:center;margin:80px auto;padding:10px;background:#fff;}
img { height:150px;margin-bottom:15px;}
div:hover {
    transform:translate(200px,40px);            /* 实现向右平移 200 像素,向下平移 40
                                                   像素 */
    -webkit-transform:translate(200px,40px);/* Safari and Chrome 浏览器兼容代码 */
    -moz-transform:translate(200px,40px);   /* Firefox 浏览器兼容代码 */
    -ms-transform:translate(200px,40px);}   /* IE9 浏览器兼容代码 */
</style>
```

<body>标签中 HTML 结构核心代码如下。

```
<div>
    <img src="img/spring.jpg"/><br />摄影:春意盎然
</div>
```

运行【实例 9-3】代码后，页面效果如图 9-7 所示，当把鼠标放置到 div 上方时，div 将实现向右平移 200 像素，向下平移 40 像素，页面效果如图 9-8 所示。

图 9-7　初始 div 元素的状态

图 9-8　运用 translate( )移动后的页面效果

2. 缩放方法 scale( )

微课 9-5：
缩放方法 scale( )

在 CSS3 中，使用 scale( )方法来实现图像或文字的缩放。

语法： transform:scale(x,y);

语法中，x 指元素宽度的缩放比例，y 指元素高度的缩放比例。x 和 y 的取值可以是大于 1 的正数、负数和小数。大于 1 的正数表示放大，负数值不会缩小元素，而是翻转元素，然后再缩放元素。当使用一个参数时表示 x 和 y 的缩放比例相同。

scale( )缩放函数示意图如图 9-9 所示。修改【实例 9-3】的 “div:hover” 的代码保存为【实例 9-4】。

【**实例 9-4**】scale 缩放变形的使用。

<style>标签中样式表定义的核心代码如下：

```
div:hover {
    transform:scale(-2,1.5);              /* 实现水平方向反转,宽度缩放 2 倍,高度缩
                                             放 1.5 倍 */
    -webkit-transform:scale(-2,1.5);  /* Safari and Chrome 浏览器兼容代码 */
    -moz-transform:scale(-2,1.5);     /* Firefox 浏览器兼容代码 */
    -ms-transform:scale(-2,1.5);}     /* IE9 浏览器兼容代码 */
```

运行【实例 9-4】代码，页面效果如图 9-7 所示，当把鼠标放置到 div 上方时，实现水平方向翻转，宽度缩放 2 倍，高度缩放 1.5 倍，页面效果如图 9-10 所示。

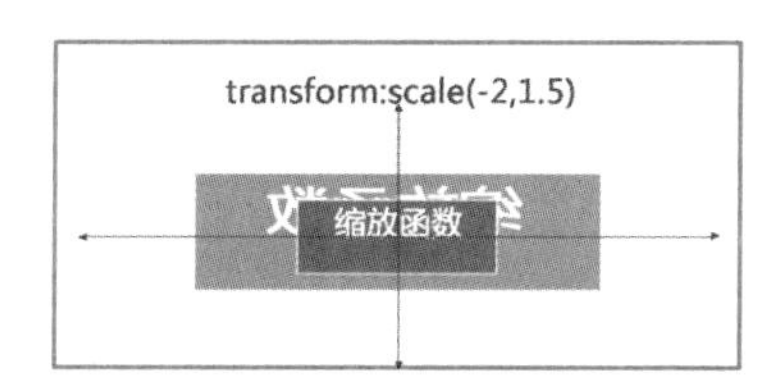

图 9-9　scale( )缩放函数示意图

图 9-10　运用 scale( )缩放后的页面效果

3. 旋转方法 rotate( )

微课 9-6：旋转方法 rotate( )

在 CSS3 中，使用 rotate( )方法来实现图像或文字的旋转。

语法： transform:rotate (angle);

语法中，angle 指元素旋转的角度值，如果角度为正数值，则按照顺时针进行旋转，负值时，按照逆时针旋转。

rotate( )旋转函数示意图如图 9-11 所示。修改【实例 9-4】的“div:hover”的代码保存为【实例 9-5】。

【实例 9-5】 rotate 旋转方法的使用。

<style>标签中样式表定义的核心代码如下。

```
div:hover {
    transform:rotate(45deg);                /* 实现顺时针旋转 45 度 */
    -webkit-transform:rotate(45deg);        /* Safari and Chrome 浏览器兼容代码 */
    -moz-transform:rotate(45deg);           /* Firefox 浏览器兼容代码 */
    -ms-transform:rotate(45deg);}           /* IE9 浏览器兼容代码 */
```

运行【实例 9-5】代码，页面效果如图 9-7 所示，当把鼠标放置到 div 上方时，实现顺时针旋转 45 度，页面效果如图 9-12 所示。

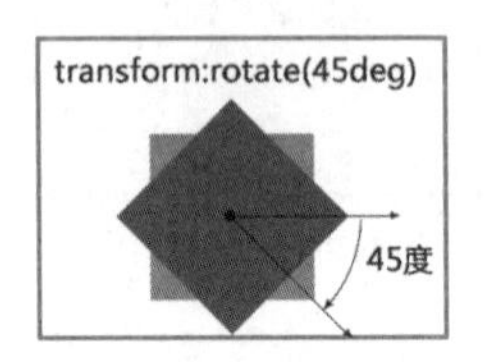

图 9-11　rotate()旋转函数示意图

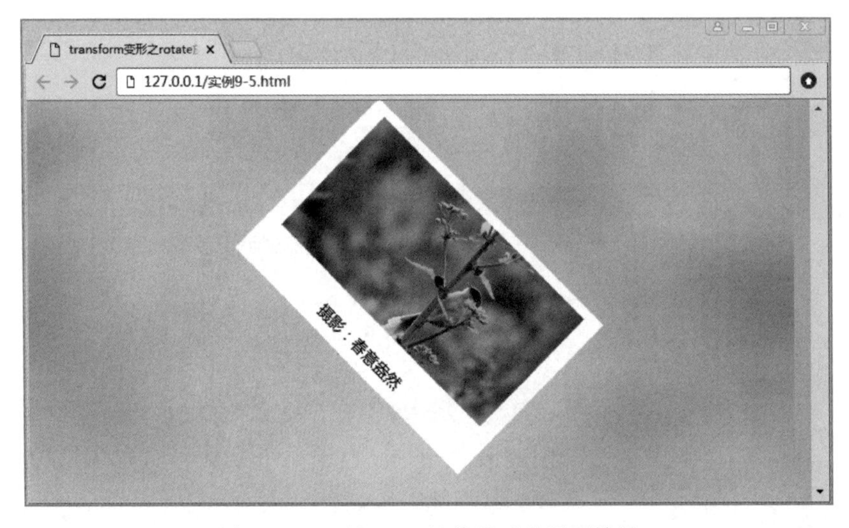

图 9-12　运用 rotate()旋转后的页面效果

4. 斜切方法 skew()

微课 9-7：
斜切方法 skew()

在 CSS3 中，使用 skew()方法来实现图像或文字的倾斜显示。

语法： transform:skew（x-angle,y-angle）;

语法中，x-angle 表示相对于 X 轴进行倾斜角度值，y-angle 表示相对于 Y 轴进行倾斜角度值，X 轴逆时针转为正；Y 轴顺时针转为正。

skew()斜切函数示意图如图 9-13 所示。修改【实例 9-5】的“div:hover”的代码保存为【实例 9-6】。

【实例 9-6】scale 缩放变形的使用。

<style>标签中样式表定义的核心代码如下。

```
div:hover {
    transform:skew(30deg,20deg);              /* 实现 X 轴斜切 30 度,Y 轴斜切 20 度 */
    -webkit-transform:skew(30deg,20deg); /* Safari and Chrome 浏览器兼容代码 */
    -moz-transform:skew(30deg,20deg);    /* Firefox 浏览器兼容代码 */
    -ms-transform:skew(30deg,20deg);}    /* IE9 浏览器兼容代码 */
```

运行【实例 9-6】代码，页面效果如图 9-7 所示，当把鼠标放置到 div 上方时，实现顺时针旋转 45 度，页面效果如图 9-14 所示。

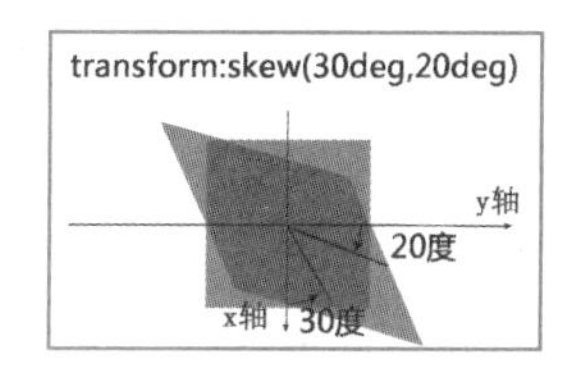

图 9-13　skew( )缩放函数示意图

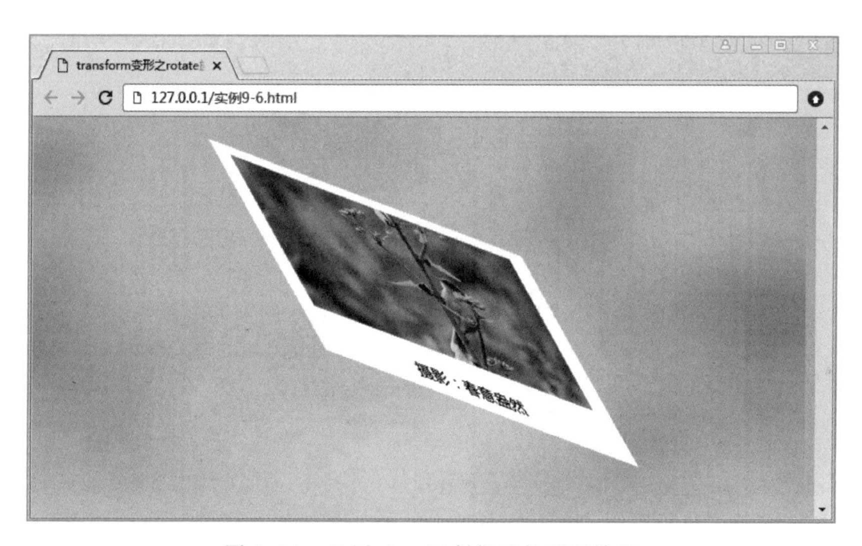

图 9-14　运用 skew( )斜切后的页面效果

5. 更改变换的中心点 transform-origin

在 CSS3 中，transform 属性平移、缩放、倾斜及旋转等效果，针对的元素默认都是以元素的正中心为中心点的，如果需要改变这个中心点，可以使用 transform-origin 属性。

语法： transform-origin:x y z;

微课 9-8：更改变换的中心点

语法中，x、y、z 的默认值为 50%、50%、0，这表示元素的中心。x 表示视图被置于 X 轴的何处，可取值有 left、center、right、length，也可以使用“%”；y 表示视图被置于 Y 轴的何处，可取值有 top、center、bottom、length，也可以使用“%”；z 表示被置于 Z 轴的何处，主要使用 length。变换的中心点示意图如图 9-15 所示。

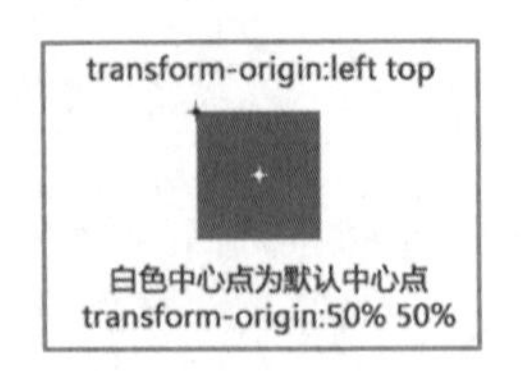

图 9-15　变换的中心点示意图

其实除了中心点的变换以外，还可以将平移、缩放、倾斜及旋转等效果进行叠加。

【实例 9-7】transform 综合应用与中心点的变换。

样式表定义的核心代码如下。

```
<style type="text/css">
body {background:url(img/bg.jpg);font-family:"微软雅黑";}
div {width:300px;text-align:center;margin:30px auto;padding:10px;background:#fff;}
img { height:150px;margin-bottom:15px;}
div:hover {                                  /* transform 综合应用与中心点的变换 */
    transform-origin:left top;               /* 变换中心点的为左上角 */
    -webkit-transform-origin:left top;       /* Safari and Chrome 浏览器兼容代码 */
    -moz-transform-origin:left top;          /* Firefox 浏览器兼容代码 */
    -ms-transform-origin:left top;           /* IE9 浏览器兼容代码 */
    transform:rotate(20deg) skew(15deg,0) scale(1.5);    /* 综合应用旋转、斜切、
                                                          缩放 */
    -webkit-transform:rotate(20deg) skew(15deg,0) scale(1.5);
    -moz-transform:rotate(20deg) skew(15deg,0) scale(1.5);
    -ms-transform:rotate(20deg) skew(15deg,0) scale(1.5);
}
```

【实例 9-7】body 中 HTML 结构核心代码与【实例 9-6】相同。运行【实例 9-7】代码，页面效果如图 9-16 所示，当把鼠标放置到 div 上方时，实现顺时针旋转 20 度，同时缩放 1.5 倍和斜切 15 度，页面效果如图 9-17 所示。

图 9-16　初始 div 元素的状态

图 9-17　transform 综合应用与中心点的变换效果

9.2.3　运用 3D 变形

微课 9-9：
认识三维空间

3D 变形中可以让元素围绕 X 轴、Y 轴、Z 轴进行旋转。

1. 认识三维空间

要想深入的理解 3D 变形，需要理解三维空间示意图，如图 9-18 所示。

要想呈现立体透视的效果，必须具有 perspective 属性，即具有透视视角的属性。显示器中 3D 效果元素的透视点在显示器的上方，近似就是大家眼睛所在方位。

例如，一个 1280 像素宽的显示器中有张图片，应用了 3D transform，同时，该元素或该元素父辈元素设置的 perspective 大小为 1920 像素。则这张图片多呈现的 3D 效果就跟浏览者本人在 1.5 个显示器宽度的地方（1280 * 1.5 = 1920）看到的真实效果一致!示意图如图 9-19 所示。

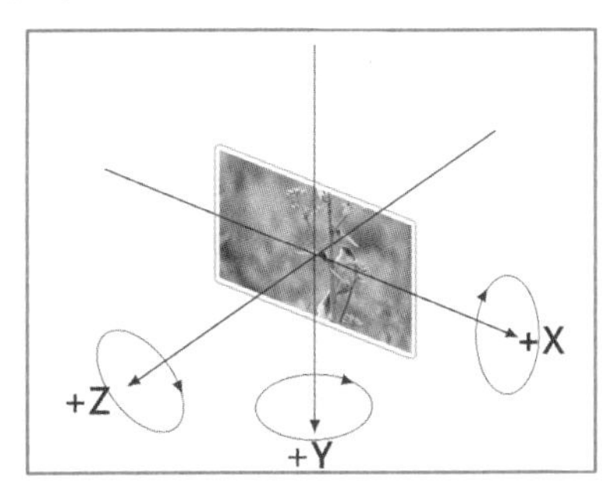

图 9-18　三维坐标系示意图

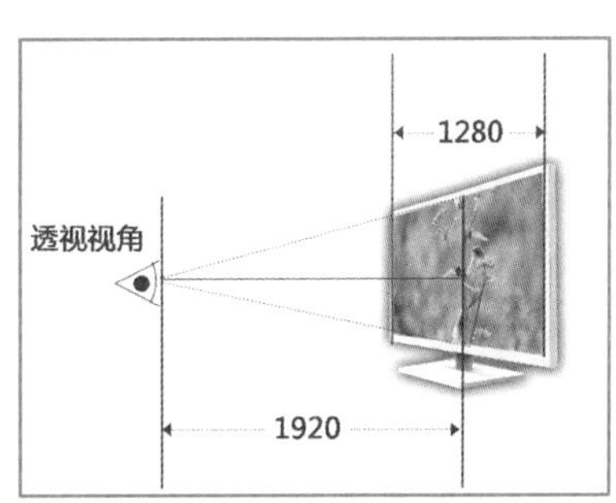

图 9-19　透视示意图

2. rotateX()、rotateY()、rotateZ()函数

3D变形常用的函数包括rotateX()、rotateY()、rotateZ()，元素在3D空间旋转的角度，如果其值为正，元素顺时针旋转，反之元素逆时针旋转。

微课9-10：
3D变形常用的函数

rotateX()函数用于指定元素围绕X轴旋转。

语法： transform:rotateX(angle);

rotateY()函数用于指定元素围绕Y轴旋转。

语法： transform:rotateX(angle);

rotateZ()函数用于指定元素围绕Z轴旋转。

语法： transform:rotateZ(angle);

【实例9-8】3D转换的效果。

<style>标签中样式表定义的核心代码如下。

```
body {background:url(img/bg.jpg);}
div {
    height:200px;width:400px;margin:50px;padding:10px;
    background-color:#FFF;
    border:1px solid black;
    perspective:800px;                /* 设置3D元素的透视视角 */
    -webkit-perspective:800px;        /* Safari and Chrome浏览器兼容代码 */
    -moz-perspective:800px;}          /* Firefox浏览器兼容代码 */
img {
    width:400px;
    border:1px solid black;
    transform:rotateX(30deg);                 /* 元素围绕X轴旋转30度 */
    -webkit-transform:rotateX(30deg);         /* Safari and Chrome浏览器兼容代码 */
    -moz-transform:rotateX(30deg);}           /* Firefox浏览器兼容代码 */
```

<body>标签中HTML结构核心代码如下。

```
<div>
    <img src="img/bird.jpg"/>
</div>
```

在IE9中运行【实例9-8】代码，由于IE9不支持3D元素的透视效果，所以页面效果如图9-20所示，这相当于元素正常状态，如果在谷歌Chrome或者Firefox浏览器中浏览，页面效果如图9-21所示。

如果将img元素的样式rotateX（30deg）修改为rotateY（30deg），则可以浏览到图片沿着Y轴旋转30度的效果，页面效果如图9-22所示。

如果将img元素的样式rotateX（30deg）修改为rotateZ（30deg），则可以浏览到图片沿着Z轴旋转30度的效果，页面效果如图9-23所示，从视觉角度上看，rotate()函数与rotateZ()函数实现的效果相同，不同的是rotate()函数是在2D平面上的旋转，而rotateZ()函数是在3D空间上旋转。

图 9-20　IE9 或初始状态效果

图 9-21　rotateX(30deg)的页面效果

图 9-22　rotateY(30deg)的页面效果

图 9-23　rotateZ(30deg)的页面效果

注意：可以将“perspective：800px”和“transform：rotateX（30deg）”整合为一行代码，以复合属性的方式呈现。

```
transform:perspective(800px) rotateX(30deg);
```

3. 3D 变形及 transform 的转换属性

在 3D 空间，三个维度也就是三个坐标，及长、宽、高。轴的旋转是围绕一个[x,y,z]向量并经过元素原点。

语法： transform:rotate3d(x,y,z,angle);

语法中，x，y，z 分别代表横向、纵向、Z 轴坐标位移向量的长度。可以变换理解方式：x，y，z 为 0 是代表不旋转，为 1 时代表旋转。angle 表示角度值。

例如：“transform:rotate3d(1,0,0,45deg);”表示沿着 X 轴旋转 45 度。

微课 9-11：
3D 变形及 transform

此外，在使用 3D 变形时，会经常用到 perspective-origin 属性。perspective-origin 主要设置一个 3D 元素的底部位置，默认就是所看舞台或元素的中心，与 transform-origin 属性类似，所以，取值也与 transform-origin 类似，如图 9-24 所示。

位置1：perspctive-origin: 25% 100px;
默认：perspctive-origin: 25% 50px;
位置2：perspctive-origin: 600px; 40%

图 9-24　perspective-origin 示意图

transform-style 属性也是 3D 效果中经常使用的，其两个参数 flat、preserve-3d。前者 flat 为默认值，表示平面的；后者 preserve-3d 表示 3D 透视。

【实例 9-9】3D 转换的效果。

<style>标签中样式表定义的核心代码如下。

```
body {background:url(img/bg.jpg);}
div {
    height:200px;width:400px;margin:50px;padding:10px;
    background-color:rgba(255,255,255,0.5);  /*设置背景颜色半透明*/
    border:1px solid black;
    perspective:800px;                       /*设置 3D 元素的透视效果*/
    -webkit-perspective:800px;               /*Safari and Chrome 浏览器兼容代码*/
    -moz-perspective:800px;                  /*Firefox 浏览器兼容代码*/
    perspective-origin:0% 0%;                /*调整 3D 元素的底部位置*/
    transform-style:preserve-3d;             /*定义 3D 透视*/
    -webkit-transform-style:preserve-3d;     /*Safari and Chrome 浏览器兼容代码*/
    -moz-transform-style:preserve-3d;}       /*Firefox 浏览器兼容代码*/
img {
    width:400px;
    border:1px solid black;
    transform:rotateX(45deg);                /*元素围绕 X 轴旋转 30 度*/
    -webkit-transform:rotateX(45deg);        /*Safari and Chrome 浏览器兼容代码*/
    -moz-transform:rotateX(45deg);}          /*Firefox 浏览器兼容代码*/
```

<body>标签中 HTML 结构核心代码如下。

```
<div>
    <img src="img/bird.jpg"/>
</div>
```

运行【实例 9-9】代码，页面效果如图 9-25 所示。

此外，转换的属性还有 backface-visibility，这个属性主要定义元素在不面对屏幕时是否可见。为了切合实际，常常会设置后面元素不可见，如“backface-visibility: hidden;”。

CSS3 中还有其他一些 3D 的转换方法，其见表 9-3。

图 9-25　3D 页面透视效果

表 9-3　3D 变形函数及其含义

函数名称	含　义
translate3d(x,y,z)、translateZ(z)	定义 3D 位移转换
scale3d(x,y,z)、scaleZ(z)	定义 3D 缩放转换
rotate3d(x, y, z, angle)、rotateX(angle)、rotateY(angle)、rotateZ(angle)	定义 3D 旋转
perspective(n)	定义 3D 转换元素的透视视图
matrix3d(n,n,n,n,n,n,n,n,n,n,n,n,n,n,n,n)	定义 3D 转换，使用 16 个值的 4×4 矩阵

9.3　transitions 过渡

9.3.1　transitions 功能介绍

微课 9-12：transitions 功能介绍

在 CSS3 中，可以利用 transitions 实现元素从一种样式转变为另一种样式时添加效果，如渐显、渐弱、动画快慢等。

过渡属性主要包括 transition-property、transition-duration、transition-timing-function、transition-delay，属性的名称与含义见表 9-4。

表 9-4　过渡属性及其含义

属 性 名	含　义
transition-property	规定应用过渡的 CSS 属性的名称
transition-duration	定义过渡效果花费的时间，默认是 0
transition-timing-function	规定过渡效果的时间曲线，默认是"ease"
transition-delay	规定过渡效果何时开始，默认是 0
transition	简写属性，用于在 1 个属性中设置 4 个过渡属性

注意：IE 10、Firefox、Chrome 以及 Opera 支持 transition 属性。Safari 需要前缀-webkit-。IE 9 以及更早的版本，不支持 transition 属性。Chrome 25 以及更早的版本，需要前缀-webkit-。

9.3.2 过渡属性的应用

微课 9-13：transition-property 与 transition-duration 属性

1. transition-property 属性

transition-property 属性用于指定应用过渡效果的 CSS 属性的名称，其过渡效果通常在用户将指针移动到元素上时触发。当指定的 CSS 属性改变时，过渡效果才开始。

语法： transition-property：none | all | property；

语法中，none 表示没有属性会获得过渡效果；all 表示所有属性都将获得过渡效果；property 表示定义应用过渡效果的 CSS 属性名称，多个名称之间以逗号分隔。

2. transition-duration 属性

transition-duration 属性用于定义过渡效果所花费的时间，默认值为 0，常用单位是秒（s）或者毫秒（ms）。

语法： transition-duration：time；

【实例 9-10】过渡属性。

<style>标签中样式表定义的核心代码如下。

```
body {background:#10aa08;}
img {                                   /*定义图片样式*/
    display:block;                      /*定义为块元素*/
    height:150px;                       /*定义高度*/
    margin:30px auto;                   /*定义外边距,设置水平居中*/
    border:10px solid #FFF;             /*定义边框*/
    opacity:0.5;}                       /*定义不透明度为 0.5*/
img:hover {
    opacity:1;                          /*定义完全不透明*/
    transition-property:opacity;        /*设置过渡属性为 opacity */
    transition-duration:2s;}            /*设置过渡所花费的时间为 2 秒*/
```

<body>标签中 HTML 结构核心代码如下。

```
<body>
    <img src="img/spring.jpg />
</body>
```

运行【实例 9-10】代码，页面效果如图 9-26 所示，当鼠标放置在图片上方时，图片会由不透明度 0.5 向 1 逐步清晰显示，花费时间为 2 秒，最终状态如图 9-27 所示。为了解决不同浏览器的兼容性，自行添加-webkit-、-moz-、-o-浏览器前缀代码。

图 9-26　过渡过程中图片效果

图 9-27　过渡完成后的效果

3. transition-timing-function 属性

微课 9-14：transition-timing-function 属性

transition-timing-function 属性规定过渡效果的速度曲线，默认值为 ease。

语法： transition-timing-function: linear | ease ease-in | ease-out | ease-in-out | cubic-bezier(n,n,n,n)；

本属性的取值较多，属性值及含义见表 9-5。

表 9-5　transition-timing-function 属性的取值及其含义

属性取值	含　义
linear	指定以相同速度（匀速）开始至结束的过渡效果
ease	指定以慢速开始，然后加快，最后慢慢结束的过渡效果
ease-in	指定以慢速开始，然后逐渐加快
ease-out	指定以慢速结束的过渡效果
ease-in-out	指定以慢速开始和结束的过渡效果
cubic-bezier(n,n,n,n)	定义用于加速或者减速的贝塞尔曲线的形状，它们的值在 0~1

4. transition-delay 属性

transition-delay 属性规定过渡效果何时开始，默认值为 0，常用单位是秒（s）或者毫秒（ms）。

微课 9-15：transition-delay 属性

语法： transition-delay:time;

transition-delay 的属性值可以为正整数、负整数和 0。当设置为负数时，过渡动作会从该时间点开始，之前的动作被截断；设置为正数时，过渡动作会被延迟触发。

【实例 9-11】 过渡属性。

<style>标签中样式表定义的核心代码如下。

```
body {background:url(img/bg.jpg);font-family:"微软雅黑";}/* 定义 body 的样式 */
div {width:300px;text-align:center;padding:10px;background:#fff;}/* 定义 div 的样式 */
img { height:150px;margin-bottom:15px;}          /* 定义 img 的样式 */
div:hover {                                      /* 定义 div 的 hover 伪类样式 */
    transform:translate(500px,200px) rotate(360deg);  /* 定义 div 元素向右下移动，
                                                         同时旋转 360 度 */
    transition-property:transform;               /* 定义动画过渡的 CSS 属性为
                                                    transform */
    transition-duration:5s;                      /* 定义动画过渡时间为 5 秒 */
    transition-timing-function:ease-in-out;      /* 定义动画慢速开始和结束 */
    transition-delay:2s;}                        /* 定义动画延迟触发时间为 2s */
```

<body>标签中 HTML 结构核心代码如下。

```
<div>
    <img src="img/spring.jpg"/><br />摄影:春意盎然
</div>
```

运行【实例 9-11】代码，页面效果如图 9-28 所示，当鼠标放置在 div 元素上方，元素并不会马上执行动画效果，2 秒钟后 div 元素开始移动，大约第 4 秒时的状态如图 9-29 所示，大约第 6 秒时的状态如图 9-30 所示，动画完成后的状态如图 9-31 所示。为了解决不同浏览器的兼容性，自行添加-webkit-、-moz-、-o-浏览器前缀代码。

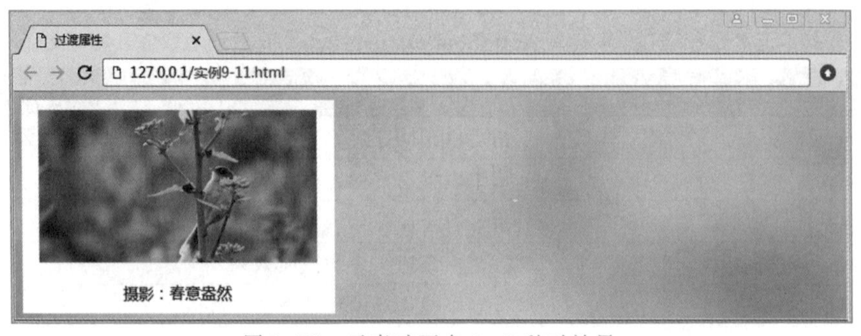

图 9-28 元素动画在 0～2 秒时效果

图 9-29　元素动画在 4 秒时效果

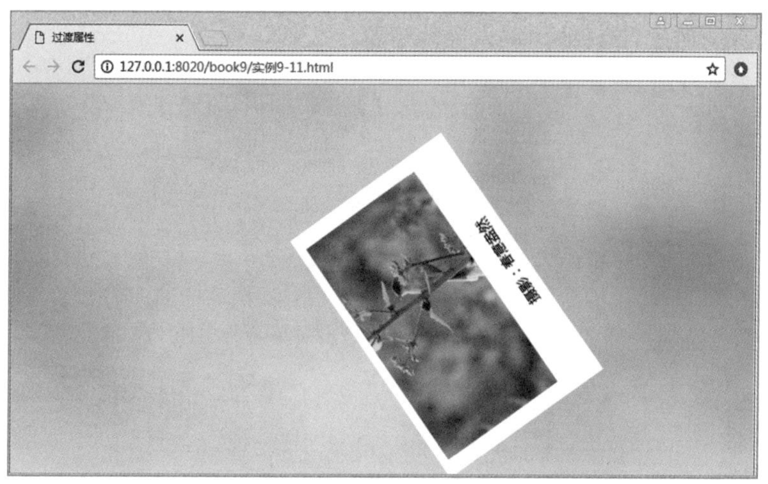

图 9-30　元素动画在 6 秒时效果

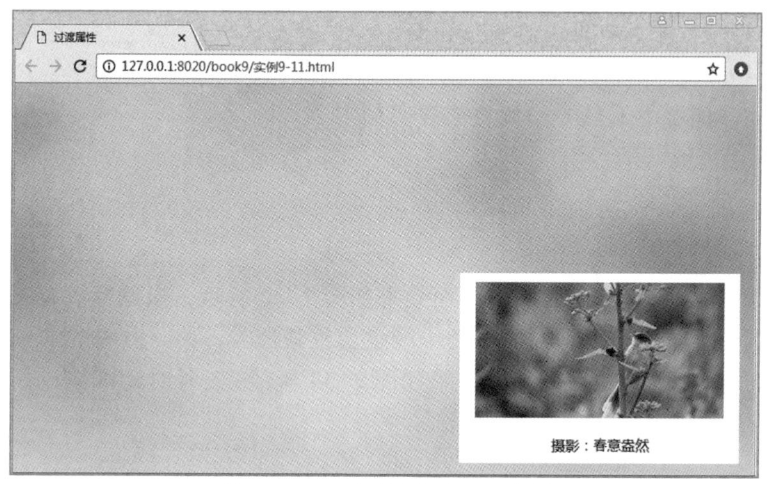

图 9-31　动画过渡完成后的效果

微课 9-16：
transition 属性

5. transition 属性

transition 属性是一个复合属性，用于在一个属性中设置 transition-property、transition-duration、transition-timing-function、transition-delay 等 4 个过渡属性。

语法： transition:property duration timing-function delay;

语法中，在使用 transition 属性设置多个过渡效果时，它的各个参数必须按照顺序进行定义。无论是单个属性还是简写属性，使用时都可以实现多个过渡效果。

例如，在【实例 9-11】中动画的 4 个过渡效果可以修改为：

transition: transform 5s ease-in-out 2s;

为了不同浏览器的兼容性，以“Safari and Chrome 浏览器兼容代码”为例：

-webkit-transition: -webkit-transform 5s ease-in-out 2s;

如果使用 transition 简写属性设置多种过渡效果，需要为每个过渡属性集中指定所有的值，并且使用逗号进行分隔。

【实例 9-12】过渡属性的使用。

<style>标签中样式表定义的核心代码如下。

```
body {background:#10aa08;}
img {                                   /*定义图片样式*/
    display:block;                      /*定义为块元素*/
    height:150px;                       /*定义高度*/
    margin:30px auto;                   /*定义外边距,设置水平居中*/
    border:10px solid #FFF;             /*定义边框*/
    border-radius:10px;                 /*定义圆角边框半径为 10 像素*/
    opacity:0.5;}                       /*定义不透明度为 0.5*/
img:hover {
    opacity:1;                          /*定义完全不透明*/
    border-radius:80px;                 /*定义圆角边框半径为 80 像素*/
    transition:opacity 3s ease-out,border-radius 3s ease-out;}   /*复合属性设置*/
```

<body>标签中 HTML 结构核心代码如下。

```
<body>
    <img src="img/spring.jpg />
</body>
```

运行【实例 9-12】代码，页面效果如图 9-32 所示，当鼠标放置在图片上方时，图片会淡出显示，同时圆角半径也会逐渐增大，约 1 秒时的动画效果如图 9-33 所示，约 2 秒时的动画效果如图 9-34 所示，3 秒时动画完成最终状态如图 9-35 所示。

图 9-32 【实例 9-12】动画的初始状态

图 9-33 【实例 9-12】动画在 1 秒时的效果

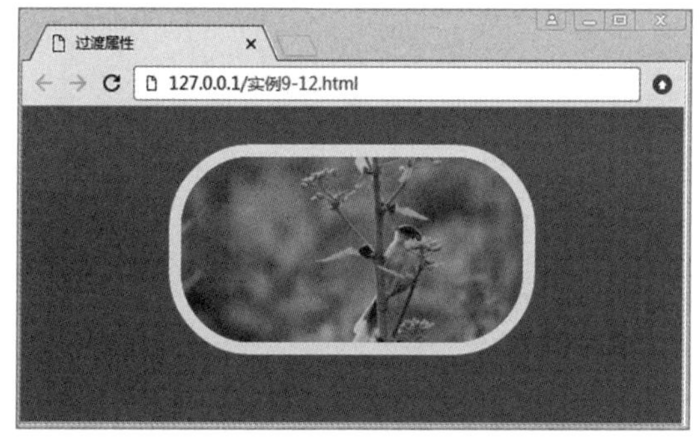

图 9-34 【实例 9-12】动画在 2 秒时的效果

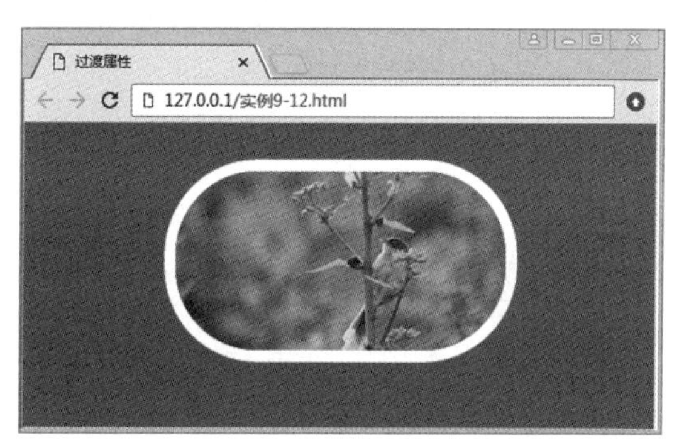

图 9-35 【实例 9-12】动画完成时的效果

为了解决不同浏览器的兼容性，自行添加-webkit-、-moz-、-o-浏览器前缀代码。

9.4 animation 动画

9.4.1 动画的基本定义与调用

微课 9-17：动画的基本定义与调用

动画是使元素从一种样式逐渐变化为另一种样式的效果。CSS3 中主要运用@ keyframes 关键帧和 animation 相关属性来实现。@ keyframes 用来定义动画，animation 将定义好的动画绑定到特定元素，并定义动画时长、重复次数等相关属性。

注意：IE10、Firefox 以及 Opera 支持@keyframes 规则和 animation 属性。Chrome 和 Safari 需要前缀-webkit-。Internet Explorer 9，以及更早的版本，不支持@keyframe 规则或 animation 属性。

1. @keyframes 的使用方法

语法格式：

```
@ keyframes animationname{
    keyframes-selector{ CSS-styles;}
    }
```

语法中，animationname 表示动画名称，动画必须具有名称，不能重名，它是动画引用时的唯一标识。keyframes-selector 是关键帧选择器，表示指定当前关键帧要应用到整个动画过程中的位置，通常通过百分比去表达，还可以使用 from 或者 to 表示，from 表示动画的开始，相当于 0%，to 表示动画的结束，相当于 100%。CSS-styles 表示执行到当前关键帧时对应的动画状态。

例如：

```
@ keyframes myfirst{                /* 定义动画,命名为 myfirst */
    0% {width:20px;}                /* 定义动画的开始时的状态,元素宽为 20 像素 */
    100% {width:300px;}             /* 定义动画的结束时的状态,元素宽为 300 像素 */
    }
```

这段代码定义了一个名为 myfirst 的动画，该动画在开始时的状态，定义了元素宽为 20 像素，动画的结束时的状态，定义了元素宽为 200 像素。这段代码等同于：

```
@ keyframes myfirst{                /* 定义动画,命名为 myfirst */
    from{width:20px;}               /* 定义动画的开始时的状态,元素宽为 20 像素 */
    to{width:300px;}                /* 定义动画的结束时的状态,元素宽为 300 像素 */
    }
```

2. 动画的调用

当在 @ keyframes 中创建动画时，需把它捆绑到某个选择器，否则不会产生动画效果。通过规定至少以下两项 CSS3 动画属性（animation-name 和 animation-duration），即可将动画绑定到选择器。

animation-name 属性用于定义要应用的动画名称，为@ keyframes 动画规定名称。

语法： animation-name:keyframename | none;

语法中，keyframename 参数用于规定需要绑定到选择器的 keyframe 的名称，如果值为 none，则表示不应用任何动画，通常用于覆盖或者取消动画。

需始终规定 animation-duration 属性，否则时长为 0，就不会播放动画了。

animation-duration 属性用于定义整个动画效果完成所需要的时间，以秒或毫秒计。

语法： animation-duration:time;

语法中，animation-duration 属性初始值为 0，time 多数是以秒（s）或者毫秒（ms）为单位的时间，默认值为 0，表示没有任何动画效果。

【实例 9-13】animation 的使用。

<style>标签中样式表定义的核心代码如下。

```
img{
    display:block;
```

```
        margin:50px auto;
        width:20px;
        animation-name:myfirst;              /* 定义要使用的动画名称 */
        -webkit-animation-name:myfirst;/* Safari and Chrome 浏览器兼容代码 */
        animation-duration:5s;               /* 定义动画持续时间 */
        -webkit-animation-duration:5s;} /* Safari and Chrome 浏览器兼容代码 */
    @keyframes myfirst{                      /* 定义动画,命名为 myfirst */
        from {width:20px;}                   /* 定义动画的开始时的状态,元素宽为 20 像素 */
        to {width:300px;}                    /* 定义动画的结束时的状态,元素宽为 300 像素 */
    }
    @-webkit-keyframes myfirst{              /* 定义动画,Safari and Chrome 浏览器兼容代码 */
        from {width:20px;}
        to {width:300px;}
    }
```

<body>标签中 HTML 结构核心代码如下。

```
<body>
    <img src="img/spring.jpg"/>
</body>
```

运行【实例9-13】代码，页面中动画的初始状态如图9-36所示，随着动画的执行，5秒钟动画完成，最终状态如图9-37所示。

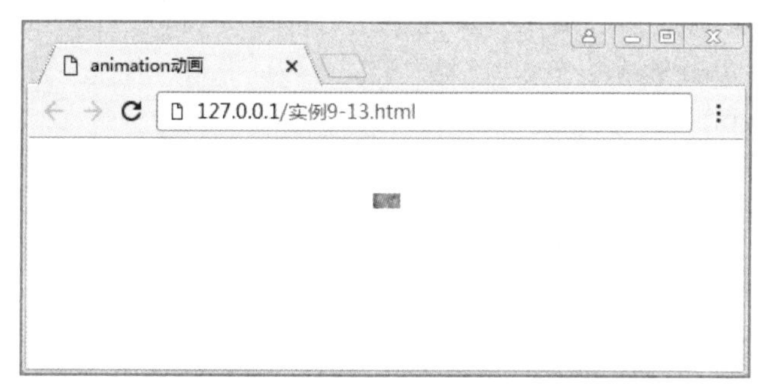

图9-36 【实例9-13】初始动画效果

图9-37 【实例9-13】动画完成时的效果

假定，这个图片的动画为从无到有，同时淡入并且旋转 360 度。

则动画可以定义为：

```
@ keyframes myfirst{                                    /* 定义动画,命名为 myfirst */
    from {width:20px;opacity:0;}                        /* 定义动画的开始时的状态 */
    to {width:300px;opacity:1;transform:rotate(360deg);}    /* 定义动画的结束时的
                                                            状态 */
    }
```

在【实例 9-13】的基础上修改代码，保存为“实例 9-13-1. html”，自行浏览。

此外，还可以通过定位属性来修改动画的位置。

9. 4. 2　animation 的其他属性

微课 9-18：动画的 animation-timing-function 属性

除了 animation-name 和 animation-duration 两个属性外，还需要学习其他的几个属性。

1. animation-timing-function 属性

animation-timing-function 用来规定动画的速度曲线，定义使用哪种方式执行动画效果。

语法： animation-timing-function:linear | ease ease-in | ease-out | ease-in-out | cubic-bezier(n,n,n,n);

本属性的取值较多，属性值及含义与 transition-timing-function 属性的取值类似，可以参考表 9-5。

微课 9-19：动画的 animation-delay 属性

2. animation-delay 属性

animation-delay 属性用于定义执行动画效果之前延迟的时间，即规定动画的开始时间。

语法： animation-delay:time;

语法中，参数 time 用于定义动画开始前等待的时间，其单位是 s 或者 ms，默认属性值为 0，animation-delay 属性适用于所有的块元素和行内元素。

微课 9-20：动画的 animation-iteration-count 属性

3. animation-iteration-count 属性

animation-iteration-count 属性用于定义动画的播放次数。

语法： animation-iteration-count:number | infinite;

语法中，animation-iteration-count 属性初始值为 1，也就是动画只播放一次，适用于所有的块元素和行内元素。如果属性值为 number，则用于定义播放动画的次数；如果是 infinite（无限的，无穷的），则指定动画循环播放。

微课 9-21：动画的 animation-direction 属性

4. animation-direction 属性

animation-direction 属性定义当前动画播放的方向，即动画播放完成后是否逆向交替循环。

语法： animation-direction:normal | alternate;

语法中，animation-direction 属性初始值为 normal，适用于所有的块元素和行内元素。默认值 normal 表示动画正常显示。如果属性值是 alternate，则实现逆向播放。

5. animation-play-state 属性

微课 9-22：动画的 animation-play-state 属性

animation-play-state 属性规定动画是否正在运行或暂停。

语法： animation-play-state:paused | running;

语法中，paused 表示规定动画已暂停；running 规定动画正在播放。animation-play-state 属性默认是 running。

【实例 9-14】 animation 其他属性的使用。

<style>标签中样式表定义的核心代码如下。

```
body{background:url(img/hbj.jpg);}
img{
    display:block;
    margin:60px auto;
    width:150px;
    animation-name:logorotate;                 /*定义要使用的动画名称*/
    animation-duration:5s;                     /*定义动画持续时间*/
    animation-timing-function:ease-out;        /*定义动画速度曲线名称*/
    animation-delay:2s;                        /*定义动画延迟时间*/
    animation-direction:alternate;             /*定义动画播放的方向*/
    animation-iteration-count:infinite;        /*定义动画播放次数*/
    animation-play-state:paused;               /*定义动画运行状态*/
}
img:hover{animation-play-state:running;}       /*定义鼠标在图片上方滑过的状态*/
@keyframes logorotate{                         /*定义动画关键帧,命名 logorotate*/
    0%  {opacity:0.2;}                         /*定义动画开始的状态*/
    80%  {width:220px;opacity:0.8;transform:rotate(320deg);}/*定义动画中间的状态*/
    100%  {width:200px;opacity:1;transform:rotate(360deg);} /*定义动画结束的状态*/
}
```

<body>标签中 HTML 结构核心代码如下。

```
<body>
    <img src="img/logo.png"/>
</body>
```

运行【实例 9-14】代码，把鼠标放置在 logo 图片上方时，动画为 running 状态，由于设置动画的延迟时间为 2 秒，这时初始状态如图 9-38 所示，2 秒钟后，由于"opacity: 0.2"的作用，logo 图片显示为半透明，如图 9-39 所示，当动画执行到 80% 时，logo 的宽度变为 220 像素，如图 9-40 所示，瞬间缩小，整个动画完成，最终状态如图 9-41 所示。随后，由于设置 animation-direction 属性为 alternate，所以逆向播放，同时实现循环播放动画。

图 9-38 【实例 9-14】动画执行前的效果

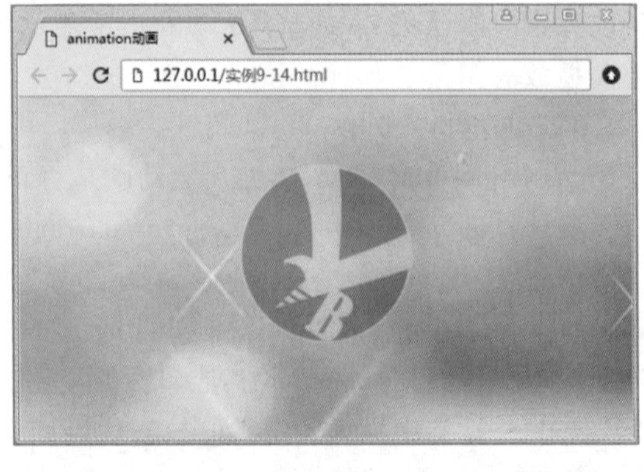

图 9-39 【实例 9-14】初始动画效果

图 9-40 logo 变大的效果

图 9-41 【实例 9-14】动画最终状态

为了不同浏览器的兼容性，读者自行完成“Safari and Chrome 浏览器兼容代码”。

微课 9-23：动画的 animation-fill-mode 属性

6. animation-fill-mode 属性

animation-fill-mode 属性规定动画在播放之前或之后，其动画效果是否可见。

语法： animation-fill-mode：none | forwards | backwards | both；

语法中，none 表示不设置结束之后的状态，默认情况下回到跟初始状态一样；forwards 表示将动画元素设置为整个动画结束时的状态。backwards 明确设置动画结束之后回到初始状态；both 表示设置为结束或者开始时的状态。一般都是回到默认状态。

例如，在【实例 9-13】中，动画执行完成后，不用保持在最后的状态，而是消失回到初始状态，这是默认的 none 所致，如果给 img 元素添加以下代码：

```
animation-fill-mode:forwards;           /* 定义规定对象动画结束后的状态 */
-webkit-animation-fill-mode:forwards;   /* Safari and Chrome 浏览器兼容代码 */
```

则在动画结束时保持动画结束时的状态，即“to”或者“100%”的状态。

在“实例 9-13. html”的基础上修改代码，保存为“实例 9-13-2. html”，读者自行参考学习。

7. animation 属性

animation 属性是一个复合属性。

微课 9-24：
动画的 animation
复合属性

语法： animation：animation-name animation-duration animation-timing-function animation-delay animation-iteration-count animation-direction；

语法中，使用 animation 属性时必须指定 animation-name 和 animation-direction 属性，如果持续的时间为 0，则不会播放动画。其他属性如果没有设置，可以省略。

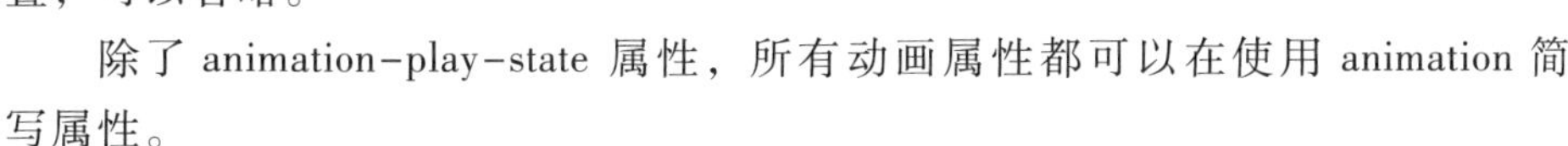

除了 animation-play-state 属性，所有动画属性都可以在使用 animation 简写属性。

此外，还可以实现分步过渡，添加 steps(n)函数来实现。

以【实例 9-14】为例，如果使用 animation 属性表达的方式如下：

```
animation:logorotate 5s ease-out 2s infinite alternate;      /* 定义动画复合属性 */
animation-play-state:paused;                                  /* 定义动画运行状态 */
/* Safari and Chrome 浏览器兼容代码定义动画复合属性 */
-webkit-animation:logorotate 5s ease-out 2s infinite alternate;
-webkit-animation-play-state:paused;                          /* 定义动画运行状态 */
```

在“实例 9-14. html”的基础上修改代码，保存为“实例 9-14-1. html”，读者自行参考学习。

动画效果与“实例 9-14. html”一样。

9.5　综合实例：艺术照片墙

微课 9-25：
综合实例：艺术
照片墙

为了宣传校园文化，特制作了艺术照片墙，页面效果如图 9-42 所示，综合应用本单元所学习的变形、过渡与动画等知识，实现当鼠标放置到某个图片上方时，让图片旋转并同时放大展示效果，如图 9-43 所示。

图 9-42　初始照片墙页面效果

1. 页面结构分析

通过图9-42分析，整个页面有1个大的容器，容器内部包含了4个小容器，内外两层可以使用div作为容器，也可以使用ul和li列表元素来实现，最内层是一张图片和一行文本构成，如果需要超链接，可以给图片和文本设置超链接。最后，针对每个元素设置相应的旋转角度即可，对应的结构设计如图9-44所示。

图9-43　鼠标放置图片上方的效果

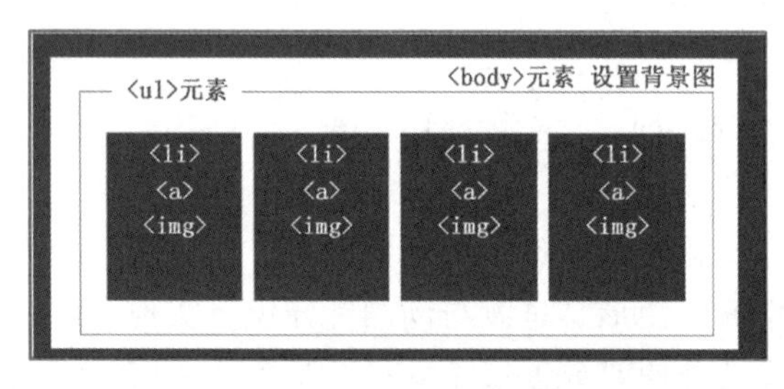

图9-44　HTML元素页面结构图

2. HTML结构代码设计

通过对图片的分析，设计的HTML代码如下。

```
<body>
    <ul>
        <li><a href="#"><img src="img/1.jpg"/><br />教学楼</a></li>
        <li><a href="#"><img src="img/2.jpg"/><br />小桥流水</a></li>
        <li><a href="#"><img src="img/3.jpg"/><br />图书馆</a></li>
        <li><a href="#"><img src="img/4.jpg"/><br />学院外景</a></li>
    </ul>
</body>
```

代码中，将图片与文本都包含在超链接 a 元素内部，而每一个 a 元素都放置在了 li 元素里面，将来照片墙如果需要更多的图片，只需要继续添加新的 li 元素即可。

3. 基础 CSS 样式设计

首先，针对 body 标签、超链接 a 和图像 img 定义基本样式，CSS 样式代码设计如下。

```
<style type="text/css">
body {background:url(img/bg1.JPG);margin-top:100px;}   /*定义背景图片*/
ul li { display:inline;}                  /*定义 li 为行内元素*/
ul a {                                    /*定义超链接的样式*/
    display:block;                        /*将行内元素转换为块元素*/
    background:#fff;                      /*定义背景颜色*/
    float:left;                           /*定义为左浮动*/
    margin-left:30px;                     /*定义左外边距为 30 像素*/
    padding:10px;                         /*定义内边距*/
    text-align:center;                    /*定义文本居中对齐*/
    font-family:"微软雅黑";               /*定义文本字体为微软雅黑*/
    text-decoration:none;                 /*定义文本装饰*/
    color:#333;                           /*定义文本颜色*/
    font-size:16px;                       /*定义文本字体大小为 16 像素*/
    box-shadow:0 3px 6px rgba(0,0,0,.25);          /*定义盒子阴影*/
    -webkit-box-shadow:0 3px 6px rgba(0,0,0,.25); /*Safari and Chrome 浏览器兼
                                                    容代码*/
    transform:rotate(-15deg);                  /*定义逆时针旋转 15 度*/
    -webkit-transform:rotate(-15deg);          /*Safari and Chrome 浏览器兼容代码*/
    transition:transform 1 s linear;           /*定义过渡动画*/
    -webkit-transition:-webkit-transform 1s linear;}  /*Safari and Chrome 浏览器兼容
                                                        代码*/
img { height:150px;margin-bottom:15px;}       /*定义图片的高度与下外边距*/
ul li:first-child a {                          /*定义第 1 个 li 元素下 a 元素的样式*/
    transform:rotate(10deg);                   /*定义顺时针旋转 10 度*/
    -webkit-transform:rotate(10deg);}          /*Safari and Chrome 浏览器兼容代码*/
ul li:nth-child(2) a {                         /*定义第 2 个 li 元素下 a 元素的样式*/
    position:relative;                         /*定义定位方式为相对定位*/
    top:-20px;}                        /*定义上外边距边界与 li 上边界之间的偏移*/
ul li:nth-child(3) a {                         /*定义第 3 个 li 元素下 a 元素的样式*/
    transform:rotate(25deg);                   /*定义顺时针旋转 25 度*/
    -webkit-transform:rotate(25deg);}          /*Safari and Chrome 浏览器兼容代码*/
ul li:last-child a {                           /*定义最后个 li 元素下 a 元素的样式*/
```

```
        position:relative;                    /* 定义定位方式为相对定位 */
        left:-20px;                           /* 定义左外边距边界与 li 左边界之间的偏移 */
        top:30px;}                            /* 定义上外边距边界与 li 上边界之间的偏移 */
    ul li a:hover {                           /* 超链接鼠标滑过时的效果 */
        position:relative;                    /* 定义定位方式为相对定位 */
        z-index:2;                            /* 定义堆叠顺序 */
        transform:scale(1.5);                 /* 定义缩放变形 1.5 倍 */
        -webkit-transform:scale(1.5);}        /* Safari and Chrome 浏览器兼容代码 */
</style>
```

运行代码，页面效果如图 9-43 所示。

微课 9-26：任务实施：交通示意图动画效果

任务实施：交通示意图动画效果

本任务应用过渡、动画等效果设计完成新生报到时从火车站到信息学院的交通示意图，整个动画持续时间 10 秒钟，2 秒左右时的页面效果如图 9-45 所示，8 秒左右时的页面效果如图 9-46 所示。

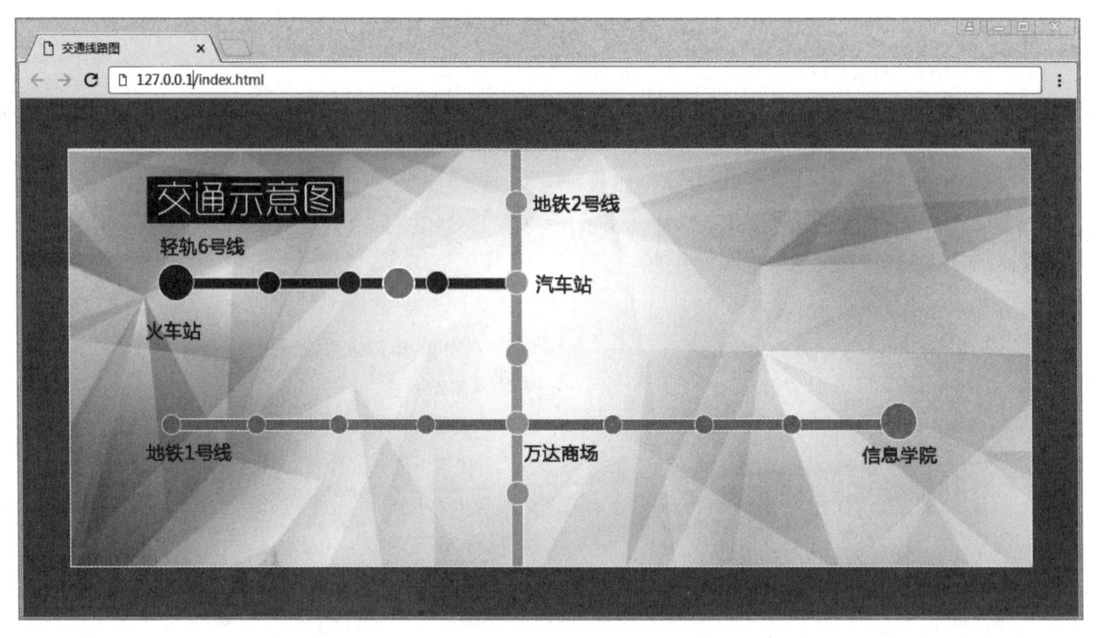

图 9-45　交通示意图动画 2 秒时的效果

1. 任务分析

根据如图 9-45 所示的动画效果，本例的 HTML 结构示意图如图 9-47 所示。使用 body 设置整体页面的背景颜色，使用 div 作外层容器，使用图片作为动画的背景，使用内层 div 元素，通过 border-radius 实现圆形，动画的运动轨迹按照“1-2-3-4”的方向行进。

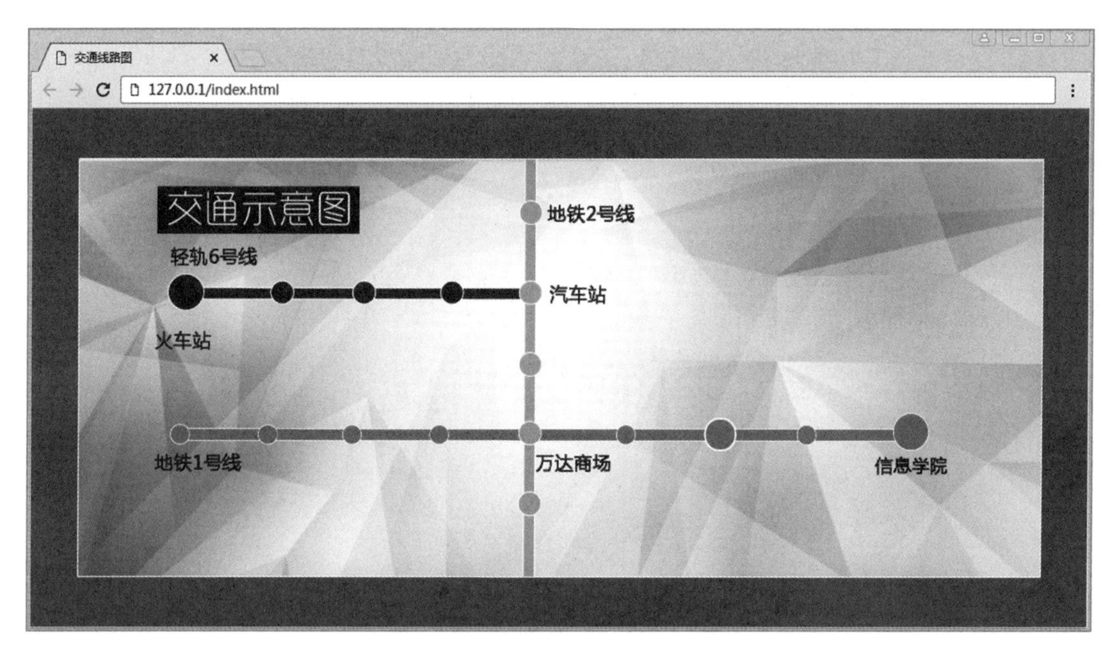

图 9-46　交通示意图动画 8 秒时的效果

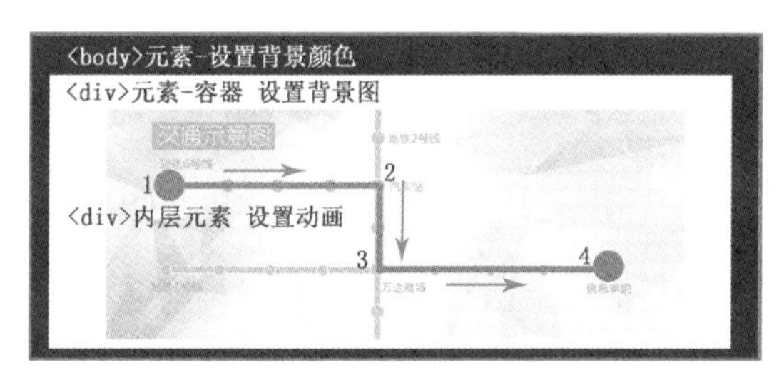

图 9-47　HTML 元素结构示意图

第 1 步：设计 HTML 结构代码。

第 2 步：设置 CSS 样式实现动画效果。

2. 设计 HTML 结构代码

依据图 9-47 中的任务分析，HTML 代码结构如下。

```
<div id="warpper">
    <div id="circle"></div>
</div>
```

3. 使用 CSS 实现动画效果

针对 HTML 结构，运用 CSS 来设计的动画效果，代码如下。

```
body{background-color:#499fd5;}          /*定义 body 的背景颜色*/
#warpper{                                /*定义外层样式*/
    width:1000px;                        /*定义宽度*/
    height:420px;                        /*定义高度*/
    border:1px solid #FFF;               /*定义边框样式*/
```

```
    margin:50px auto;                              /*定义外边距,水平居中*/
    background-image:url(../img/bg.png);           /*定义背景图片*/
    background-size:1000px;                        /*定义背景图片的大小*/
    position:relative;                             /*定义定位方式为相对定位*/
}
#circle{                                           /*定义内层元素样式*/
    width:30px;                                    /*定义宽度*/
    height:30px;                                   /*定义高度*/
    border:2px solid #FFF;                         /*定义边框样式*/
    background-color:#FF0;                         /*定义背景颜色*/
    position:relative;                             /*定义定位方式为相对定位*/
    top:118px;              /*定义上外边距边界与外层容器上边界之间的偏移*/
    left:95px;              /*定义左外边距边界与外层容器左边界之间的偏移*/
    border-radius:16px;   /*定义圆角边框*/
    animation:traffic 10s linear infinite;         /*定义动画属性*/
    -webkit-animation:traffic 10s linear infinite;   /*Safari and Chrome 浏览器兼容代码*/
}
@keyframes traffic                                 /*定义动画关键帧,命名 logorotate*/
{
0%    {background:yellow;left:95px;top:118px;}      /*定义动画开始的状态*/
40%   {background:red;left:450px;top:118px;}        /*定义动画中间状态*/
65%   {background:green;left:450px;top:260px;}      /*定义动画中间状态*/
100%  {background:yellow;left:848px;top:260px;}     /*定义动画结束的状态*/
}
@-webkit-keyframes traffic                         /*Safari and Chrome 浏览器兼容代码*/
{
0%    {background:yellow;left:95px;top:118px;}
40%   {background:red;left:450px;top:118px;}
65%   {background:green;left:450px;top:260px;}
100%  {background:yellow;left:848px;top:260px;}
}
```

运行代码，页面效果如图 9-45、图 9-46 所示。

任务拓展

1. CSS3 Animation 动画库

介绍一款 CSS3 Animation 动画库，网址 http://animate.style，页面如图 9-48 所示。这个库基本涵盖了常见的基础 CSS3 动画，当做 CSS3 动画没有灵感或者需要快速制作时，可以套用里面的 CSS3 帧动画，简单方便。

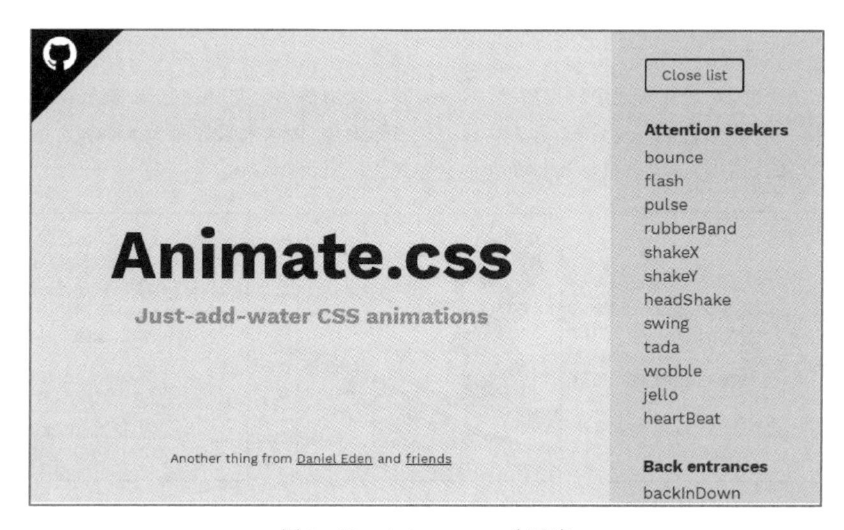

图 9-48 Animate. css 动画库

2. Animate 跨平台动画库

Animate 中文网提供了强大的跨平台的预设 CSS3 动画库，网址 http：//www. animate. net. cn/，该平台内置了很多典型的 CSS3 动画，兼容性好，使用方便，而且基于 MIT 开源协议，商用无任何限制，页面如图 9-49 所示。

图 9-49 Animate 跨平台动画库

项目实训：母亲节礼盒

【实训目的】

1. 掌握 2D 转换属性实现图像的变形方法。
2. 掌握 transition 过渡动画的制作方法。

【实训内容】

充分运用2D转换属性中斜切属性，然后旋转定义边框的长方形，把3个旋转的立体面（图9-50、图9-51、图9-52）结合起来构成一个三维对象，图像效果如图9-53所示。最后，利用3D动画属性，设置当鼠标放置在盒子上方时，盒子自行移动。

图9-50 顶面图片

图9-51 左面图片

图9-52 右面图片

图9-53 母亲节礼盒页面效果

任务 10

运用 JavaScript 实现网页的交互

PPT 任务 10 运用 JavaScript 实现网页的交互

学习目标

【知识目标】

- 掌握 JavaScript 的概念与作用。
- 掌握 JavaScript 语言基础。
- 掌握浏览器内置对象的应用。
- 掌握页面中标签的访问与属性的设置。
- 掌握页面元素的事件类型与处理。
- 掌握事件的指派与处理函数的编写。
- 掌握 DOM 节点对象的事件处理。

【技能目标】

- 理解 JavaScript 的概念与作用。
- 能运用 JavaScript 语言基础解决实际问题。
- 能应用浏览器内置对象。
- 能实现页面中标签的访问与属性的设置。

任务描述：下拉菜单的设计与实现

小王同学经过 HTML 与 CSS 的实践，进步很大，已经能够运用 HTML 编写网页的内容与结构，通过 CSS 样式表控制网页的外观表现，那如何实现网页的交互呢？李经理安排小王运用 JavaScript 实现“智慧校园教师应用门户”导航中下拉菜单，如图 10-1 所示。

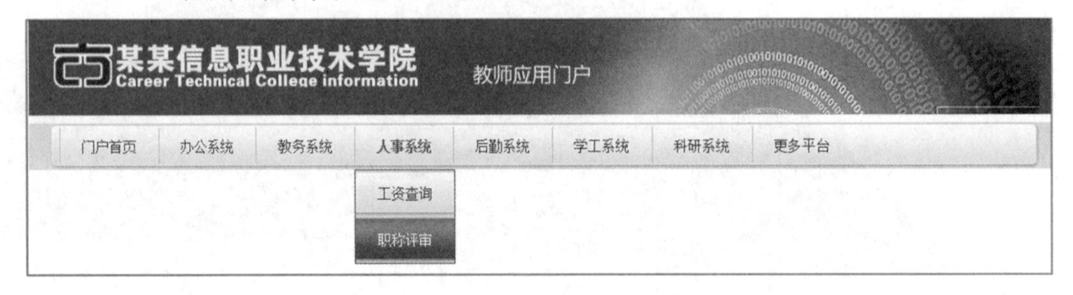

图 10-1　下拉菜单的页面效果

知识准备

10.1　JavaScript 概述

微课 10-1：JavaScript 简介

10.1.1　JavaScript 简介

JavaScript 是一种 Web 页面中的一种脚本编程语言，也是一种通用的、跨平台的、基于对象和事件驱动并具有安全性的脚本语言。它不需要进行编译，而是直接嵌入到 HTML 页面中，把静态页面转变成支持用户交互并响应事件的动态页面。

JavaScript 主要用于读写 HTML 元素、在网页中嵌入动态文本、动态修改 CSS 样式表；对浏览器事件做出响应、表单数据验证、检测访客的浏览器信息等。

微课 10-2：JavaScript 的使用方法

10.1.2　JavaScript 的使用方法

将 JavaScript 语句插入到 HTML 文档中有两种方法。

1. 内嵌 JavaScript 脚本

通常，JavaScript 代码是使用 script 标记嵌入 HTML 文档中的。可以将多个脚本嵌入到一个文档中，只要将每个脚本都封在 script 标记中。浏览器在遇到<script>标记时，将逐行读取内容，直到</script>结束标记。然后，浏览器将检查 JavaScript 语句的语法。如有任何错误，就会在警告框中显示；如果没有错误，浏览器将编译并执行语句。

<script>标记的格式如下：

```
<script type="text/JavaScript">
    //JavaScript 语句;
</script>
```

语法中，type 属性用于指定 HTML 文档引用脚本的语言类型，“type='text/JavaScript'” 表示<script></script>元素中包含的是 JavaScript 脚本。“//” 表示单行注释标记，使用 “/**/” 定义多行注释。同时需要注意，JavaScript 语句必须以分号 “;” 结束；JavaScript 区分大小写。

【实例 10-1】欢迎来到 JS 世界，代码如下。

```
<!DOCTYPE html>
<html>
    <head>
        <meta charset="utf-8"/>
        <title>欢迎来到 JavaScript 世界!</title>
    </head>
    <body>
        <script type="text/javascript">
            //JavaScript 代码
            document.write("欢迎来到 JavaScript 世界!");
        </script>
    </body>
</html>
```

运行代码，界面如图 10-2 所示。程序中的 document.write（"字符串"）用于动态显示网页上的信息。理论上，可以将 JavaScript 语句放置在文档中的任何位置。通常<script></script>元素会放在<head></head>之间。

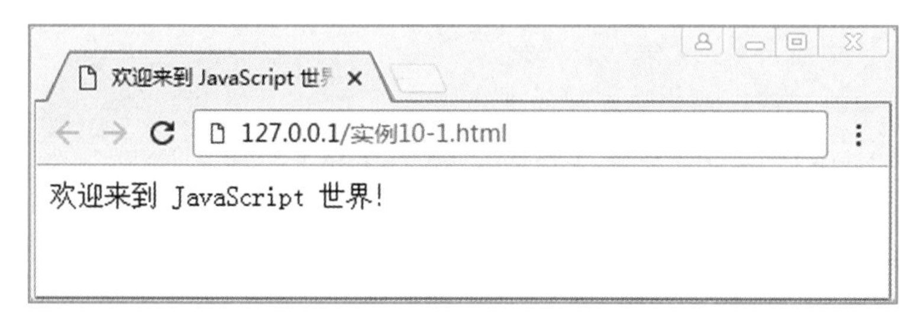

图 10-2 内嵌 JavaScript 脚本

2. 使用外部 JS 文件

使用外部 JavaScript 文件的方法就是将 JavaScript 代码放入一个单独的文件（*.js），然后将此外部文件链接到一个 HTML 文档即可。

语法：<script src="JS 文件路径" type="text/javascript"></script>

【实例 10-2】创建了两个文件，第 1 个文件 “实例 10-2.html”，第 2 个文件“jstest. js”是只包含 JavaScript 代码的文档文件。文件“jstest. js”链接到 HTML 文档文件中。其中“实例 10-2. html”代码如下：

```
<script src="jstest. js" type="text/javascript"></script>
```

JavaScript 源文件：（jstest. js）中的代码如下：

```
document. write("欢迎来到 JavaScript 世界!");
```

在浏览器中的输出显示结果与图 10-2 完全相同。链接外部 JS 文件的好处是可以在多个文档之间共享函数。

10. 2　JavaScript 数据类型、变量、数组、运算符和表达式

10. 2. 1　数据类型

微课 10-3：数据类型的分类

1. 数据类型的分类

JavaScript 中基本的数据类型有以下几种。

- 数值型：数字可以带小数点，也可以不带，如 120、35. 23；也可以用科学或标准方法表示，如 5E7 表示 50000000、4e-5 表示 0. 00004 等。
- 字符串型：用引号包围的文本，如"我是字符串 1"、'我是字符串 2'等。
- 布尔型：只有两个取值，如 true、false。判断时非 0 或非空可作为 true 对待。
- null 类型：表示从未赋值的值，只有一种取值 null。如果引用一个没有定义的变量，则返回一个 null 值。
- undefined 类型：专门用来确定一个已经创建但是没有初值的变量。

微课 10-4：String 对象的属性与方法的使用

2. String 对象的属性与方法的使用

字符串对象调用属性的规则如下。

语法：字串对象名 . 字串属性名

字符串对象调用方法的规则如下。

语法：字串对象名 . 字串方法名(参数 1,参数 2,…)

String 对象的属性与方法见表 10-1。假设字串 var myString="this sample too easy!"，其中字串对象的“位置”是从 0 开始，字串“this sample too easy!”中第 0 位置的字符是“t”，第 1 的位置是“h”，…，依次类推。

表 10-1　String 对象的属性和方法

属性与方法名称	意　义	示　例
length	返回字符串的长度	myString. length 结果为 21
charAt（位置）	字串对象在指定位置处的字符	myString. charAt（2）结果为 i
charCodeAt（位置）	字串对象在指定位置处的字符的 Unicode 值	myString. chaCodeAt（2）结果为 105

续表

属性与方法名称	意　　义	示　　例
indexOf（要查找的字串）	要查找的字符串在字串对象中的位置	myString. indexOf （"too"） 结果为 12
lastIndexOf（要查找的字串）	要查找的字符串在字串对象中的最后位置	myString. lastIndexOf（"s"） 结果为 18
substr（开始位置［，长度］）	截取字串	myString. substr （5，6） 结果为 sample
substring（开始位置，结束位置）	截取字串	myString. substring （5，11） 结果为 sample
split（［分隔符］）	分隔字串到一个数组中	var a=myString. split() document. write(a[5])输出为 s document. write(a); 结果 t,h,i,s,,s,a,m,p,l,e,,t,o,o,,e,a,s,y,!
replace（需替代的字串，新字串）	替代字串	myString. replace （"too","so"），结果为 this sample so easy!
toLowerCase()	变为小写字母	本串使用本函数后效果不变，因为原本都是小写
toUpperCase()	变为大写字母	myString. toUpperCase()结果 THIS SAMPLE TOO EASY!
big()	增大字串文本	与<big></big>效果相同
bold()	加粗字符串文本	与<bold></bold>效果相同
fontcolor()	确定字体颜色	
italics()	用斜体显示字符串	与<I></I>效果相同
small()	减小文本的大小	与<small></small>效果相同
strike()	显示带删除线的文本	与<strike></strike>效果相同
sub()	将文本显示为下标	与效果相同

【实例 10-3】 String 对象的属性与方法，代码如下。

```
<script type="text/javascript">
    var myString="this sample so easy!";
    document. write("字符串的长度:"+myString. length+"</br>");
    document. write("字符串中 2 号位置的字符:"+myString. charAt(2)+"</br>");
    document. write("从位置 5 开始截取 6 个字符:"+myString. substr(5,6));
</script>
```

运行代码，浏览页面，结果如图 10-3 所示。

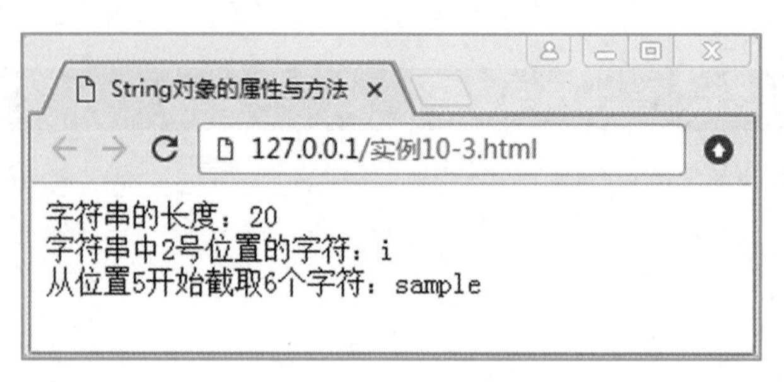

图 10-3　String 对象的属性与方法

微课 10-5：Math 对象的属性与方法的使用

3. Math 对象的属性与方法的使用

数学对象调用属性的规则如下。

语法： Math. 属性名

数学对象调用方法的规则如下。

语法： Math. 方法名(参数 1,参数 2,…)

Math 对象的属性与方法见表 10-2。

表 10-2　Math 对象的属性和方法

属性与方法名称	意　　义	示　　例
E	欧拉常量，自然对数的底	约等于 2.71828
LN2	2 的自然对数	约等于 0.69314
LN10	10 的自然对数	约等于 2.30259
LOG2E	以 2 为底 e 的自然对数	约等于 1.44270
LOG10E	以 10 为底的 e 的自然对数	约等于 0.43429
PI	圆周率 π	约等于 3.14159
SQRT1_2	0.5 的平方根	约等于 0.70711
SQRT2	2 的平方根	约等于 1.41421
abs(x)	返回 x 的绝对值	abs(5)结果为 5，abs(-5)结果为 5
sin(x)	返回 x 的正弦，返回值以弧度为单位	Math. sin(Math. PI * 1/4)结果为 0.70711
cos(x)	返回 x 的余弦，返回值以弧度为单位	Math. cos(Math. PI * 1/4)结果为 0.5
tan(x)	返回 x 的正切，返回值以弧度为单位	Math. tan(Math. PI * 1/4)结果为 0.99999
ceil(x)	返回与某数相等，或大于概数的最小整数	ceil(-18.8)结果为-18；ceil(18.8)结果为 19
floor(x)	返回与某数相等，或小于概数的最小整数	floor(-18.8)结果为-19；floor(18.8)结果为 18
exp(x)	e 的 x 次方	exp(2)结果为 7.38906
log(x)	返回某数的自然对数（以 e 为底）	log(Math. E)结果为 1
min(x,y)	返回 x 和 y 两个数中较小的数	min(2,3)结果为 2

续表

属性与方法名称	意　义	示　例
max(x,y)	返回 x 和 y 两个数中较大的数	max(2,3)结果为 3
pow(x,y)	x 的 y 次方	pow(2,3)结果为 3
random()	返回 0-1 的随机数	
round(x)	四舍五入取整	round(5.3)结果为 5
sqrt(x)	返回 x 的平方根	sqrt(9)结果为 3

JavaScript 除了提供上述的数学对象外，还提供了一些特殊的常数和函数用于数学计算。

（1）常数 NaN 和函数 isNaN（x）

在使用 JavaScript 数学对象的过程中，当得到的结果无意义时，JavaScript 将返回一个特殊的值 NaN，表示“不是一个数（Not a Number）”。例如，在使用 parseInt(x)转化成整数时，如果 x 是个字符，如 parseInt（"x"），也将返回 NaN。

（2）常数 Infinity 和函数 isFinite（x）

JavaScript 还有一个特殊的常数“Infinity”，表示“无限”。例如，下述示例中，由于等式右侧的表达式都是被 0 除，因此，x1 的值是 Infinity，x2 的值是-Infinity。

x1 = 5/0;

x2 = -5/0;

JavaScript 用于测试是不是有限数的函数叫作 isFinite(x)。例如，在上述两个语句后面加入下述两个语句，它们都将返回 false。

```
flag1 = inFinite(x1);
flag2 = inFinite(x2);
```

【实例 10-4】运用 Math 的属性与方法计算半径为 5 的圆的周长与面积，代码如下。

```
<script type="text/javascript">
    var C,S;
    C=2 * Math.PI * 5;
    S=Math.PI * Math.pow(5,2);
    C=Math.round(C * 100)/100;
    document.write("半径为 5 的圆的周长"+C+"</br>");
    document.write("半径为 5 的圆的面积"+S);
</script>
```

运行【实例 10-4】代码，浏览页面，结果如图 10-4 所示。

图 10-4　Math 对象的属性与方法

【实例 10-4】中，使用“Math.PI”取得了“圆周率 π”，使用“Math. pow (5,2)”求得了 5 的平方，对周长 C 计算时使用了“Math. round（C * 100)/100”，所以，C 先乘 100，再使用“round( )”进行四舍五入取整，最后，再除以 100 得到两位数的小数。

10. 2. 2　变量的命名与定义

变量的主要作用是存取数据、提供存放信息的容器。对于变量必须明确变量的命名、变量的类型、变量的定义及其变量的作用域。

微课 10-6：
变量的命名

1. 变量的命名

JavaScript 中的变量命名同其计算机语言非常相似，这里要注意以下三点。

① 必须是一个有效的变量，即变量以字母开头，中间可以出现数字或下画线，如 test1、btn_Start 等。变量名称不能有空格、加号（+）、减号（-）、逗号（,）或其他符号。其他（如函数、属性等）需要命名的也与此相似。

② 不能使用 JavaScript 中的关键字作为变量。在 JavaScript 中定义了 40 多个关键字，这些关键字是在其内部使用的，不能作为变量的名称。如 var、int、double、true 不能作为变量的名称。

③ 在对变量命名时，最好注意名字能代表其存储数据的意义，增强可读性，以免出现错误。JavaScript 中数据是弱类型的，以节省程序调试与开发的时间。

微课 10-7：
变量的定义

2. 变量的定义

在 JavaScript 中，变量可以用关键字 var 作定义，例如：

var age;

该例子定义了一个 age 变量。但没有赋予它的值，它的类型目前是空值。

var age = 34;

本例定义了一个 age 变量，并赋予了它的值，它的类型目前是数值型，值为 34。

执行了下面语句后，它的类型仍为数值型，值为 34. 5。

age = 34. 5;

JavaScript 变量可以先定义后使用，也可以直接在赋值的同时根据数据的类型来定义并确定其变量的类型。

例如：x = 100、y = "125"、xy = true、cost = 19.5 等。

其中 x 为数值型，y 为字符串，xy 为布尔型，cost 为数值型。

10.2.3　变量的作用域

微课 10-8：变量的作用域

在 JavaScript 中同样有全局变量和局部变量之分。全局变量是定义在所有函数体之外，其作用范围是所有的函数；而局部变量是定义在函数体之内，只在该函数内可见，其他函数则不能访问它。

如果全局变量与局部变量有相同的名字，则同名局部变量所在函数内会屏蔽全局变量，从而优先使用局部变量。

【实例 10-5】变量作用域的演示。在 script 标记内的核心代码如下。

```
<script type = "text/javascript" >
    document.write("全局变量与局部变量的演示:<br/>");
    var myname = "HTML";
    document.write("函数外:myname = " + myname+"<br/>");
    function myfun() {
        var myname;
        myname = "CSS";
        document.write("函数内:myname = " + myname +"<br/>");
    }
    myfun();
    document.write("函数外:myname = " + myname +"<br/>");
</script>
```

运行代码，浏览页面，结果如图 10-5 所示。

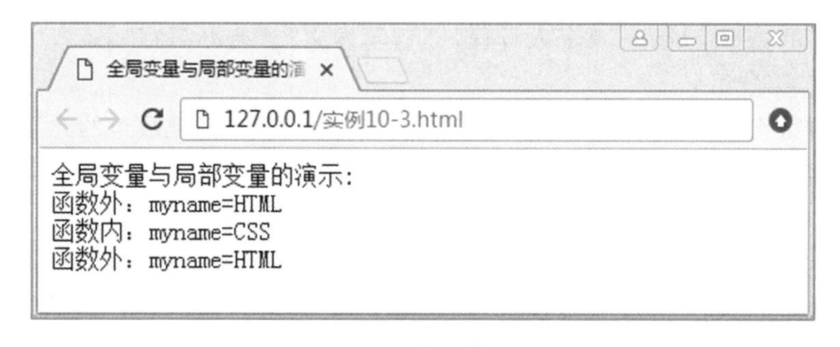

图 10-5　变量作用域

这个运行结果说明，函数内改变的只是该函数内定义的局部变量，不影响函数外的同名全局变量的值，函数调用结束后，局部变量占据的内存存储空间被收回，而全局变量内存存储空间则被继续保留。

10.2.4　数组

数组（Array）就是一组数据的集合，数组用来存储和操作一批具有相同类型数据的数据类型，数组是对象类型的，有多种预定义的方法以方便程序员使用。

微课 10-9：数组的定义与初始化

1. 数组的定义与初始化

数组其实是一个对象变量，它保存了数组对象的引用地址，因此数组的定义与初始化与变量相似。

① 单纯创建数组。

```
var menus=new Array();
```

Array 是系统的类，用 new Array()创建一个数组对象后，将引用保存到变量 menus 中，由 menus 访问数组。目前数组对象中还没有一个元素。

② 创建数组的同时规定数组大小。

```
var menus=new Array(4);
```

这里创建了一个初始大小为 4 的数组。当使用数组时，数组会自动被撑大，动态增长是 JS 数组的一个性质。

③ 直接初始化。

直接初始化的方法如下：

```
var menus=new Array("门户首页","办公系统","教务系统","科研系统","人事系统");
```

这里就直接初始化了数组，也可以采用如下方法初始化。

```
var menus=["门户首页","办公系统","教务系统","科研系统","人事系统"];
```

中括号“[ ]”也可以定义一个数组对象，如果实现下拉菜单，例如“办公系统”下有“个人日程”“起草发文”“待办事宜”等。它们也是数组，可定义如下：

```
var submenus_bgxt=["个人日程","起草发文","待办事宜"];
```

④ 二维数组。

二维数组的定义是在一维数组基础上定义的，即当一维数组的元素又都是一维数组时，就形成了二维数组，例如：

```
var submenus=new Array();
submenus[0]=[];
submenus[1]=["个人日程","起草发文","待办事宜"];
submenus[2]=["查询课表","成绩查询","学生评教","成绩录入"];
```

以上的代码也可以表示下列等价代码：

```
var submenus=new Array(
new Array(),
new Array("建设目标","建设建设","培养队伍"),
new Array("负责人","队伍结构","任课教师","教学管理","合作办学")
);
```

以上代码还可以这样写：

var submenus=[[ ],["建设目标","建设建设","培养队伍"],["负责人","队伍结构","任课教师","教学管理","合作办学"]];

2. 数组元素的访问

微课 10-10：
数组元素的访问

通过数组名和下标访问数组元素。

【实例 10-6】数组定义与元素访问，代码如下。

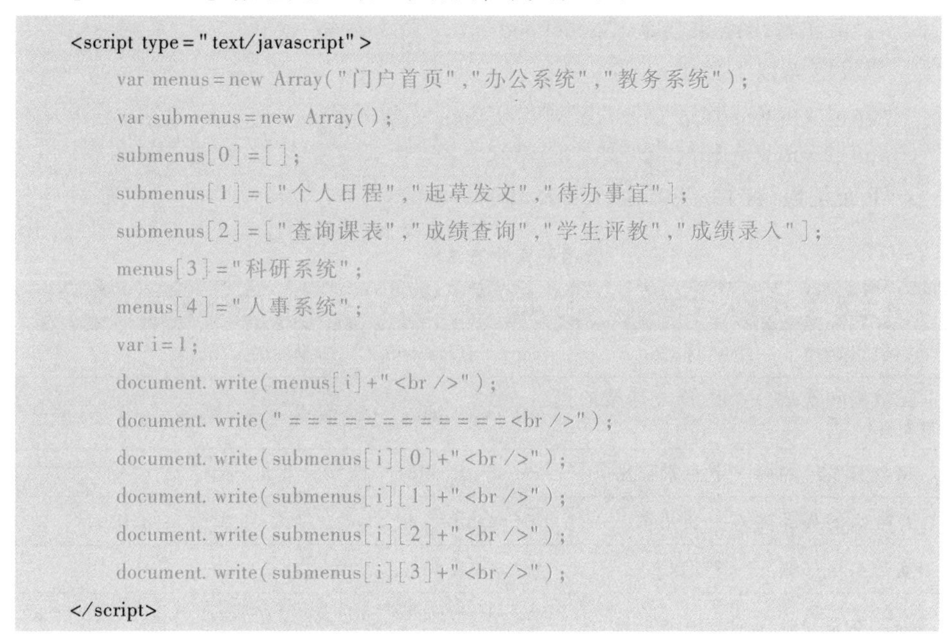

```
<script type="text/javascript">
    var menus=new Array("门户首页","办公系统","教务系统");
    var submenus=new Array();
    submenus[0]=[];
    submenus[1]=["个人日程","起草发文","待办事宜"];
    submenus[2]=["查询课表","成绩查询","学生评教","成绩录入"];
    menus[3]="科研系统";
    menus[4]="人事系统";
    var i=1;
    document.write(menus[i]+"<br />");
    document.write("============<br />");
    document.write(submenus[i][0]+"<br />");
    document.write(submenus[i][1]+"<br />");
    document.write(submenus[i][2]+"<br />");
    document.write(submenus[i][3]+"<br />");
</script>
```

运行代码，浏览页面，结果如图 10-6 所示。

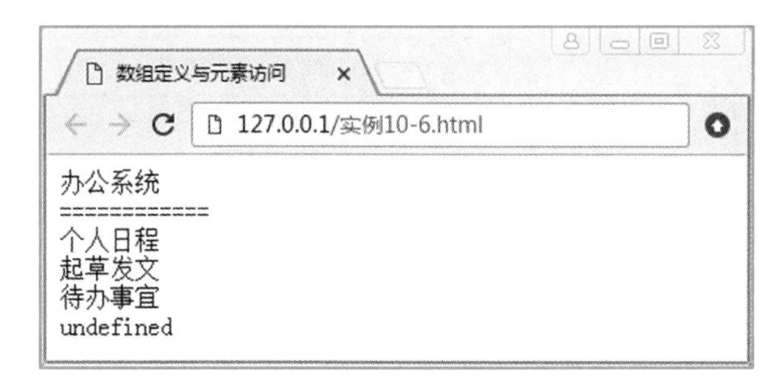

图 10-6 数组元素的访问

说明：一维数组的元素使用数组名和下标来访问，二维数组的元素必须使用数组名和两个下标来访问，第 1 个为行下标，第 2 个为列下标。

格式为：

一维数组名[下标]

二维数组名[行下标][列下标]

数组元素的下标不能出界，否则会显示“undefined”（未定义）。

微课 10-11：数组的属性与方法

3. 数组的属性与方法

Array 只有一个属性 length，length 表示的是数组所占内存空间的数目，而不仅仅是数组中元素的个数，改变数组的长度可以扩展或者截取所占内存空间的数目，在刚才定义的数组中，menus. length 的值为 3。

如果执行了语句“menus [6] = ' ';”，则 menus. length 的值为 7。

如果执行了语句“menus. length = 2;”后，则“document. write (menus [2])”语句输出结果会是“undefined”。

假设定义以下数组：

var a1 = new Array("a","b","c");

var a2 = new Array("y","x","z");

下面是数组的一些方法，见表 10-3。

表 10-3 数组的常用方法

方法名称	意义	示例
toString()	把数组转换成一个字符串	var s = a1. toString() 结果 s 为 a,b,c
join(分隔符)	把数组转换成一个用符号连接的字符串	var s = a1. join("+") 结果 s 为 a+b+c
shift()	将数组头部的第一个元素移出	var s = a1. shift() 结果 s 为 a
unshift()	在数组的头部插入一个元素	a1. unshift("m","n") 结果 a1 中为 m,n,a,b,c
pop()	从数组尾部删除一个元素	var s = a1. pop() 结果 s 为 c
push()	把一个元素添加到数组的尾部	var s = a1. push("m","n")结果 a1 为 a,b,c,m,n 同时 s 为 5
concat()	合并数组	a1. concat(a2) 结果 a1 为数组 a,b,c,y,x,z
slice()	返回数组的部分	var s = a1. slice (1,3) 结果 s 为 b,c
splice()	插入、删除或者替换一个数组元素	a1. splice(1,2)结果 a1 为 a a1. splice(1,0,m)结果 a1 为 a,m,b,c
sort()	对数组进行排序操作	a2. sort()结果为 x,y,z
reverse()	将数组反向排序	a2. reverse()结果为 z,y,x

在这里只需知道数组有哪些方法，实现了何种功能，哪些方法有返回值即可。

【实例 10-7】数组方法的使用，核心代码如下。

```
<script type="text/javascript">
    var menus=new Array("1 门户首页","2 办公系统","3 教务系统");
    document. write(menus. toString()+"<br />");  //toString()把数组转换成一个字
                                                  符串
    document. write(menus. join("+")+"<br />");  //join()把数组转换成一个用
                                                  "+"连接的字符串
```

```
    menus.push("4 科研系统","5 人事系统");          //push()把两个元素添加到数
                                                     组的尾部
    document.write(menus+"<br />");
    document.write(menus.reverse()+"<br />");       //reverse()将数组反向排序
    document.write(menus.shift()+"<br />");         //shift()将数组头部的第一个
                                                     元素移出
    document.write(menus);
</script>
```

运行代码，浏览页面，结果如图 10-7 所示。

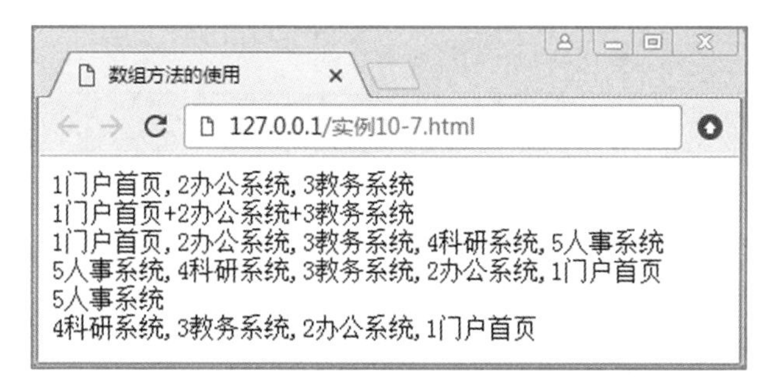

图 10-7　数组方法的应用

10.2.5　运算符与表达式

微课 10-12：运算符与表达式

用于操作数据特定符号的集合叫运算符，运算符操作的数据叫操作数，运算符与操作数连接后的式子叫表达式，运算符也可以连接表达式构成更长的表达式。运算符可以连接不同数目的操作数，一元运算符可以用于一个操作数，二元运算符可以用于两个操作数，三元运算符可以用于三个操作数。运算符可以连接不同数据类型的操作数，构成算术运算符、逻辑运算符、比较运算符。用于赋值的运算符叫赋值运算符，用于条件判断的运算符叫条件运算符（唯一的三元运算符）。

1. 算术运算符

算术运算符可以进行加、减、乘、除和其他数学运算，给定 y = 7，表 10-4 列出了这些算术运算符。

表 10-4　算术运算符

算术运算符	描　述	例　子	结　果
+	加	x = y+2	x = 9
-	减	x = y-2	x = 5
*	乘	x = y * 2	x = 14
/	除	x = y/2	x = 3.5

续表

算术运算符	描　　述	例　　子	结　　果
%	取模	x=y%2	x=1
++	递加 1	x=++y	x=8
--	递减 1	x=--y	x=6

2. 比较运算符

比较运算符可以比较表达式的值，并返回一个布尔值见表 10-5（给定 x=7）。

表 10-5　比较运算符

比较运算符	描　　述	例　　子
<	小于	x<8 为 true
>	大于	x>8 为 false
<=	小于等于	x<=8 为 true
===	全等于	x===7 为 true；x==="7" 为 false
>=	大于等于	x>=8 为 false
==	等于	x==8 为 false
!=	不等于	x!=8 为 true
!==	不全等于	x!=="7" 为 true

全等于运算符“===”与不全等于“!==”对数据类型的一致性要求严格。

3. 逻辑运算符

逻辑运算符比较两个值，然后返回一个布尔值（true 或 false），JavaScript 中常用的逻辑运算符见表 10-6。

表 10-6　逻辑运算符

逻辑运算符	描　　述
&&	逻辑与，在形式 A&&B 中，只有当两个条件 A 和 B 都为 true 时，整个表达式才为 true
‖	逻辑或，在形式 A‖B 中，只要两个条件 A 和 B 有一个为 true，整个表达式就为 true
!	逻辑非，在!A 中，当 A 为 true 时，表达式的值为 false；当 A 为 false 时，表达式的值为 true

3 个逻辑运算符优先级有细微差别，从高到低次序为!、&&、‖。

4. 逗号运算符

逗号运算符可以连接几个表达式，表达式的值为最右边表达式的值。例如表达式 23，2+3，3*8 结果为 24。逗号运算符的运算优先级最低。

5. 赋值运算符

赋值运算符不仅实现了赋值功能，由它构成的表达式也有一个值，值就是赋值运算符右边的表达式的值，赋值运算符的优先级很低，仅次于逗号运算符。

复合赋值运算符是运算与赋值两种运算的复合，先运算、后赋值，以简化程序的书写，提高运算效率。

给定 x=20 和 y=5，表 10-7 列出了常用组合赋值运算符。

表 10-7 赋值运算符

赋值运算符	描述	例子
=	将右边表达式的值赋给左边的变量	x=y，结果 x=5
+=	将运算符左侧的变量加上右侧表达式的值赋给左侧的变量	x+=y 等同于 x=x+y，结果 x=25
-=	将运算符左侧的变量减去右侧表达式的值赋给左侧的变量	x-=y 等同于 x=x-y，结果 x=15
*=	将运算符左侧的变量乘以右侧表达式的值赋给左侧的变量	x*=y 等同于 x=x*y，结果 x=100
/=	将运算符左侧的变量初一右侧表达式的值赋给左侧的变量	x/=y 等同于 x=x/y，结果 x=4
%=	将运算符左侧的变量用右侧表达式的值求模	x%=y 等同于 x=x%y，结果 x=0

6. 条件运算符

条件运算符是三元运算符，使用该运算符可以方便地由条件逻辑表达式的真假值得到各自对应的取值。或由一个值转换成另外两个值，使用条件运算符嵌套多个值。

语法：操作数 ? 结果 1:结果 2

如果操作数的值为 true 时，表达式的值为“结果 1”，否则为“结果 2”。

例如：

```
var m=5;
(m==10) ? a="Yes":a="No";
document.write("m==10 的结果为"+a);
```

则最终的输出结果为“m==10 的结果为 No”。

7. 运算符的优先级

运算符具有明确的优先级与结合性。优先级较高的运算符将先于优先级较低的运算符进行运算。结合性则是指具有同等优先级的运算符将按照怎样的顺序进行运算。结合性有向左结合和向右结合两种。例如，表达式 x+y+z，向左结合就是先运算 x+y，即(x+y)+z；向右结合则表示先运算 y+z，即 x+ (y+z)。JavaScript 运算符的优先级及其结合性见表 10-8。

表 10-8　JavaScript 运算符的优先级和结合性

<table>
<tr><th>优先级</th><th>结合性</th><th>运算符</th></tr>
<tr><td>最高</td><td>向左</td><td>[ ]、( )</td></tr>
<tr><td rowspan="15">优先级由高到低依次排列</td><td>向右</td><td>++、--、-、!、delete、new、typeof、void</td></tr>
<tr><td>向左</td><td>*、/、%</td></tr>
<tr><td>向左</td><td>+、-</td></tr>
<tr><td>向左</td><td><<、>>、>>></td></tr>
<tr><td>向左</td><td><、<=、>、>=、in、instanceof</td></tr>
<tr><td>向左</td><td>==、!=、===、!==</td></tr>
<tr><td>向左</td><td>&</td></tr>
<tr><td>向左</td><td>^</td></tr>
<tr><td>向左</td><td>|</td></tr>
<tr><td>向左</td><td>&&</td></tr>
<tr><td>向左</td><td>||</td></tr>
<tr><td>向右</td><td>?:</td></tr>
<tr><td>向右</td><td>=</td></tr>
<tr><td>向右</td><td>*=、/=、%=、+=、-=、<<=、>>=、>>>=、&=、^=、|=</td></tr>
<tr><td>最低</td><td>向左</td><td>,</td></tr>
</table>

10.3　程序控制结构

结构化程序有3种基本结构，它们是顺序结构、分支结构和循环结构。编程语言都有程序控制结构语句，使用这些语句及其嵌套可以表示各种复杂算法。顺序结构比较简单。前面各实例都是顺序结构的程序。下面主要介绍分支结构和循环结构。

微课 10-13：分支结构

10.3.1　分支结构

1. 单分支结构

if 语句是最基本、最平常的分支结构语句，if 语句的单分支结构语法格式如下。

语法格式 1：

```
if(条件表达式)语句
```

语法格式 2：

```
if(条件表达式){
    语句块
}
```

2. 双分支结构

语法格式 1：

```
if(条件表达式)  语句 1
else 语句 2
```

语法格式 2：

```
if(条件表达式){
    语句块 1
}else{
    语句块 2
}
```

3. 多分支结构

可以使用 if-else 语句嵌套实现，也可以用 switch 语句实现。

switch 语句的结构如下：

```
switch(表达式){
    case 值 1:语句块 1
    break;
    case 值 2:语句块 2
    break;
    …
    case 值 n:语句块 n
    break;
    default:语句块 n+1
    break;
}
```

【实例 10-8】分支结构的使用，核心代码如下。

```
<script type="text/javascript">
var sex;
sex=false;
document.write("sex=",sex,"<br/>");
var sex_name="女士,您好!";
if (sex)
    sex_name="先生,您好!";
document.write(sex_name,"<br/>");
sex=true;
document.write("sex=",sex,"<br/>");
if (sex)                    //双分支
    document.write("先生,您好!","<br/>");
else
```

```
        document. write("女士,您好!","<br/>");
    var hour,hello;
    hour=15;
    document. write("hour=",hour,"<br/>");
    switch (hour) {            //多分支
        case 0:case 1:case 2:case 3:case 4:case 5:
            hello="凌晨好!";
            break;
        case 6:case 7:case 8:case 9:case 10:case 11:
            hello="早上好!";
            break;
        case 12:
            hello="中午好!";
            break;
        case 13:case 14:case 15:case 16:case 17:case 18:
            hello="下午好!"
            break;
        default:
            hello="晚上好!";
            break;
        }
    document. write(hello);
    </script>
```

运行代码，浏览页面，结果如图 10-8 所示。

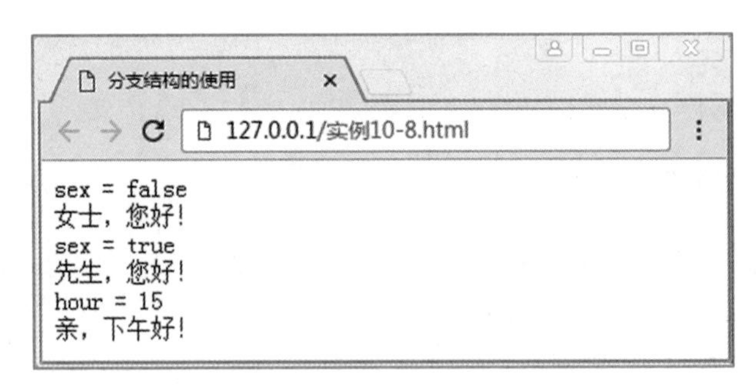

图 10-8　分支结构的使用

双分支可以转变出单分支。显示设置一个分支的值，再判断另一个分支的条件是否满足。

多分支的 switch 语句中，如果几个分支使用共同的语句，可以将它们合并在一起，使用一段语句块。

switch 语句中的“break;”语句作用是分支从此处退出，以免执行后续语句。读者试着查看运行删除语句“break;”后的执行结果。

10.3.2　循环结构

微课 10-14：
循环结构

1. 循环结构的 3 个要素

循环初始化，设置循环变量初值。

循环控制，设置继续循环进行的条件。

循环体，重复执行的语句块。

2. 当循环结构

当循环结构，while 语句格式如下。

```
while(条件表达式){
  语句块
}
```

3. 直到循环结构

直到循环结构，do…while 语句格式如下。

```
do{
  语句块
} while(条件表达式);
```

4. 计数循环结构

计数循环结构，for 语句格式如下。

```
for(控制变量的初始化;循环的条件;循环控制变量的更新){
  语句块
}
```

5. 枚举循环结构

枚举循环结构，for…in 语句，用于遍历数组或者对象的属性，格式如下。

```
for(变量 in 对象){
  语句块
}
```

【实例 10-9】循环结构的使用，核心代码如下。

```
<script type="text/javascript">
var menus=new Array("门户首页","办公系统","教务系统");
document.write("while 循环----");
var i=0;
while (i<menus.length) {
    document.write("menus["+i+"]="+menus[i]+";");
    i++;
}
document.write("<hr/>","do-while 循环----");
i=0;
```

```
do {
    document. write( " menus[ " +i+" ] = " +menus[ i ] + " ; " ) ;
    i++ ;
} while ( i<menus. length) ;
document. write( " <hr/>" , " for 循环----" ) ;
for ( var i = 0 ; i<menus. length ; i++ ) {
    document. write( " menus[ " +i+" ] = " +menus[ i ] + " ; " ) ;
}
document. write( " <hr/>" , " for-in 循环" , " <br/>" ) ;
var s = " <ul>" ;
for ( var i = 0 in menus) {
    s += " <li>" + menus[ i ] + " </li>"
}
s += " </ul>" ;
document. write( s , " <br/>" ) ;
</script>
```

运行代码，浏览页面，结果如图 10-9 所示。

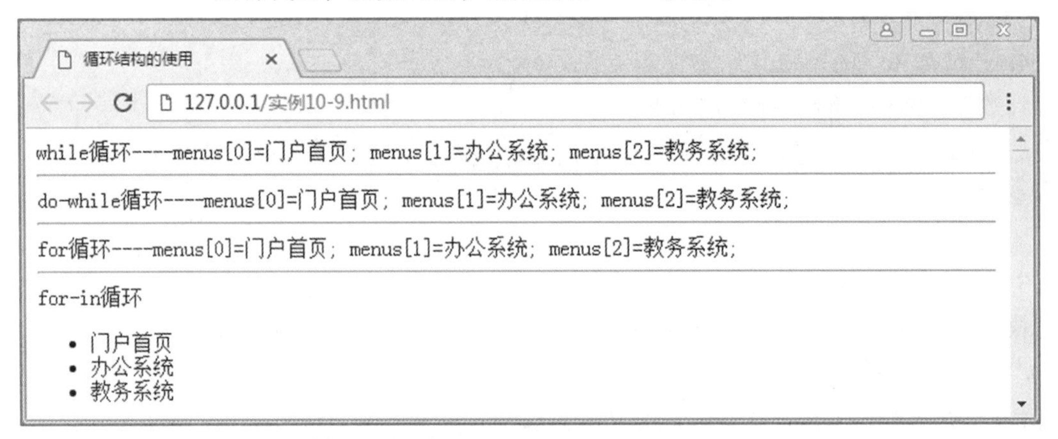

图 10-9　循环结构的使用

使用 while 语句或 do-while 语句和 for-in 语句，一定要注意不要遗漏循环初始化部分。使用 for 语句特别是 for-in 语句，要比 while 语句或 do-while 语句简单一些。使用字符串连接将数组元素的内容用 ul 标签和 li 标签组织成无序列表串。

6. continue 语句与 break 语句

continue 语句只用在循环语句中，控制循环体满足一定条件时提前退出本次循环，继续下次循环。break 语句在循环语句中，控制循环体满足一定条件时提前退出循环，不再继续该循环。continue 语句和 break 语句一般都用在循环体内的分支语句中，不使用分支语句则这些语句是没有意义的。总之，break 语句结束整个循环体，而 continue 结束本次循环。

微课 10-15：
函数的定义与引用

10.4　函数的定义与引用

函数是拥有名字的一系列 JavaScript 语句的有效组合。只要这个函数被调用，就意味着这一系列 JavaScript 语句按顺序被解释执行。为了使函数具有通用性，给函数添加形式参数列表，以接受外部提供的实际参数列表，并在函数中使用这些参数。

10.4.1　函数的定义

函数的定义是使用 function 关键字实现的，格式如下。

```
function 函数名(形式参数列表){
    函数体语句块
}
```

JavaScript 中的函数可以有返回值，也可以没有返回值，返回值是通过 return 关键字加表达式实现的。

10.4.2　函数的调用

函数必须使用函数名并提供相应的实际参数列表完成调用。在没有提供相应的实际参数列表时，默认参数按未定义（undefined 常量）处理。提供的实际参数类型不符合要求时，系统会尽量转换该类型到需要的类型。在转换成逻辑型数据时 undefined、null 和 0 按 false 处理，其他已定义的都按 true 处理。

【实例 10-10】 函数的定义与调用，由性别逻辑值输出性别对应的文本，代码如下。

```
<script type="text/javascript">
var sex=false;
function Sex_1() {              //函数 Sex_1 的定义
    var sex=false;              //定义局部变量,不接受外界传入的数据
    if (sex)
        document.write("先生,您好!<br/>");
    else
        document.write("女士,您好!<br/>");
}
function Sex_2() {              //函数 Sex_2 的定义
    if (sex)                    //使用全局变量,接受外界传入的数据
        document.write("先生,您好!<br/>");
    else
        document.write("女士,您好!<br/>");
}
```

```
function Sex_3(sex) {    //函数 Sex_3 的定义,使用形式参数,接受外界传入的数据
    if (sex)
        document.write("先生,您好!<br/>");
    else
        document.write("女士,您好!<br/>");
}
function Sex_4(sex) {   //函数 Sex_3 的定义,使用形式参数,接受外界传入的数据
    if (sex)
        return"先生,您好!";     //设置返回值,增强函数调用的灵活性
    else
        return"女士,您好!";
}
document.write("全局变量 sex="+sex+"<br/>");
Sex_1();          //函数 Sex_1 的调用
Sex_2();          //函数 Sex_2 的调用
Sex_3(false);     //函数 Sex_3 的调用,使用形式参数,接受外界传入的布尔值 false
Sex_3();          //函数 Sex_3 的调用,使用形式参数,当参数为空时的布尔值 false
Sex_3("false"); //函数 Sex_3 的调用,参数为不为 undefined、null 和 0 时按 true 处理
//下面代码,测试函数的返回值,测试当参数为 undefined、null 和 0 时按 false 处理
document.write(Sex_4(sex),Sex_4(),Sex_4(undefined),Sex_4(null),Sex_4("false"),
Sex_4(0),"<br/>");
document.write(Sex_3(true));
</script>
```

运行代码，浏览页面，结果如图 10-10 所示。

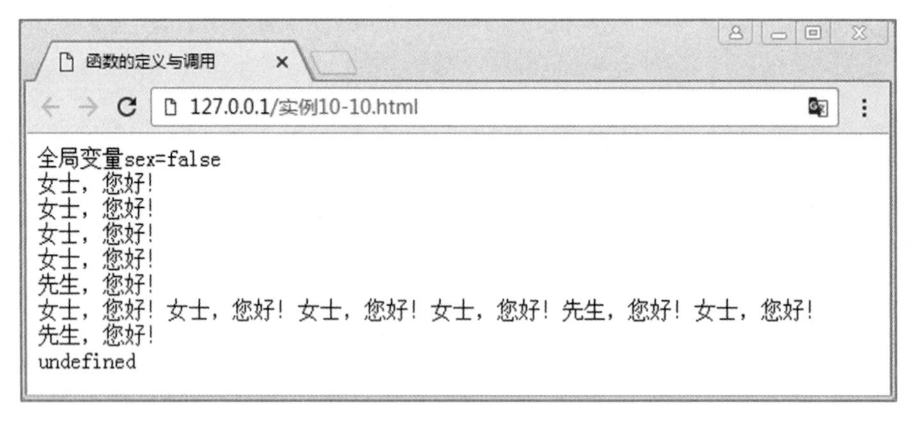

图 10-10 函数的定义与调用

定义一个函数和调用一个函数是两个截然不同的概念。定义的函数只是让浏览器知道有这样一个函数。而只有在函数被调用时，其代码才真正被执行。函数中不能使用局部变量控制输出或决定函数的返回值，那样函数就失去了通用性的意义了。

使用中尽量不用全局变量控制输出或决定函数的返回值，也不要在函数中修改全局变量，否则函数的耦合性增加了，独立性降低了，给程序调试带来负面影响。

函数中最好不要有输出语句，这样的函数在调用上具有更大的良好性，何时需要输出、用何种方式输出都由函数主调方确定。

正常情况下，可以将提供了返回值的函数作为表达式的一部分，在使用了没有“return 表达式;”函数返回值的时候，它会用未定义 undefined 提供返回值，如【实例 10-10】中最后的“document. write(Sex_3(true));”，由于没有使用“return 表达式;”，所以图 10-10 中最后一行显示了“undefined”。

函数与外界通信的最好途径：形式参数与返回值，形式参数接受外界数据，返回值向外界提供数据。

【实例 10-11】数组作为函数参数，代码如下。

```
<script type="text/javascript">
function Array_Traversal(array) {    //数组的遍历
    var s="<ol>";
    for (var i=0 in menus) {
        s +="<li>"+ array[i]+"</li>"
    }
    s +="</ol>";
    return s;
}
var menus=new Array("门户首页","办公系统","教务系统");
document. write(Array_Traversal(menus)+"<hr/>");  //函数的调用,数组作为参数
menus[menus. length]="人事系统";          //添加一个元素到数组的尾部
menus. push("科研系统")                   //又添加一个元素到数组的尾部
document. write(Array_Traversal(menus));  //函数的调用,数组作为参数
</script>
```

运行代码，浏览页面，结果如图 10-11 所示。

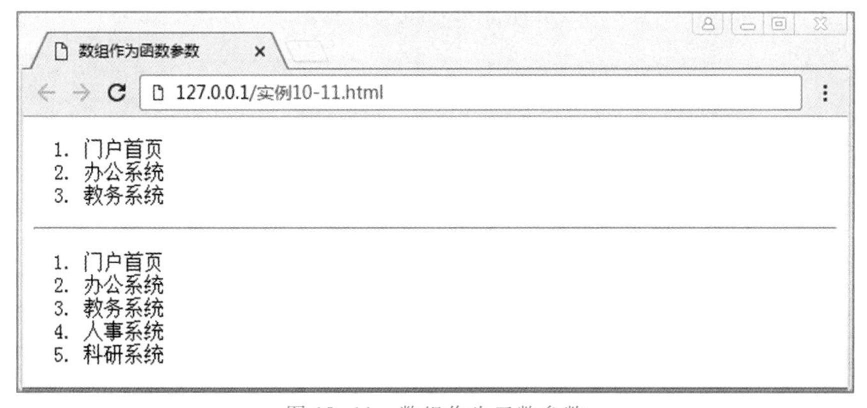

图 10-11 数组作为函数参数

数组可以表示一批参数，给批量参数的传入提供了方便。

本例提供了两种向数组的尾部添加元素的方法，menus[menus.length] = "新元素"、menus.push("新元素")，第 2 种方法更加方便。

本例中使用了 ol 和 li，如果在页面的头部设置了它们的样式，将会使输出更美观。

微课 10-16：用户类的定义

10.4.3 用户类的定义

JavaScript 是基于对象的脚本语言，类是对象的模板，类的基本成员有两种：静态数据（属性）和动态行为（方法）。使用 JavaScript 可以定义用户新的类，使用的关键字是 function。

【实例 10-12】Table 类的定义与引用。Table 类中数据有表格数据 Rows、前景色 ForeColor、背景色 BackColor、线条色 LineColor、表格宽 Width；行为有得到表格标签 getTable。

```
<script type="text/javascript">
//类的定义
function Table(rows,foreColor,backColor,lineColor,width){      //类的构造函数
    this.Rows=rows;                                            //定义成员属性
    this.ForeColor=foreColor;
    this.BackColor=backColor;
    this.LineColor=lineColor;
    this.Width=width;
    this.getTable=function(){                                  //定义成员函数
        var table='<table style="width:'+this.Width+'px;background-color:'+
this.LineColor+';color:'+this.ForeColor+';"  cellspacing="1px">'
        var Rows=this.Rows;
        for(r in Rows){
            table+='<tr style="background-color:'+this.BackColor+';">';
            for(c in Rows[r]){
                table+='<td align="center">'+Rows[r][c]+'</td>';
            }
            table+='</tr>';
        }
      table+='</table>';
      return table;
    }
}
//类的引用
var data=[['姓名','班级','年龄'],['张慧',330181,18],['李刚',330181,18]];
var mytable=new Table(data,'Red','White','Black',200);      //调用构造函数
```

```
var table = mytable. getTable( ) ;                    //调用成员函数
document. write( table ) ;
</script>
```

运行代码，浏览页面，结果如图 10-12 所示。

Table类的定义与引用

127.0.0.1/实例10-12.html

姓名	班级	年龄
张慧	330181	18
李刚	330181	18

图 10-12　Table 类的定义与引用

类的构造函数，指出了类名，本例中类名为 Table。

类的构造函数完成类的成员初始化，包括成员属性和成员函数的指定。

类的构造函数的调用与其他函数不同，必须通过“new 类名(参数列表);”格式调用，调用结果会返回一个对象的引用，将此赋给一个变量，通过变量即可使用该对象了。类的其他成员函数通过“对象引用变量 . 成员函数(参数列表);”格式调用。

10.5　浏览器窗口对象

10.5.1　浏览器对象模型

微课 10-17：认识浏览器对象模型

Window 对象代表浏览器窗口本身，该对象包含的属性和方法被统称为 BOM（Browser Object Model，浏览器对象模型），浏览器对象模型如图 10-13 所示。

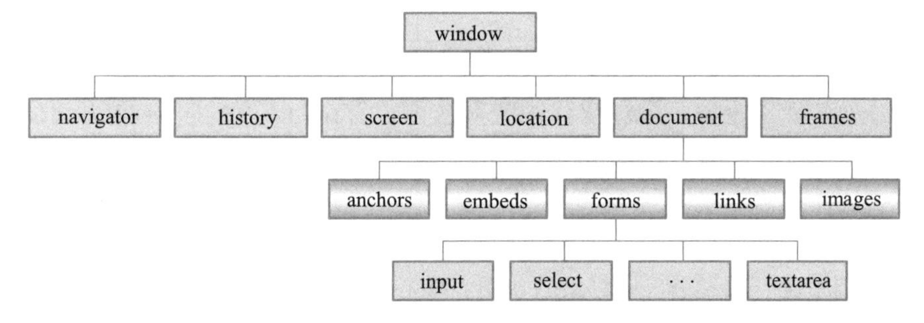

图 10-13　浏览器对象模型

微课 10-18：
window 对象

10.5.2 window 对象

窗口对象包括许多使用的属性、方法和事件驱动程序，编程人员可以利用这些对象控制浏览器窗口显示的各方面属性，如对话框、框架等。

下面列出一些常用 Window 对象的方法。

- alert( )、confirm( )、prompt( )：分别用于弹出一个消息框、弹出一个确认框、弹出一个提示框。
- open （URL、windowName、parameterList）：open 方法创建一个新的浏览器窗口，并在新窗口中载入一个指定的 URL 地址。
- close( )：关闭一个浏览器窗口。
- focus( )、blur( )：让窗口获得焦点、失去焦点。
- print( )：打印当前窗口或 Frame。
- resizeBy( )、resizeTo( )：移动窗口。
- scrollBy( )、scrollTo( )：滚动当前窗口中的 HTML 文档。
- setInterval( )、clearInterval( )：设置、删除定时器。
- setTimeout( )、clearTimeout( )：设置、删除定时器。推荐使用 setInterval( )、clearInterval( )。

window 还包含一些常用的属性与值，见表 10-9。

表 10-9　window 常用属性与值

属性名称	意　义	特性值
height	窗口高度	单位为像素
width	窗口宽度	单位为像素
left	窗口左上角至屏幕左上角的宽度距离	单位为像素
top	窗口左上角至屏幕左上角的高度距离	单位为像素
directories	是否显示链接工具栏	有：1；没有：0；缺省为 1
location	是否显示地址栏	有：1；没有：0；缺省为 1
menubar	是否显示菜单栏	有：1；没有：0；缺省为 1
resizable	是否允许调整窗口大小	有：1；没有：0；缺省为 1
scrollbars	是否显示滚动条	有：1；没有：0；缺省为 1
status	是否显示状态栏	有：1；没有：0；缺省为 1
toolbar	是否显示工具栏	可以：1；不可以：0；缺省为 1

【实例 10-13】window 对象的使用，核心代码如下。

```
<script type="text/javascript">
document.write("本页面将打开另一个窗口,在其中显示腾讯网页面。")
```

```
    window.open("http://www.qq.com","","height=200,width=400,top=100,left=100,
toolbar=no,menubar=no,scrollbars=no,resizable=no,location=no,status=no");
    </script>
```

运行代码，浏览页面，结果如图 10-14 所示。

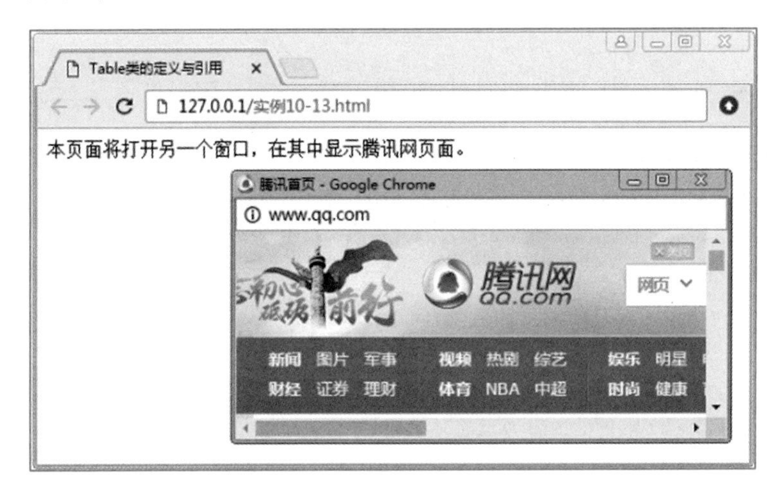

图 10-14 window 的 open 方法测试

由于，BOM 对象尚无正式标准，同时，存在一定的浏览器的兼容性问题，本例还存在浏览器的拦截带来的不便，大多数方法使用较少。但是，设置、删除定时器 setInterval()、clearInterval()的方法会经常用到。

setInterval()方法为 JavaScript 提供的一个定时器函数，就像闹钟一样，设置一个时间后，定时提示浏览者。

例如：setInterval("调用函数"," 定时时间")。

定义定时器：var myTime=setInterval("disptime()",1000);

其中，myTime 为 setInterval()返回的定时器对象。1000 为毫秒，表示每隔多长时间，循环调用函数执行，直到关闭定时器或关闭页面为止。

关闭定时器使用 clearInterval()方法，如 clearInterval(mytime)。

【实例 10-14】 动态时钟的实现。

首先添加一个表单与文本框，用来显示动态时钟，代码如下：

```
<form name="myform">
    <input name="myclock" type="text" value="" size="20">
</form>
//然后编写一个样式表设置文本框的样式。
<style type="text/css">
    input{
    font-size:30px;text-align:center;color:#FFFFFF;
    background-color:#3087C1;border:4px double #FFF;
    }
```

```
</style>
//编写时钟显示的日期对象代码,将代码放置在表单元素之后。
<script language="JavaScript">
function disptime(){
    var time=new Date();                              //获得当前时间
    var year=time.getFullYear();                      //获得年
    var month=time.getMonth()+1;                      //获得月,月份0-11
    var date=time.getDate();                          //获得日
    var hour=time.getHours();                         //获得小时
    var minute=time.getMinutes();                     //获得分钟
    var second=time.getSeconds();                     //获得秒
    if(minute<10)                                     //如果分钟只有1位,补0显示
      minute="0"+minute;
    if(second<10)                                     //如果秒数只有1位,补0显示
      second="0"+second;
    /*设置文本框的内容为当前时间*/
    document.myform.myclock.value=year+"年"+month+"月"+date+"日"+hour+":"+
minute+":"+second;
    /*设置定时器每隔1秒(1000毫秒),调用函数disptime()执行,刷新时钟显
示*/
    setInterval("disptime()",1000);
}
disptime();                                           //调用函数
</script>
```

在浏览器中查看页面时，输出结果如图10-15所示。

(a) 运行时刻的时间显示

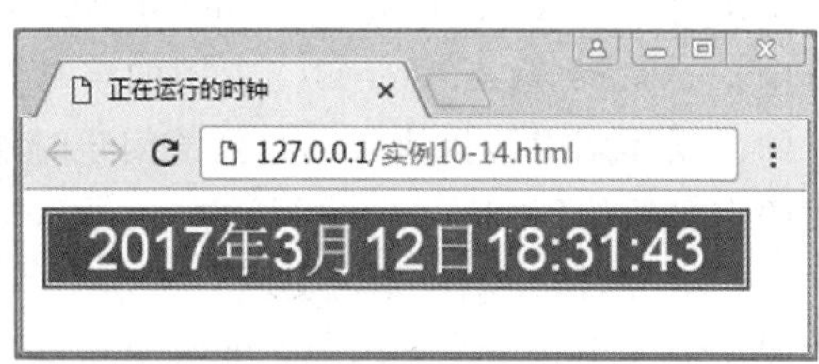

(b) 运行一段时间和后的效果

图10-15　动态时钟效果

微课10-19：window的其他对象

10.5.3　window的其他对象

1. history对象

window的history属性是一个History对象，该对象表示当前窗口的浏览历史，历史对象常用方法见表10-10。

表 10-10　历史对象常用方法

方　法	意　义
back( )	显示浏览器的历史列表中后退一个网址的网页
forward( )	显示浏览器的历史列表中前进一个网址的网页
go(n)和 go(网址)	显示浏览器的历史列表中第 n 个网址的网页，n>0 表示前进，反之，n<0 表示后退或显示浏览器的历史列表中对应的“网址”网页

2. location 对象

网址 location 对象可用于访问该窗口的 URL 地址。location 对象包括的属性与方法见表 10-11。

表 10-11　网址对象常用属性

属性与方法	意　义
href	整个 url 字串
protocol	url 中从开始至冒号（包括冒号）表示通信协议的字串
hostname	url 中服务器名、域名、子域名或 IP 地址
port	url 中端口名
host	url 中 hostname 和 port 部分
pathname	url 中的文件名或路径名
hash	url 中由#开始的锚点名称
search	url 中从问号开始至结束的表示变量的字串
reload（[是否从服务器端刷新]）	刷新当前网页，其中“是否从服务器端刷新”的值是 true 或 false
replace（url）	用 url 网址刷新当前的网页

3. navigator 对象

navigator 对象提供关于浏览器环境的信息，navigator 常用属性见表 10-12。

表 10-12　navigator 常用属性

属性名称	属性说明
appCodeName	浏览器代码名称，都是 Mozilla
appName	浏览器名称，如：Microsoft Internet Explorer
appVersion	浏览器版本号
Platform	浏览者的操作系统

4. screen 对象

screen 对象在加载 HTML 文档时自动创建，用于存储浏览者系统的显示信息，screen 对象的常用属性见表 10-13。

表 10-13　screen 对象常用属性

属性名称	属性说明
availHeight	屏幕最大可用高度，单位为像素（px）
alailWidth	屏幕最大可用宽度，单位为像素（px）
height	屏幕最大高度，单位为像素（px）
width	屏幕最大宽度，单位为像素（px）

【实例 10-15】根据分辨率判断，打开不同的网页。

微课 10-20：案例：根据分辨率判断

首先添加一个表单与文本框，用来显示动态时钟，代码如下。

```
<script type="text/javascript">
    if((screen.width==800)&&(screen.height==600)){
        location.href="http://www.qq.com";
    }
    else if((screen.width==1280)&&(screen.height==720)){
        location.href="http://www.m1905.com";
    }
    else if((screen.width==1600)&&(screen.height==900)){
        location.href="http://www.163.com";
    }
    else{ location.href="http://www.baidu.com";}
</script>
```

调整显示器的分辨率，刷新浏览器，能看到不同的网页。

5. document 对象

微课 10-21：document 对象

document 对象既是 HTMLDocument 类的一个实例，也是 DHTML 中的一个对象。

document 对象的常用方法见表 10-14。

表 10-14　document 对象常用方法

方法	功能
write()	向网页中输出一条字符串，输完后不换行
writeln()	向网页中输出一条字符串，输完后换行
open()	打开一个 document 文档
close()	关闭一个通过 open()方法打开的 document 对象

document 对象的常用属性见表 10-15。

表 10-15　**document 对象常用属性**

属　　性	意　　义
title	设置文档标题，等价于 HTML 的 title 标签
cookie	用于记录用户操作状态。由“变量名=值”组成的字串
domain	网页域名
lastModified	上一次修改日期
url	设置 URL 属性从而在同一窗口打开另一网页
charset	设置字符集，简体中文：gb2312
bgColor、fgColor、linkColor、alinkColor、vlinkColor	设置页面背景色、设置前景色（文本颜色）、未点击过的链接颜色、激活链接（焦点在此链接上）的颜色、已点击过的链接颜色

本身具有表 10-14 中的常用属性及表 10-15 中的常用方法。另外，除了大多数的网页事件都可用于文档对象外，文档对象还有 onload 和 onunload 事件。

【实例 10-16】展示文档对象的属性与方法的使用，在网页加载时在标题中显示时间，在网页中显示更新日期。当用户进入网页时弹出提示窗口“大家好，欢迎大家浏览本页!”，如图 10-16 所示，当用户单击网页中的链接“创建一个新文档”，网页中显示更新日期等信息，如图 10-17 所示。

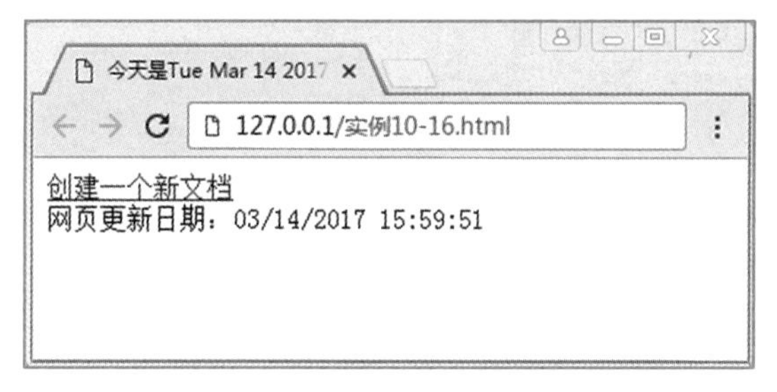

图 10-16　文档打开时的效果

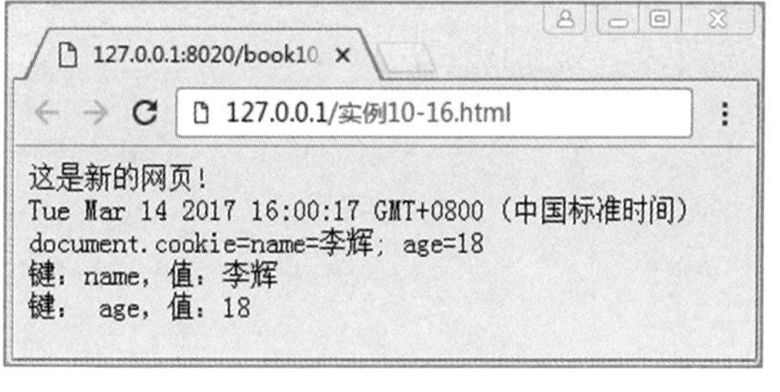

图 10-17　点击超链接后的效果

本例代码如下：

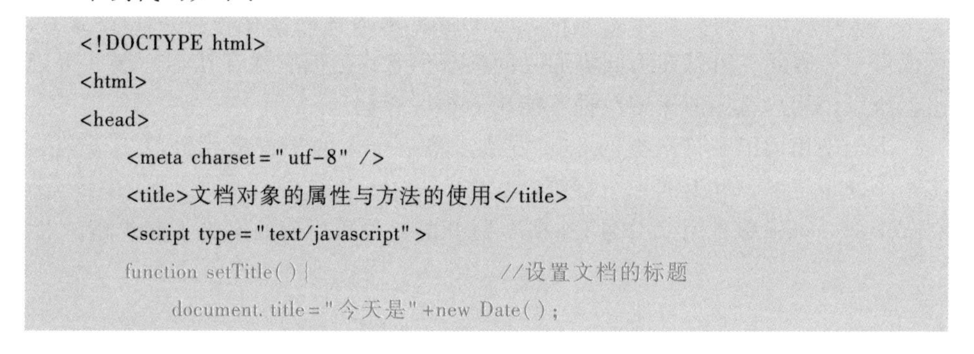

```
<!DOCTYPE html>
<html>
<head>
    <meta charset="utf-8" />
    <title>文档对象的属性与方法的使用</title>
    <script type="text/javascript">
    function setTitle(){                    //设置文档的标题
        document.title="今天是"+new Date();
```

```
    }
    function updateList() {                //显示网页最后更新日期
        document.write("网页更新日期:");
        document.write(document.lastModified);
    }
    function newDocument() {               //显示新的网页内容
        document.open("text/html","replace");
        document.write("这是新的网页！<br/>");
        document.write(new Date()+"<br/>");
        document.bgColor='#e8f9b5';
        document.cookie="name=李辉";                   //写 cookie
        document.cookie="age=18";                      //写 cookie
        document.write("document.cookie=",document.cookie,"<br/>");
                                                       //读取全部 cookie
        var strcookie=document.cookie;
        var arrcookie=strcookie.split("; "); //拆分全部 cookie 串为单个 cookie 串数组
        for(var i=0;i<arrcookie.length;i++) { //遍历 cookie 数组,处理每个 cookie 对象
            var arr=arrcookie[i].split("="); //拆分单个 cookie 串为[键,值]数组
            document.write("键:",arr[0],",值:",arr[1],"<br/>");
                                                       //读取单个 cookie
        }
        document.close();
    }
    </script>
</head>
<body onLoad="setTitle();">
    <a href="javascript:newDocument()">创建一个新文档</a><br/>
    <script type="text/javascript">
        updateList();
    </script>
</body>
</html>
```

cookie 是 document 对象的属性，它的数据永久性的保存在客户端磁盘上，可读可写，因此，可以在不同页面之间共享信息；但因它保存在客户端并可读出，所以，用户重要的保密数据不能用 cookie 存储。

本例中使用了字符串类的 split 方法，将一个大的字符串用分隔串分割为多个小的字符串，并返回一个字符串数组。

全部 cookie 串是用“分号+空格”隔开的，分号后面的空格不能忽略。

10.6　页面中元素的访问与属性的设置

10.6.1　页面元素的引用

1. getElementById 方法

微课 10-22：getElementById 方法访问页面元素

getElementById 方法可以根据标签对象的 ID 属性值得到唯一的标签对象，如果页面上含有多个相同 ID 的节点，那么只返回第一个节点。在页面里标签对象的 ID 尽可能是唯一的。

【实例 10-17】使用 document. getElementById 方法实现加法器，代码如下。

```
<input id="t1" type="text" value="12" />
+<input id="t2" type="text" value="65" />
=<span id="s1"></span>
<scripttype="text/javascript">
    var t1=document.getElementById("t1");
    var x1=parseFloat(t1.value);
    var t2=document.getElementById("t2");
    var x2=parseFloat(t2.value);
    var sum=x1+x2;
    var s1=document.getElementById("s1");
    s1.innerHTML=sum.toString();
</script>
```

运行代码，浏览页面，结果如图 10-18 所示。

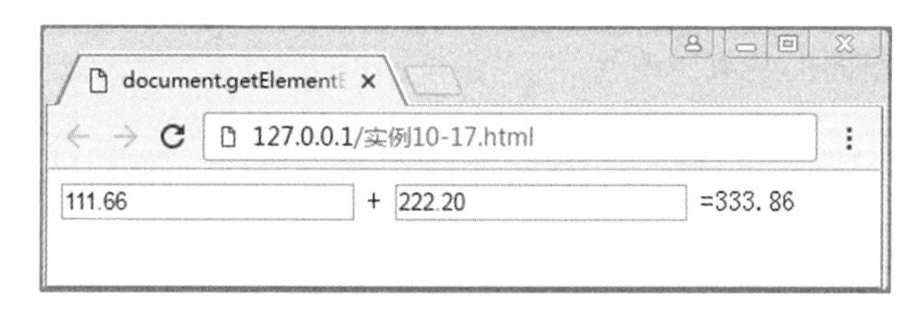

图 10-18　使用 document. getElementById 方法实现加法器

document. getElementById 方法中 ID 必须是存在的，拼写是正确的，包括大小写。

2. getElementsByName 方法

微课 10-23：getElementsByName 方法访问页面元素

getElementsByName 方法可以根据标签对象的 name 属性值得到名称相同的一组标签对象，这里标签对象的 name 可以相同，该方法得到的是标签对象数组，访问其中某个标签对象要根据标签对象在 HTML 文档中的相对次序决定其下标，第 1 个标签对象的下标为 0。

【实例 10-18】使用 document. getElementsByName 方法实现加法器，代码

如下。

```
<input name="text" type="text" value="111.66" />
+<input name="text" type="text" value="222.20" />
=<span id="s1"></span>
<script type="text/javascript">
    var text=document.getElementsByName("text");
    var sum=0;
    for(var i=0;i<text.length;i++){
        sum+=parseFloat(text[i].value);
    }
    var s1=document.getElementById("s1");
    s1.innerHTML=sum.toString();
</script>
```

运行代码，浏览页面，结果在视觉上与图10-18相同。

name属性是用于可输入数据的表单元素的名称，span标签只是输出信息的，它不是表单元素，不能设置其name属性。

微课10-24：getElementsBy-TagName方法访问页面元素

3. getElementsByTagName方法

可以根据标签对象的标签名得到同类标签的集合对象，它的涉及范围最大。用数组加下标访问其中的标签对象。将“实例”中的代码进行替换，也能达到相同的效果。

```
var text=document.getElementsByName("text");
```

替换为：

```
var text=document.getElementsByTagName("input")
```

也能达到相同的结果，参考“实例10-18-1.html”代码。

10.6.2 读写HTML对象的属性

微课10-25：读写HTML对象的属性

1. 读HTML对象属性

读HTML对象属性主要有以下两种格式。

① HTML对象.属性名，或者HTML对象["属性名"]。

例如：document.getElementById("div1").innerHTML;

等同于：document.getElementById("div1")["innerHTML"];

② HTML对象.getAttribute(属性名)。

例如：document.getElementById("div1").getAttribute("innerHTML ");

2. 写HTML对象属性

写HTML对象属性也有相应的两种格式：

① HTML对象.属性名="新属性值"，等同于HTML对象["属性名"]="新属性值"。

② HTML 对象 . setAttribute("属性名","新属性值")。

10.6.3　表单及其控件的访问

微课 10-26：表单及其控件的访问

1. 表单的访问

表单的访问有以下两种格式：

① document. forms[索引]。

② document. 表单名称。

通过表单对象访问表单属性和方法，格式如下：

document. forms[索引]. 属性

document. forms[索引]. 方法（参数）

document. 表单名称 . 属性

document. 表单名称 . 方法（参数）

2. 表单内控件元素的访问

表单内控件的访问格式为：表单对象 . elements[下标]。

【实例 10-19】使用表单及其控件实现加法器，代码如下。

```
<form name="calc">
    <input name="text1" type="text" value="111.66" />
    +<input name="text2" type="text" value="222.20" />
    =<span id="s1"></span>
</form>
<script language="javascript">
    var t1=document.forms[0].elements[0];
    var x1=parseFloat(t1.value);
    var t2=document.calc.text2;
    var x2=parseFloat(t2.value);
    var sum=x1+x2;
    var s1=document.getElementById("s1");
    s1.innerHTML=sum.toString();
</script>
```

运行代码，浏览页面，结果在视觉上与图 10-18 相同。对于 t1 的取值方式与 t2 的取值方式是不同的，表单元素的访问既可以是“表单对象 . elements[整型下标]”格式，也可以是“表单对象 . elements[关键字文本]”格式，还可以是“表单对象 . 关键字”格式，关键字文本是元素的 id 或 name 的属性值。

10.6.4　JS 设置 CSS 样式的方式

微课 10-27：JS 设置 CSS 样式的方式

1. 直接设置 style 的属性

如果属性有'-'号，写成驼峰的形式。

例如：element. style. textAlign = " center" ;

如果想保留-号，就用中括号的形式。

例如：element. style['text-align '] = 'center ' ;

该段代码修改的样式是行内样式，相当于在标签中添加了 style 属性，如果是 div 元素的话就相当于<div id = " box1" >AAAAA</div>。

代码执行后修改为：<div id = " box1" style = " text-align ; center ; " >AAAAA</div>

2. 直接设置属性

与设置 HTML 属性的方式一样，使用 setAttribute( ) 函数。

例如：element. setAttribute('height ' , '100px ') ;

这种设置方式也是修改的行内样式。

3. 设置 cssText

通过使用 obj. style. cssTest 来修改嵌入式的 css。

例如：element. style. cssText = 'height : 100px ' ;

这种设置方式也是修改的行内样式。

4. 使用 obj. className 来修改样式表的类名

通过修改类名来修改样式表的类名。

```
element. className = '新类名' ;
```

5. 使用更改外联的 CSS 文件，从而改变元素的 CSS

通过更改外联的 CSS 文件引用从而来更改页面的样式。

【实例 10-20】更改外联的 CSS 文件，代码如下。

```
<link type = " text/css"  id = " css1"  rel = " stylesheet"  href = " css/css1. css"  />
<script type = " text/javascript" >
    function changeStyle( ) {
        var obj = document. getElementById( " css1" ) ;
        obj. setAttribute( " href" , " css/css2. css" ) ;
    }
    changeStyle( ) ;
</script>
```

【实例 10-20】实现了外联样式表 CSS1 向 CSS2 的变化。

使用这种方式可以修改网页页面的皮肤。

10.7 事件的指派与处理函数的编写

10.7.1 事件的指派

微课 10-28：事件的指派

JavaScript 使用户有能力创建动态页面，事件是可以被 JavaScript 侦测到的行为，网页中的每个元素都可以产生某些可以触发 JavaScript 函数的事件。

以按钮点击事件为例，按钮有一个名为 onclick 属性，设置这个属性，就可以使得按钮在单击后完成某个任务。

【**实例 10-21**】按钮的单击事件指派方式，代码如下。

```
<input id="Button1" type="button" value="button1" onclick='alert("我是"+this.value);alert("我被鼠标点中了!");'/>
<input id="Button2" type="button" value="button2" onclick="button_Click_1(this);"/>
<input id="Button3" type="button" value="button3" onclick="button_Click_1(this);"/>
<input id="Button4" type="button" value="button4" />
<input id="Button5" type="button" value="button5" />
<input id="Button6" type="button" value="button6" />
<div id="info" style="border:1px solid black;"></div>
<script type="text/javascript">
    function button_Click_1(btn){
        alert("我是"+btn.value);
        alert("我被鼠标点中了!");
    }
    function button_Click_2(){
        var s="我是"+this.value+"<br>";
        s+="我被鼠标点中了!";
        display(s);
    }
    document.getElementById("Button4").setAttribute("onclick","button_Click_1(this);");//动态设置属性
    document.getElementById("Button5").onclick=button_Click_2;
    document.getElementById("Button6").onclick=function button_Click_3(){
        var s="我是"+this.value+"<br/>我被鼠标点中了!";
        display(s);
    }
    function display(msg){
        document.getElementById("info").innerHTML=msg;
    }
</script>
```

运行代码，浏览页面，点击“button2”按钮的结果如图 10-19 所示，点击“button5”按钮的结果如图 10-20 所示。

本示例中介绍了 3 种事件指派方法。

① **静态设置语句块**。直接设置按钮的 onclick 事件为语句块构成的文本，这种方法只能适合于简短的语句块。

② **静态设置函数调用**。将事件处理的语句块写到一个函数中，为按钮的 onclick 属性指定函数调用的文本即可，这种方法可以带参数 this 已获得触发事

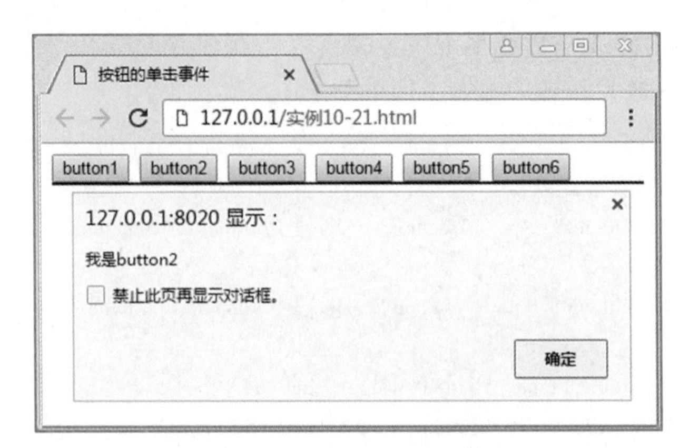

图 10-19　点击“button2”按钮触发事件后的效果

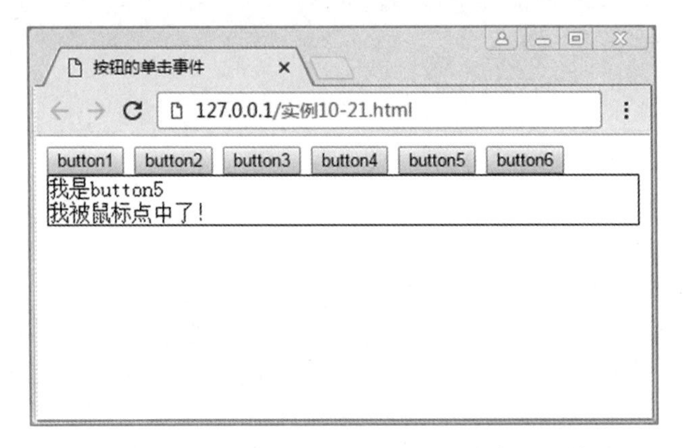

图 10-20　点击“button5”按钮触发事件后的效果

件的按钮对象，借此获得事件触发者的其他信息。这种方法可以适用于给多个事件触发者设置事件处理方法，只是静态设置。要动态设置则使用如下格式的语句。

对象.setAttribute("属性名","属性值");

例如“Button4”的设置方式。

document.getElementById("Button4").setAttribute("onclick","button_Click_1(this);");

③ **动态设置函数引用对象**。将事件处理的语句块写到一个函数中，该函数不带参数，在程序中为事件触发者动态指定事件处理函数的函数名。

语法：对象名.onclick=function 函数名(){语句块;};

例如“Button6”的设置方式就是这种方式。

这种方法尽管没有参数，但仍然可以使用this获得触发事件者。

这种方法可以实现Javascript与HTML的分离。

同时，这种方法还可以适用于给多个事件触发者设置事件处理方法，而且是动态设置；函数名作为函数对象引用数据赋值给事件属性，动态取消事件处理函数，只需要将函数名替换为null。

例如：document. getElementById("Button5"). onclick=null;

10.7.2　常用事件的类型

微课 10-29：
常用事件的类型

JavaScript 是基于事件驱动的，在编写可交互的客户端程序时必须了解事件的类型。

1. 事件触发的原因

事件触发有键盘、鼠标、定时器以及系统等因素。表 10-16 为 HTML 元素的常见事件。

表 10-16　HTML 元素的常用事件

事件属性名称	事件说明	触发因素
onblur	失去焦点时	键盘、鼠标、blur 方法
onfocus	得到焦点时	键盘、鼠标、focus 方法
onchange	修改内容时	键盘、鼠标、赋值语句
onclick	鼠标单击时	键盘、鼠标、click 方法
ondblclick	鼠标双击时	鼠标
onkeydown	键盘按下	键盘
onkeypress	键盘按键（含按下与抬起）	键盘
onkeyup	键盘抬起	键盘
onmousedown	鼠标按下时	鼠标
onmousemove	鼠标移动时	鼠标
onmouseup	鼠标抬起时	鼠标
onmouseout	鼠标移出时	鼠标
onmouseover	鼠标移入时	鼠标
onload	Body、frameset、image 等对象载入时	系统
onsubmit	表单提交时	键盘、鼠标、submit 方法
onreset	表单重置时	键盘、鼠标、reset 方法

此外，还有 oninput、onerror、ondrop、onplay 等，读者可以课外学习。

2. event 对象的常用属性

不少事件有自己的事件对象，以传递事件发生时的相关信息，如鼠标移动时的位置、键盘按下时的键值等。表 10-17 列出了 event 对象的常用属性。

表 10-17　event 对象的常用属性

属性名称	属性说明	使用事件
altKey、ctrlKey 、shiftKey	是否按下 Alt 键、Ctrl 键、Shift 键	键盘事件、鼠标事件
button	鼠标按键是否按下	鼠标事件

续表

属性名称	属性说明	使用事件
keyCode	键盘按键时 unicode 键值	键盘事件
clientX、clientY	鼠标在窗口区的坐标	鼠标事件
offsetX、offsetY	鼠标相对事件触发者的坐标	鼠标事件
srcElement	事件触发者	所有事件
altKey、ctrlKey 、shiftKey	是否按下 Alt 键、Ctrl 键、Shift 键	键盘事件、鼠标事件

【实例 10-22】事件与事件参数的使用，代码如下。

```
    <div id = " Test"  style = " border: 1px  solid  blue; height: 100px; margin - bottom: 5px;
background-color:#CFF;" >
    </div>
    <input id="Text1"  type="text" />
    <input id="Text2"  type="text"/>
    <div id="info"  style=" border:1px  solid  blue;margin-top:10px;height:50px;" >显示区
<br></div>
        <script type="text/javascript" >
            function show(param) {                    //函数,显示事件相关变化信息
                document. getElementById("info"). innerHTML="显示区<br />"+param;
            }
            function keyPress() {                     //键盘按键事件处理函数的定义
                var key=event. keyCode;
                var s=this. getAttribute("id")+"===>keyPress:"+key+":"+String. from-
CharCode(key);
                show(s);
            }
            function mouseMove() {                    //鼠标移动事件处理函数的定义
                var x=event. offsetX;
                var y=event. offsetY;
                var s=this. getAttribute("id")+"===>mouseMove:"+"("+x+","+y+")";
                show(s);
            }
            function mouseDown() {                    //鼠标按下事件处理函数的定义
                var x=event. offsetX;
                var y=event. offsetY;
                var s=this. getAttribute("id")+"===>mouseDown:"+"("+x+","+y+")";
                show(s);
            }
            function blur() {                         //失去焦点事件处理函数的定义
```

```
                var s=this.getAttribute("id")+"===>blur 失去了焦点";
                show(s);
            }
            //HTML 对象事件的指派
            document.getElementById("Text1").onkeypress=
            document.getElementById("Text2").onkeypress=keyPress;
            document.getElementById("Text1").onblur=document.getElementById
("Text2").onblur=blur;
            document.getElementById("Test").onmousemove=mouseMove;
            document.getElementById("Text1").onmousedown=
            document.getElementById("Text2").onmousedown=
            document.getElementById("Test").onmousedown=mouseDown;
        </script>
```

运行代码，浏览页面，在黄色区域移动鼠标，此时，由于触发了 mousemove 事件，能获得鼠标的位置，如图 10-21 所示。鼠标点击文本框，输入大写字母“M”，由于触发了 keypress 事件，所以显示键盘的 unicode 码，如图 10-22 所示。

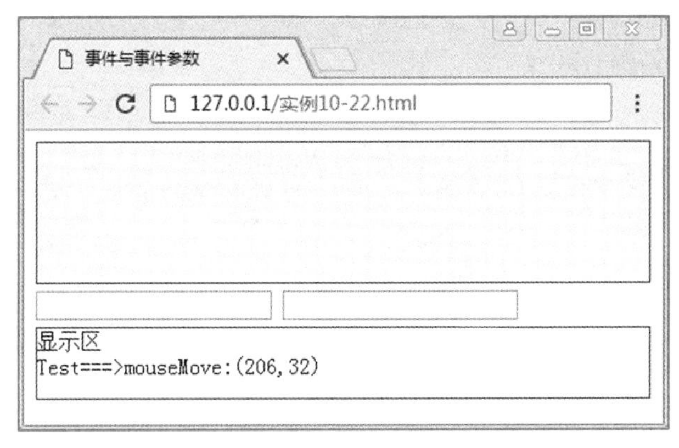

图 10-21　点击按钮触发事件后的效果 1

图 10-22　点击按钮触发事件后的效果 2

10.8 文档对象模型

微课 10-30：初识文档对象模型

10.8.1 初识文档对象模型

DOM（Document Object Model）是文档对象模型的缩写。DOM 是这样规定的：

整个文档是一个文档节点；每个 HTML 标签是一个元素节点；包含在 HTML 元素中的文本是文本节点；每一个 HTML 属性是一个属性节点；注释属于注释节点。

通过 HTML 代码结构来感性的认识一下 DOM 对象的树结构。

```
<!DOCTYPE html>
<html>
    <head>
        <title>DOM 示例</title>
    </head>
    <body>
        <h2>认识 DOM 树形结构</h2>
        <ul id="nav">
            <li><a href="javascript:alert('办公系统');">办公系统</a></li>
            <li>教务系统</li>
            <li><a href="javascript:alert('科研系统');">科研系统</a></li>
        </ul>
    </body>
</html>
```

这段 DOM 文档对应的树如图 10-23 所示。

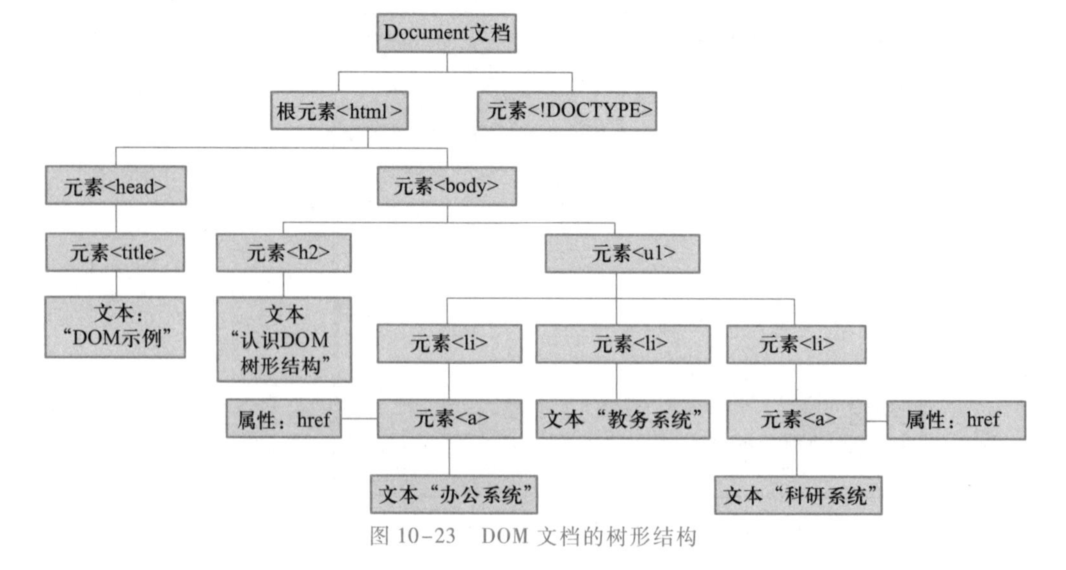

图 10-23　DOM 文档的树形结构

DOM 对象模型的出现，使得 HTML 元素成为对象，借助 JavaScript 脚本就能操作 HTML 元素。HTML 元素允许相互嵌套，页面文档部分是由 body 为根节点的 HTML 节点树组成的，DOM 的结构就是一个树形结构。在 JavaScript 程序使用 DOM 对象中可以动态添加、删除、查询节点，设置节点的属性，程序员使用丰富的 DOM 对象库可以方便地操控 HTML 元素。

微课 10-31：DOM 对象节点类型

10.8.2 DOM 对象节点的类型

一个文档是有任意多个节点的分层组成的。文档节点是 HTML 文档的根节点，也是整个 DOM 文档唯一的根节点。最常用的节点类型见表 10-18。

表 10-18　最常用的节点类型

节点类型	返回值	节点含义	节点用途
Doucument	9	文档节点	它是 HTML 文档的父节点，也是整个 DOM 文档的根节点
Element	1	元素节点	可以作为非终端节点，可以有自己的属性节点
Attr	2	属性节点	不能成为独立节点，必须以元素节点成为父节点
Text	3	文本节点	可以成为独立的终端节点，没有子节点、没有属性节点
Comment	8	注释节点	用来说明 HTML 是什么版本，或者注释

1. 元素节点（element node）

元素节点（element node）是构建 DOM 树形结构的基础，可以作为非终端节点，可以有自己的属性节点、下级元素节点和下级文本节点，下级元素节点实现了 DOM 树纵向扩展，同级元素节点实现了 DOM 树横向扩展。元素节点在没有如何任何节点的情况下它就是终端节点。元素节点的节点类型号为 1。

2. 属性节点（attribute node）

属性节点（attribute node）是一个键值对，键是属性名，值是属性值，属性节点不能成为独立节点，它必须从属于元素节点，用来描述元素节点的属性，充实元素节点的内容，因此，可以说属性节点不是节点，在 DOM 的操作中使用的方法也与其他节点不同。属性节点的节点类型号为 2。

3. 文本节点（text node）

文本节点（text node）表示一段文本，只能作为独立的终端节点，没有子节点和属性节点。文本节点的节点类型号为 3。

4. 注释节点（text node）

注释节点是用来说明所用的 XHTML 或者 HTML 是什么版本，或用来添加注释文本的。

<!DOCTYPE html>这些代码称作 DOCTYPE 声明。DOCTYPE 是 document type（文档类型）的简写，用来说明所用的 XHTML 或者 HTML 是什么版本。

<!--注释文本-->表示一段注释。

以上两个例子有个共同的特点就是都带有感叹号“!”。注释节点的节点

类型号为 8。

微课 10-32：DOM 对象节点的基本操作

10.8.3 DOM 对象节点的基本操作

DOM 对象的访问是操作 DOM 节点的先决条件。使用前面介绍的 getElementById、getElementsByName、getElementsByTagName 可以定位 DOM 节点绝对位置，后面得到的是 DOM 节点的集合，访问其中某个节点必须借助于下标。

DOM 还为访问 DOM 节点的相对位置提供了丰富的方法。

1. 访问子节点

childNodes 属性，返回包含文本节点及标签节点的子节点集合，文本节点和属性节点的 childNodes 永远是 null。利用 childNodes. length 可以获得子节点的数目，通过循环与索引查找节点。在 nodeList 集合中每一个数组元素都是一个节点对象，这些节点对象都有 nodeType、nodeName、nodeValue 等常见属性。

【实例 10-23】输出超链接中的文本节点的值（文本），核心代码如下。

```
<ul id="nav">
    <li><a href="javascript:alert('办公系统');">办公系统</a></li>
    <li>教务系统</li>
    <li><a href="javascript:alert('科研系统');">科研系统</a></li>
</ul>
<script type="text/javascript">
var anchs,doc;
anchs=document.getElementById("nav").getElementsByTagName("a");
alert(anchs.length);
for(var i=0;i<anchs.length;i++){
    var anchs_childNodes=anchs[i].childNodes;
    var count=anchs_childNodes.length;
    for(var j=0;j<count;j++){
        var node=anchs_childNodes[j];
        if(node.nodeType=="3"){
            alert(node.nodeValue);
        }
    }
}
</script>
```

运行代码，首先会通过“alert（anchs. length）;”返回“2”，如图 10-24 所示，然后，分别返回“办公系统”对话框（如图 10-25 所示）和“科研系统”对话框。

代码中，使用 document. getElementById（"nav"）. getElementsByTagName（"a"）来获取超链接，而不是 document. getElementsByTagName（"a"）的意义在于缩小查找标签 a 的范围。这是一个在任意节点上查找子节点的例子。

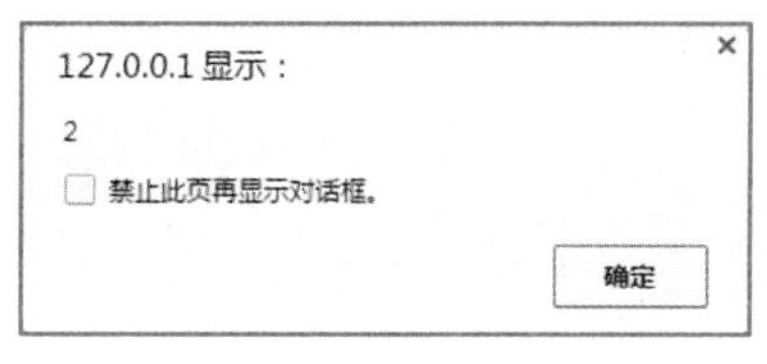

图 10-24　返回 anchs. length

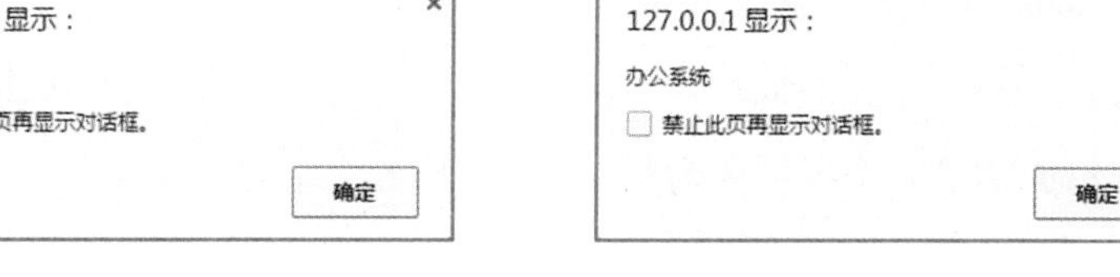

图 10-25　返回节点的值

有无子节点本例中使用的是可以通过 childNodes. length 进行判断。也可以使用 hasChildNodes( )方法的返回值判断。

2. 访问父节点

parentNode( )方法与 parentElement( )方法返回唯一的父节点，父节点不存在时返回 null。这两个方法完全等价，因为只有 Element 节点才能作为父节点。node. parentElement( )返回 node 节点的父节点。DOM 顶层节点是 document 内置对象，document. parentNode( )返回 null。

如果，将【实例 10-23】中的“alert(node. nodeValue) ;”修改为：

```
alert( node. parentNode. parentNode. nodeName) ;
```

则会连续返回两个“li”元素，因为文本节点的父节点是 A，而 A 的父节点是 li 元素。

3. firstChild 和 lastChild 节点

firstChild 属性返回第一个子节点，firstChild 与 childNodes[0]等价。

lastChild 属性返回最后一个子节点，lastChild 与 childNodes[childNodes. length-1]等价。

4. 访问兄弟节点

nextSibling 属性返回同级的下一个节点，最后一个节点的 nextSibling 属性为 null;

previousSibling 属性返回同级的上一个节点，第一个节点的 previousSibling 属性为 null。

10. 8. 4　DOM 对象节点的创建与修改

DOM 树形结构的建立与调整，都可以用 JavaScript 代码对节点的创建与删除进行修改，以取代前面的字符串方式拼接的 HTML 文本，用访问 DOM 节点树中节点对象方式部分替代 HTML 元素对象，更容易实现用 JavaScript 编程操作页面中各个 DOM 对象。

微课 10-33：节点的创建与添加

1. 创建节点

通过 document 内置对象（也是 DOM 顶层对象）的方法创建不同类型 DOM 节点对象。针对前面介绍的最常用节点类型完成节点的创建。

（1）createElement 方法

createElement(element)方法创建新的元素节点，返回对新节点的对象引用。其中 element 参数为新节点的标签名，例如：

```
var newnode1 = document.createElement("a");
```

该语句创建了一个标签名为"a"的超链接元素节点。

（2）createTextNode 方法

createTextNode(string)方法，创建新的文本节点，返回对新节点的对象引用。其中 string 参数为新节点的文本，例如：

```
var newnode2 = document.createTextNode("百度网站");
```

该语句创建了一个文本为“百度网站”的文本节点。

（3）createAttribute 方法

createAttribute(name)方法，创建新的属性节点，返回对新节点的对象引用。其中 name 参数为新节点的属性名，例如：

```
var newnode3 = document.createAttribute("href");
```

该语句创建了一个名为“href”的属性节点，属性节点的值可以用节点对象的 value 属性进行设定。例如：

```
newnode3.value = "http://www.baidu.com";
```

2. 添加节点

创建节点仅仅是在内存中产生节点，该节点放在什么位置，做哪个节点的子节点，无法得知，必须要学会添加节点的方法，这些方法是已有节点对象的方法，新节点是方法的参数，新节点是已有节点对象的子节点。

（1）appendChild 方法

appendChild(newChild)方法，添加新节点到方法所属节点的尾部。其中 newChild 参数为新加子节点对象。appendChild 方法适合于元素节点、文本节点等节点的添加，不适合属性节点的添加。

语法： element.appendChild(newChild);

（2）setAttributeNode 方法

setAttributeNode(newChild)方法，添加新属性节点到方法所属节点的属性集合中。

语法： element.setAttributeNode(newChild);

例如，创建一条红色的分割线，代码如下。

```
var hr=document.createElement("hr");              //创建元素节点
var hrcolor=document.createAttribute("color");    //创建属性节点
hrcolor.value="red";                              //属性节点赋值
hr.setAttributeNode(hrcolor);                     //给元素添加属性
document.body.appendChild(hr);                    //给 body 添加元素节点
```

（3）insertBefore 方法

insertBefore(newElement,targetElement)方法是将新节点 newElement 插入到

相对节点 targetElement 的前面，作为方法所属节点的子节点，newElement 与 targetElement 相邻的兄弟节点，它们的父节点可以通过 targetElement. parentNode 得到，在方法前面加节点对象就显得多余了，有必要定义一个全局方法，减少多余的节点对象指定。

语法： element. insertBefore(newElement,targetElement)；

【实例 10-24】初始状态的 HTML 代码结构。

```
<!DOCTYPE html>
<html>
    <head>
        <meta charset="utf-8" />
        <title>DOM 对象节点的创建与添加</title>
    </head>
    <body>
        <h2>创建并添加节点</h2>
        <ul id="nav">
            <li><a href="javascript:alert('办公系统');">办公系统</a></li>
            <li></li>
            <li><a href="javascript:alert('科研系统');">科研系统</a></li>
        </ul>
    </body>
</html>
```

在【实例 10-24】中通过 DOM 对象实现在 ul 前面创建和添加 hr 节点，实现在第 2 个 li 元素里面添加超链接节点，核心代码如下。

```
<script type="text/javascript">
var nLi;
nLi=document.getElementById("nav").getElementsByTagName("li");
/* 在第 2 个 li 里创建并添加节点 */
var a1 =document.createElement("a");                //创建 a 元素节点
var aText=document.createTextNode("百度网站");      //创建文本节点
var aHref=document.createAttribute("href");         //创建 href 属性节点
aHref.value="http://www.baidu.com";                 //给 href 属性节点赋值
a1.setAttributeNode(aHref);                         //给 a 元素添加 href 属性
a1.appendChild(aText);                              //给 a 元素添加文本节点
nLi[1].appendChild(a1);                             //给第 2 个 li 元素添加 a 节点
/* 在 h2 前面创建并添加水平分割线节点 */
var hr=document.createElement("hr");                //创建 hr 元素节点
var hrcolor=document.createAttribute("color");      //创建 color 属性节点
hrcolor.value="red";                                //给 color 属性节点赋值
hr.setAttributeNode(hrcolor);                       //给 hr 元素添加 color 属性
document.body.appendChild(hr);                      //给 body 添加元素节点 hr
```

```
nav=document.getElementById("nav");                    //获取 ul 元素
document.body.insertBefore(hr,nav);                     //在 ul 前面插入 hr 分割线
</script>
```

运行代码 HTML 代码是的页面效果，如图 10-26 所示，添加 JS 功能代码，运行后，如图 10-27 所示。

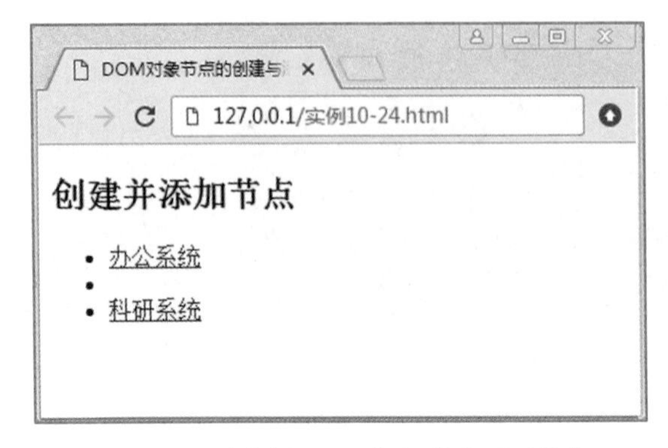

图 10-26 【实例 10-24】初始的页面状态

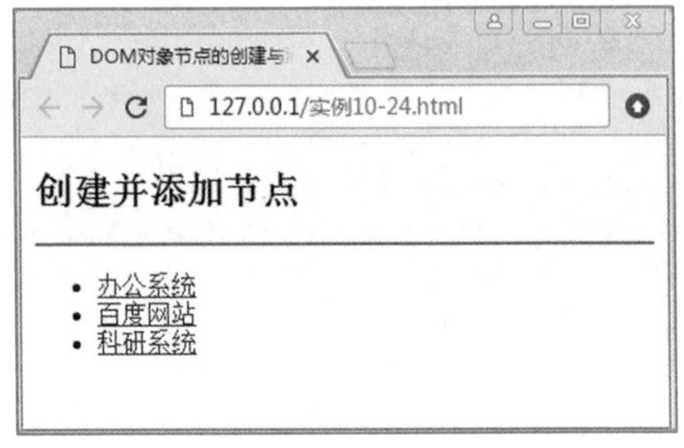

图 10-27 DOM 对象节点的创建与添加后的状态

微课 10-34：节点的删除、替换与复制

3. 删除节点

removeChild(node)方法是删除节点 node。该方法的所属节点对象是 node 的父节点。

语法： element.removeChild(node);

【实例 10-25】 删除 ul 第 2 个 li 里的第 2 个 li 节点，核心代码如下。

```
<ul id="nav">
    <li><a href="javascript:alert('办公系统');">办公系统</a></li>
    <li>教务系统</li>
    <li><a href="javascript:alert('科研系统');">科研系统</a></li>
</ul>
<script type="text/javascript">
    var anLi,nav;
    nLi=document.getElementById("nav").getElementsByTagName("li");
    nav=document.getElementById("nav");
    nav.removeChild(nLi[1]);/* 删除 ul 里的第 2 个 li 节点 */
</script>
```

4. 替换节点

replaceChild(newChild, oldChild)方法是新节点 newChild 替换原节点 oldChild。该方法的所属节点对象是 node 的父节点。

语法： element.replaceChild(newChild,oldChild);

在【实例 10-25】中，如果要用“教务系统”替换超链接“科研系统”，其代码如下。

```
nav. replaceChild( nLi[ 1 ] ,nLi[ 2 ] ) ;
```

代码参见“实例 10-25-1. html”，自行浏览被替换后的页面效果。

5. 复制节点

cloneNode(bool)方法赋值一个节点，返回复制后的节点引用。bool 参数为布尔值，true/false 表示是/否克隆该节点所有子节点，例如：

语法： element. cloneNode(bool) ;

在【实例 10-25】中，如果要复制文本元素“教务系统”，然后添加新节点到页面的尾部，代码如下：

```
var newnode = nLi[ 1 ]. cloneNode( true) ;
nav. appendChild( newnode) ;
```

代码参见“实例 10-25-2. html”，自行浏览复制并添加新节点后的页面效果。

10.9　DOM 节点对象的事件处理

微课 10-35：DOM 节点对象的事件处理

前面已经知道了 HTML 元素有哪些事件以及如何为 HTML 元素指派事件的 3 种方法，尤其是用代码指派事件。对 DOM 节点对象的事件处理只能用代码实现了。

【实例 10-26】DOM 节点对象的鼠标事件。动态创建与添加 p 节点，并设置这些节点在鼠标移入时前景色变白色，而背景色为红色，鼠标移出时恢复原状。为此，先定义一个样式类 red，在鼠标移入时使用样式类 red；鼠标移出时去除样式类 red。核心代码如下。

```
<!DOCTYPE html>
<html>
    <head>
        <meta charset = " utf-8" />
        <title>DOM 节点对象的事件处理</title>
        <style>
            . red{ color:white;background-color:red;}
            p{ padding:5px;margin:2px;background-color:#FF9;border:1px solid #093;}
        </style>
        </head>
        <body>
        <script type = " text/javascript" >
        for( var i = 0;i<5;i++) {
            var p = document. createElement( " p" ) ;
            p. onmouseover = function( ) { this. className = " red" ;} /* 鼠标移入的样式
                                                                        名 */
```

```
            p.onmouseout=function(){this.className="";} /* 鼠标移入的样式名为空串 */
            var text=document.createTextNode("行内元素"+i);
            p.appendChild(text);
            document.body.appendChild(p);
        }
    </script>
  </body>
</html>
```

运行代码，效果如图 10-28 所示，当鼠标放置到元素上方时页面效果如图 10-29 所示。

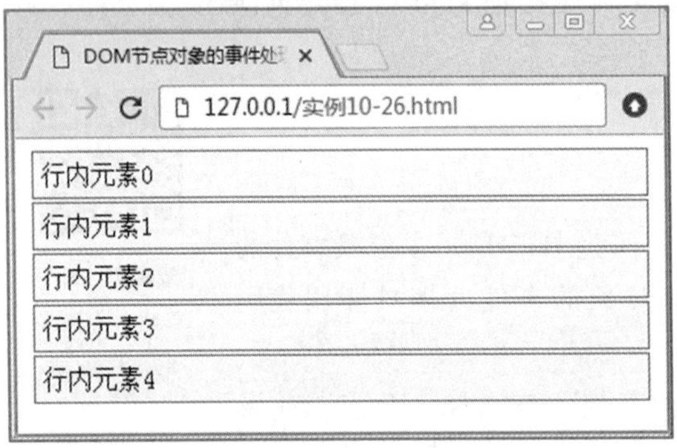

图 10-28 【实例 10-26】初始的页面状态

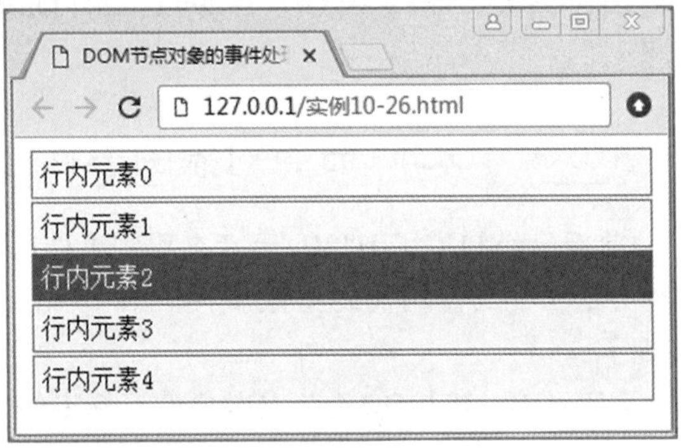

图 10-29 鼠标放置在元素上方时的效果

微课 10-36：综合实例：工资表格的美化设计

10.10 综合实例：工资表格的美化设计

本实例对 table 对象及其下属对象进行样式设置，使表头行与表体行有别，表体行的奇数行、偶数行和鼠标移入行的背景色有区别。实例实现后的运行界面如图 10-30 所示，当鼠标放置到某行信息的上方后，样式发生变化，如图 10-31 所示。

账号	姓名	岗位工资	薪级补贴	见习期工资
100088	张辉	1800	380	1680
100085	李刚	2200	680	1880
101338	赵旭	2800	880	1880
101339	王军	1800	380	1680

图 10-30 初始的表格效果

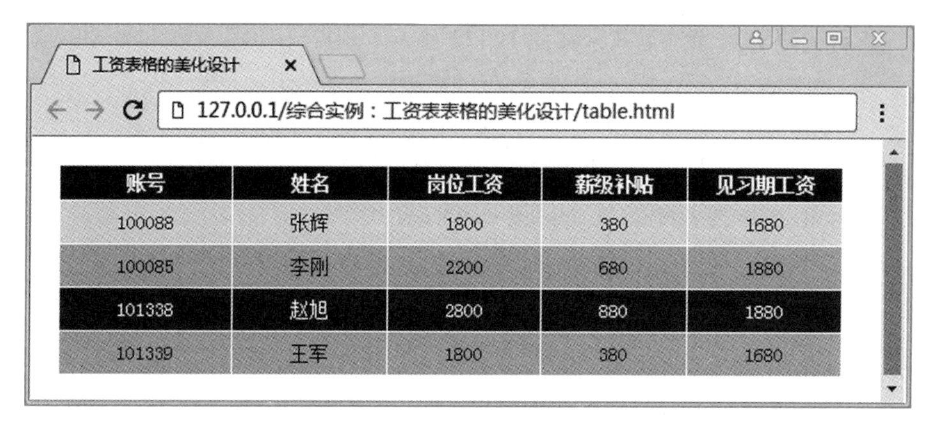

图 10-31　鼠标方式到信息上方的表格效果

本实例的重点是对 DOM 元素的样式设置，设置方式是使用样式表设置和 JavaScript 代码指派鼠标移入和鼠标移出事件处理函数，实现对表格数据行样式的修改。

1. 实施思路与方案

表格美化的设计分为表格数据结构的建立、样式表文件的建立和 JavaScript 事件处理文件的建立。本任务从静态页面设计 3 个方面进行设计，设计步骤分别如下。

第 1 步：HTML 设计提供页面元素。

第 2 步：CSS 设计布局与美化页面元素。

第 3 步：JavaScript 设计处理页面元素的事件。

2. 工资表格数据结构的建立

本实例的 HTML 页面结构代码如下。

```
<table cellspacing="1px">
    <thead>
        <tr><th>账号</th><th>姓名</th><th>岗位工资</th><th>薪级补贴</th><th>见习期工资</th></tr>
    </thead>
    <tbody>
            <tr><td>100088</td><td>张辉</td><td>1800</td><td>380</td><td>1680</td></tr>
            <tr><td>100085</td><td>李刚</td><td>2200</td><td>680</td><td>1880</td></tr>
            <tr><td>101338</td><td>赵旭</td><td>2800</td><td>880</td><td>1880</td></tr>
            <tr><td>101339</td><td>王军</td><td>1800</td><td>380</td><td>1680</td></tr>
    </tbody>
</table>
```

运行代码，页面浏览效果如图 10-32 所示。

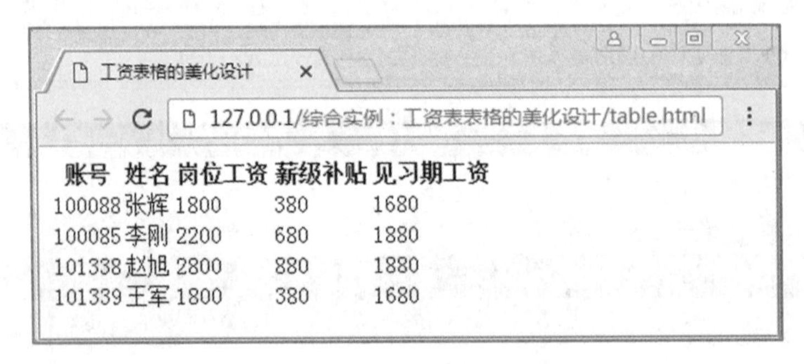

图 10-32　美化前的工资表格数据效果

3. 样式文件的建立

根据工资表格的信息，本例的样式表命名为 main.css，存放在 styles 文件夹下，核心代码如下。

```
body{ margin:20px;font-size:14px;color:#fb5;}                    /*页面基本样式*/
tr{height:24px;color:#223;background-color:#ffc514;}             /*tr 基本样式*/
td{padding:0.5em 3em;}                                           /*td 基本样式*/
th{ color:#FFF;background-color:#1759a8;}                        /*表头样式*/
tr.odd td{ color:#223;background-color:#fceba6;}                 /*奇数行样式*/
tr.highlight td{ color:#FFF;background-color:#008000;}           /*移入行样式*/
```

添加样式表后的页面效果如图 10-33 所示。

工资表格的美化设计
127.0.0.1/综合实例：工资表表格的美化设计/table.html

账号	姓名	岗位工资	薪级补贴	见习期工资
100088	张辉	1800	380	1680
100085	李刚	2200	680	1880
101338	赵旭	2800	880	1880
101339	王军	1800	380	1680

图 10-33　添加样式表后的表格效果

4. 事件处理文件的 Javascript 建立

实现条纹表格行样式设置的函数，以及移入或移出行的样式设置函数的脚本页面 global.js 的代码如下：

```
function addClass(element,value){                         //添加样式
    if(!element.className){
        element.className=value+" ";
```

```
        }else{
            var newClassName=element.className;
            newClassName+=" ";
            newClassName+=value;
            element.className=newClassName;
        }
    }
    function stripeTables(){      //条纹表格行的样式设置
        if(!document.getElementsByTagName)return false;
        var tables=document.getElementsByTagName("table");
        for(var i=0;i<tables.length;i++){
            var odd=false;
            var rows=tables[i].getElementsByTagName("tr");
            for(var j=0;j<rows.length;j++){
                if(odd==true){
                    addClass(rows[j],"odd");
                    odd=false;
                }else{
                    odd=true;
                }
            }
        }
    }
    function highlightRows(){                //移入或移出行的样式设置
        if(!document.getElementsByTagName)return false;
        var rows=document.getElementsByTagName("tr");
        for(var i=0;i<rows.length;i++){
            rows[i].oldClassName=rows[i].className
            rows[i].onmouseover=function(){
                addClass(this,"highlight");
            }
            rows[i].onmouseout=function(){
                this.className=this.oldClassName
            }
        }
    }
```

其中使用 csscontrol.js 中的定义的 addClass 函数改变新行的样式设置。stripeTables()函数实现条纹表格行的样式设置，适合多个 table。

5. 加载 CSS 与 JavaScript 页面内容

在<head>标签中导入外部样式表（styles/main.css）与外部脚本文件（script/global.js）：

```
<link href="styles/main.css" rel="stylesheet" type="text/css" />
<script src="script/csscontrol.js"></script>
```

在< table > </table >标签之后加入“条纹表格行的样式设置函数 stripeTables”和“移入或移出行的样式设置函数 highlightRows”的调用：

```
<script>
    stripeTables();
    highlightRows();
</script>
```

运行代码，页面浏览效果如图 10-31 所示。

任务实施：下拉菜单的设计与实现

本任务将综合 HTML、CSS、JavaScript 技术设计水平方向排列的一级菜单、垂直方向上下拉的二级菜单，鼠标移入或移出事件控制二级菜单显示或隐藏。

下拉菜单的数据是由具有树形结构的数据构成，本任务使用两个不同级别的列表标签实现下拉菜单的数据存储，列表项的内容（innerHTML 属性）是超级链接。使用 HTML 对象 ul、li 的嵌套来组织菜单数据、使用 CSS 来布局和美化 HTML 对象，编写 JavaScript 鼠标事件脚本动态设置菜单样式。

本任务以网站导航建设为例，实现效果如图 10-34 所示。

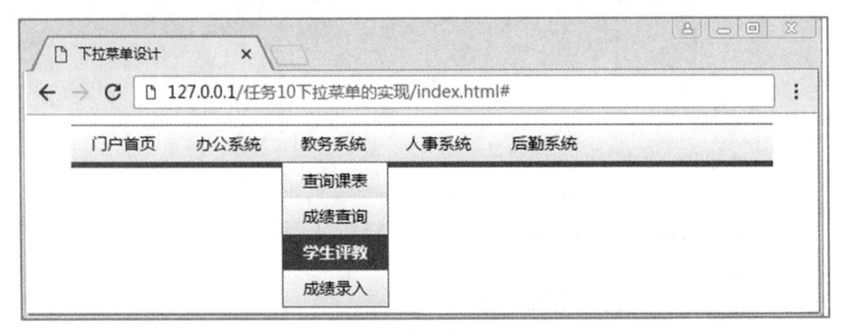

图 10-34　下拉菜单页面效果

1. 任务分析与实施思路

本任务需要完成的下拉菜单的组织结构见表 10-19。

表 10-19　下拉菜单的结构

一级菜单	门户首页	办公系统	教务系统	人事系统	后勤系统
二级菜单		个人日程	查询课表	工资查询	网络报修
		起草发文	成绩查询	职称评审	一卡通充值
		公告通知	学生评教		
			成绩录入		

本任务分为 3 步完成。

第 1 步：使用 HTML 标签构建下拉菜单所需的树型结构数据。

第 2 步：从上到下，分步定义不同层次 HTML 标签的 CSS 样式编写，实现 HTML 标签的布局与美化，这一步基本上实现了下拉菜单功能。

第 3 步：编写 JavaScript 脚本，动态设置 HTML 标签 CSS 的样式。

2. 下拉菜单的 HTML 结构

微课 10-37：下拉菜单的 HTML 结构

下拉菜单是由具有树形结构的数据构成，本任务使用两个不同级别的列表标签实现下拉菜单的数据存储，列表项的内容是超链接。下拉菜单的 HTML 列表结构定义如下。

```
<div id="menu">
    <ul>
        <li><a href="#">门户首页</a></li>
        <li><a href="#">办公系统</a>
            <ul>
                <li><a href="#">个人日程</a></li>
                <li><a href="#">起草发文</a></li>
                <li><a href="#">公告通知</a></li>
            </ul>
        </li>
        <li><a href="#">教务系统</a>
            <ul>
                <li><a href="#">查询课表</a></li>
                <li><a href="#">成绩查询</a></li>
                <li><a href="#">学生评教</a></li>
                <li><a href="#">成绩录入</a></li>
            </ul>
        </li>
        <li><a href="#">人事系统</a>
            <ul>
                <li><a href="#">工资查询</a></li>
                <li><a href="#">职称评审</a></li>
            </ul>
        </li>
        <li><a href="#">后勤系统</a>
            <ul>
                <li><a href="#">网络报修</a></li>
                <li><a href="#">一卡通充值</a></li>
            </ul>
        </li>
    </ul>
</div>
```

将上面的 HTML 组织加入文档主体 body 元素中，浏览页面，结果如

图 10-35 所示。

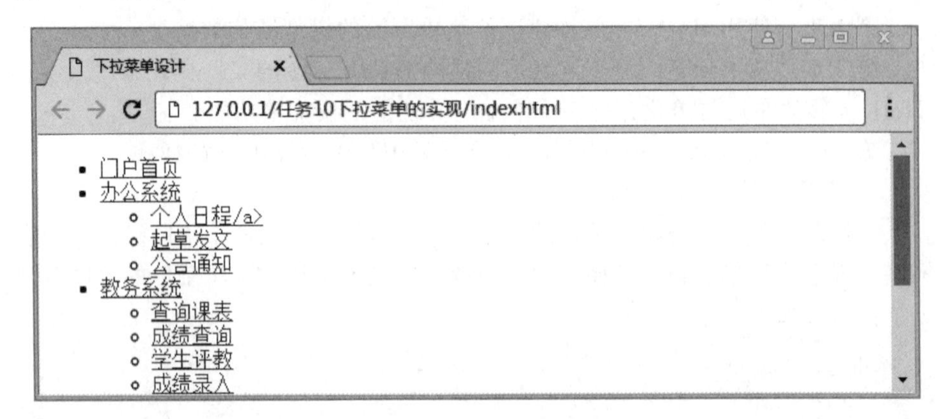

图 10-35 下拉菜单页面效果

微课 10-38：下拉菜单的样式设计

3. 样式设计

（1）设置总体样式，改变字体及行间距

```
body{ font-family:"微软雅黑";font-size:14px;line-height:1.5em;}
```

（2）设置外层容器的样式

外层 DIV 容器的样式设置如下。

```
#menu{
    width:600px;height:30px;margin:0 auto;
    border-top:1px solid #e12017;
    border-bottom:5px solid #e12017;
    background:url(images/bg1.jpg)repeat-x;}
```

（3）设置顶层 ui 与 li 的样式

为区别第 2 层 ul，给顶层 ul 设置 id 为 menu。顶层 ul 与 li 的样式设置如下。

```
#menu ul{list-style:none;margin:0;padding:0;}
#menu ul li{float:left;}
```

（4）设置超链接样式

因样式的继承特性，外层设置对内层有影响。

```
a{color:#000000;text-decoration:none;}
a:hover{color:#FF0000;}
#menu ul li a{
    display:block;
    width:90px;
    height:30px;
    line-height:30px;
    text-align:center;}
```

（5）设置第 2 层 ul 样式

设置 display:none;使得嵌套的第 2 层列表 ul 不可见。

```
#menu ul li ul{display:none;border:1px solid #e12017;}
```

（6）设置第 1 层 li:hover 及其下属的 ul、li 样式

```
#menu ul li:hover ul{display:block;}
#menu ul li ul li{
float:none;
width:90px;
background:url(images/bg1.jpg) repeat-x;}
```

（7）设置第 2 层的超链接样式

```
#menu ul li ul li a{background:none;}
#menu ul li ul li a:hover{background-color:#e12017;color:#FFF;}
```

（8）设置特殊样式

为兼容低版本浏览器，动态实现鼠标移入时显示二级菜单和移出时隐藏二级菜单，定义#menu ul li 类型元素的样式类 sfhover，在#menu ul li 类型元素上添加 sfhover 样式类则显示二级菜单。

```
#menu ul li.sfhover ul{ display:block;}
```

为了记忆上次被单击过的超链接为深红色粗体样式。为此先定义一个样式类如下：

```
.clicked{ color:#C00;font-weight:bold;}
```

4. 编写 JavaScript 脚本

（1）编写鼠标移入或移出时添加或移除 sfhover 样式类

微课 10-39：编写 JavaScript 脚本

编写 JavaScript 脚本使得每个第一级 li 在鼠标移入或移出时添加或移除 sfhover 样式类。

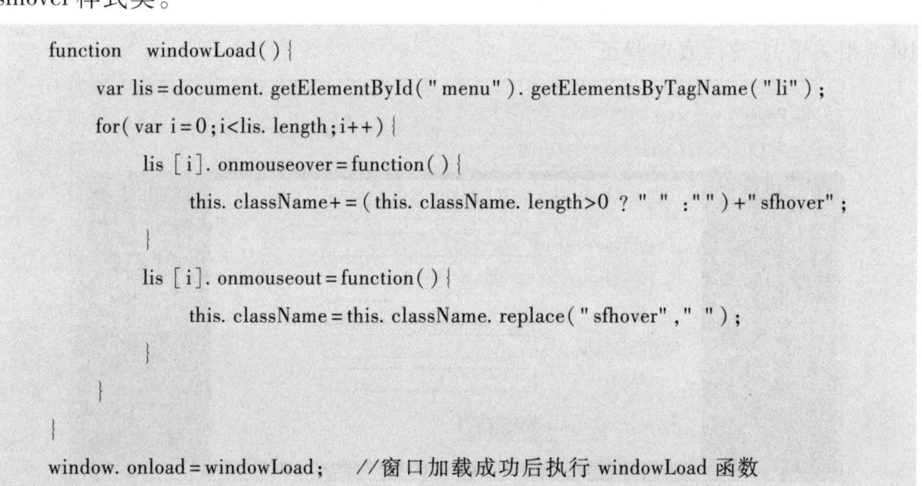

```
function  windowLoad(){
    var lis=document.getElementById("menu").getElementsByTagName("li");
    for(var i=0;i<lis.length;i++){
        lis[i].onmouseover=function(){
            this.className+=(this.className.length>0 ? " " :"")+"sfhover";
        }
        lis[i].onmouseout=function(){
            this.className=this.className.replace("sfhover","");
        }
    }
}
window.onload=windowLoad;    //窗口加载成功后执行 windowLoad 函数
```

全局语句“window.onload = windowLoad;”为窗口加载成功事件指派

windowLoad 处理函数。使用循环结构为多个 li 元素指派事件处理函数，编程效率比较高。

（2）编写鼠标移入或移出时添加或移除 sfhover 样式类

编写 JavaScript 脚本使得 clicked 类样式只用于刚刚单击过的超链接，以前被单击的超链接不使用 clicked 类样式。

在 windowLoad 函数中 for 语句后添加以下代码：

```
var anchors = document.getElementsByTagName("a");
for(var i=0;i<anchors.length;i++){
    anchors[i].onmouseup=function(){
        //清除所有超链接的 clicked 类样式
        for(var j=0;j<anchors.length;j++){
            anchors[j].className=anchors[j].className.replace("clicked","");
        }
        //设置当前超链接的 clicked 类样式
        this.className+=(this.className.length>0 ? " " :"")+"clicked";
    }
}
```

运行代码，页面效果如图 10-34 所示。

5. 项目应用

掌握了下拉菜单后，尝试应用到“智慧校园教师应用门户”导航的下拉菜单中。页面效果如图 10-1 所示。

任务拓展

微课 10-40：表单验证

1. 表单验证

JavaScript 最常见的用法之一就是验证表单，对于检查用户输入的错误和遗漏的必选项，JavaScript 是一种十分便捷的方法，如图 10-36 所示的界面将围绕相关信息进行表单验证。

图 10-36　表单验证界面

将进行表单验证，如果发生下列情况，则显示告警信息。

- “姓名”框为空白。
- 性别未选定。
- 输入的密码少于 6 个字符。
- 指定的电子邮件地址中没有“@”字符。
- 年龄不在 1～99 的范围内，或留为空白。

当然，大家可以使用 HTML5 元素来实现各类元素进行验证。

根据要求设置每个表单元素的名称，如图 10-37 所示。

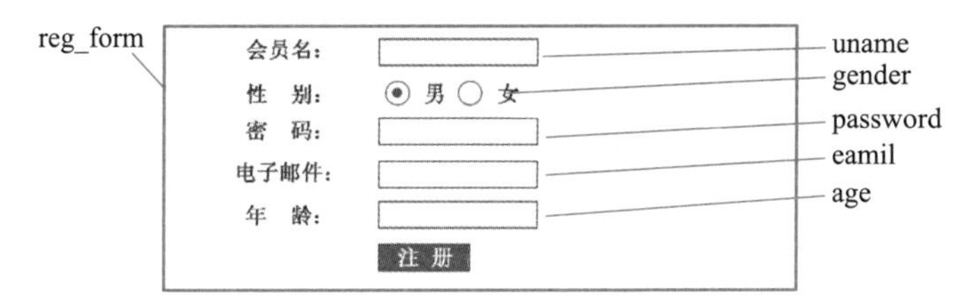

图 10-37　表单元素命名

HTML 的核心代码如下：

```
<form name="reg_form" onSubmit="return validate()" action="submit.htm">
    会员名:<input type="text" name="uname">
    性别:<input type="radio" name="gender" value="男">男
        <input type="radio" name="gender" value="女">女
    密码:<input type="password" name="password" id="password">
    电子邮件地址:<input type="text" name="email" id="email">
    年龄:<input type="text" name="age">
    <input type="submit" name="Submit" value=" 注  册 ">
</form>
```

表单验证函数的代码如下：

```
<script type="text/javascript">
function validate(){
//会员名验证
f=document.reg_form;
if(f.uname.value=="") {
    alert("请输入姓名");
    f.uname.focus();
    return false;
    }
//性别验证
if(f.gender[0].checked==false && f.gender[1].checked==false) {
    alert("请指定性别");
    f.gender[0].focus();
```

```
        return false;
        }
    //密码验证
    if((f.password.value.length<6)||(f.password.value=="")){
        alert("请输入至少 6 个字符的密码!");
        f.password.focus();
        return false;
        }
    //邮箱验证
    q=f.email.value.indexOf("@");
        if(q==-1){
        alert("请输入有效的电子邮件地址");
        f.email.focus();
        return false;
        }
    //年龄验证
    if(f.age.value<1 || f.age.value>99 || isNaN(f.age.value)){
        alert("请输入有效的年龄!");
        f.age.focus();
        return false;
        }
    }
    </script>
```

微课 10-41：JSON 自定义对象

2. JSON 自定义对象

JSON（JavaScript Object Notation，JS 对象标记）是一种轻量级的数据交换格式，它采用完全独立于编程语言的文本格式来存储和表示数据。简洁和清晰的层次结构使得 JSON 成为理想的数据交换语言。其易于阅读和编写，易于机器解析和生成，从而提升网络传输效率。

（1）JSON 对象的定义

下面定义一个 JSON 对象，具体代码如下。

```
var data=
{
    name:"工资表",
    body:[
    ["账号","姓名","岗位工资","薪级补贴"],
    ["100088","张辉","1800","380"],
    ["100085","李刚","2200","680"],
    ["101338","赵旭","2800","880"],
    ]
};
```

定义中，对象表示为键值对，数据由逗号分隔，花括号保存对象，方括号保存数组。

（2）自定义对象及其成员的访问

访问 data 中 name 用 data. name，访问 data 中 body 用 data. body，访问"姓名"用 data. body[0][1]，访问"李刚"用 data. body[2][1]。

（3）自定义对象应用实例

定义表格读取 JSON 中的数据。

```
<script type="text/javascript">
//读取 JSON 对象,创建 table 节点
function createTable(){
    var doc=document;
    var table=document.createElement("table");
    table.border="1px";
    table.width=400;
    var caption=document.createElement("caption");
    caption.innerText=data.name;
    table.appendChild(caption);
    var tr=document.createElement("tr");
    var tbody=document.createElement("tbody");
    table.appendChild(tr);
        for(var i=0;i<data.body.length;i++){
            //建立表格里的行
            var tr=document.createElement("tr");
            for(var j=0;j<data.body[i].length;j++){
                var td=document.createElement("td");
                var text=document.createTextNode(data.body[i][j]);
                td.appendChild(text);
                tr.appendChild(td);
            }
              tbody.appendChild(tr);
            table.appendChild(tbody);
        }
        document.body.appendChild(table);
}
createTable();
</script>
```

运行代码，页面效果如图 10-38 所示。

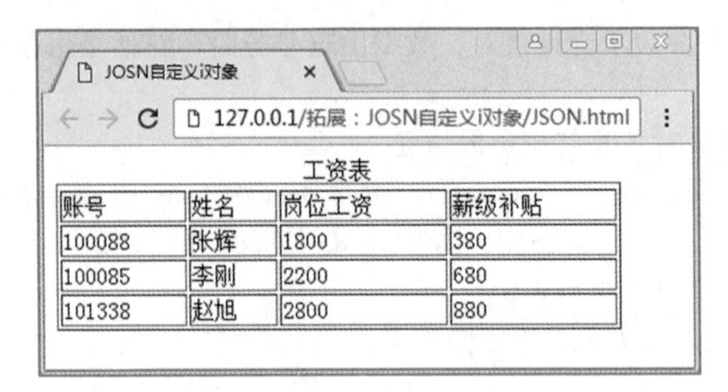

账号	姓名	岗位工资	薪级补贴
100088	张辉	1800	380
100085	李刚	2200	680
101338	赵旭	2800	880

图 10-38　读取 JSON 中的数据样例

项目实训：在线测试系统

【实训目的】

1. 灵活应用 JavaScript 控制页面元素。
2. 综合运用 JavaScript 技术实现页面功能。

【实训内容】

本实训需要完成在线测试答题，选择完成后点击“交答卷”进入评分和正确答案页面。任务实现的结果如图 10-39 所示，点击“交答卷”按钮，页面浏览效果如图 10-40 所示。

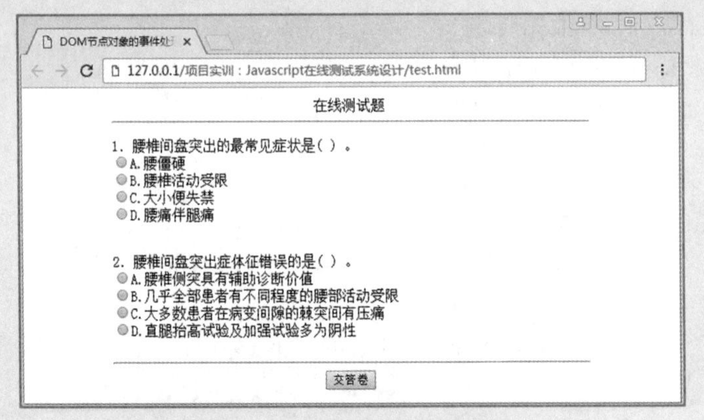

图 10-39　在线测试答题页面

图 10-40　评分和正确答案窗口

参考文献

[1] 叶青，等．网页开发手记：HTML/CSS/JavaScript 实战详解［M］．北京：电子工业出版社，2011.

[2] 朱印宏．网页制作与网站开发从入门到精通［M］．北京：科学出版社，2009.

[3] 李刚．疯狂 HTML 5/CSS3/JavaScript 讲义［M］．北京：电子工业出版社，2012.

[4] 陈婉凌．HTML5+CSS3+jQuery Mobile 轻松构造 App 与移动网站［M］．北京：清华大学出版社，2015.

[5] 刘欢．HTML5 基础知识、核心技术与前沿案例［M］．北京：人民邮电出版社，2016.

[6] 李晓斌．移动互联网之路——HTML5+CSS3+jQuery Mobile App 与移动网站设计从入门到精通［M］．北京：清华大学出版社，2016.

[7] 传智播客高教产品研发部．HTML5+CSS3 网站设计基础教程［M］．北京：人民邮电出版社，2016.

[8] 李东博．HTML5+CSS3 从入门到精通［M］．北京：清华大学出版社，2013.

[9] 刘德山，章增安，孙美乔．HTML5+CSS3 Web 前端开发技术 SS3/JavaScript 讲义［M］．北京：人民邮电出版社，2012.

[10] 传智播客高教产品研发部．HTML+CSS+JavaScript 网页制作案例教程［M］．北京：人民邮电出版社，2015.

郑重声明

反盗版举报电话　(010) 58581999　58582371　58582488

反盗版举报传真　(010) 82086060

反盗版举报邮箱　dd@ hep. com. cn

通信地址　北京市西城区德外大街 4 号

高等教育出版社法律事务与版权管理部

邮政编码　100120